特大型集群化空分设备运行与维护200问

郭中山　孟卫宁　李登桐　主编

中国石化出版社

内容提要

本书共分为5个章节，系统全面地对集群化空分设备所涉及的理论基础、重要操作、运行维护等方面进行全面剖析，并以问答的形式对集群化现代空分设备常见问题及技术难点进行详细解答。

本书适用于空分设备的管理人员、技术人员、操作人员阅读，也可供相关院校的师生参考。

图书在版编目（CIP）数据

特大型集群化空分设备运行与维护200问 / 郭中山，孟卫宁，李登桐主编．—北京：中国石化出版社，2020.7

ISBN 978-7-5114-5901-5

Ⅰ．①特…　Ⅱ．①郭…②孟…③李…　Ⅲ．①空气分离设备—运行—问题解答②空气分离设备—维修—问题解答　Ⅳ．①TQ116.11-44

中国版本图书馆CIP数据核字（2020）第140928号

中国石化出版社出版发行

地址：北京市东城区安定门外大街58号
邮编：100011　电话：（010）57512500
发行部电话：（010）57512575
http://www.sinopec-press.com
E-mail：press@sinopec.com
北京科信印刷有限公司印刷
全国各地新华书店经销

*

787×1092毫米　16开本　18.25印张　331千字
2020年9月第1版　2020年9月第1次印刷
定价：88.00元

编写及主审成员名单

主　　　编：郭中山　孟卫宁　李登桐

主要编写人员（按姓氏笔画排序）：

马　栋　马　银　马晓东　王文龙　王银彪
王璞玉　毛建武　田兴兵　朱晓梅　米　鑫
祁卫保　孙少华　苏　琪　杜振威　李　杰
宋晓丽　林　强　岳　峰　郑之敬　胡稳强
侯立志　姜　永　姜　涛　高宝刚　梁新文
雷　鹏　霍　源　魏志勇

主　　　审：杨晓东　阮家林

序 PREFACE

在一望无际广阔的宁东能源基地上，当你走近宁夏煤业年产400万吨煤制油项目时，整齐密布的机器群与设备群、高耸入云的塔器群及纵横交错的管线映入眼帘，可谓一饱眼福、叹为观止。作为世界最大的煤制油项目，这里配有10万吨等级特大型空分设备组成的我国规模最大的特大型空分设备集群，总制氧量达120万立方米/时，为全球单体规模最大的煤制油项目提供氧气、氮气，实现能源清洁利用。望着高耸入云的空分塔，一种对重大装备的敬畏感顿时油然而生，为我国能拥有并制造出这些世界级、先进的煤化工设备而感到骄傲，也为熟练掌握其操作技术、维护好设备安全运行，为国家产出巨大经济效益的人们感到敬佩。

特大型空分设备是成套设备，由许多子系统组成，每一子系统又由若干个单体设备构成，其中净化系统有：自洁式过滤器、空冷塔、分子筛吸附器等；空气压缩系统有：空压机、汽轮机、增压机、级间冷却器等；换热系统有：板翅式各种换热器和氮水预冷器；制冷系统有：气体、液体膨胀机和节流阀等；精馏系统有：精馏塔、冷凝器、蒸发器、低温液体泵等；还有为成套设备配置的电器控制系统、仪表控制系统和自动化操作系统、产品分析系统；为应急贮存的后备系统，有高压、中压贮气罐和低温液体贮罐、液体泵、汽化器等。这些系统涉及众多专业与尖端技术，具有流程复杂、自动化程度高、多专业集成等特点，特大型空分设备的研发、设计、制造能力与水平，从侧面体现了我国化工领域技术攻关与装备制造能力的水平。同时维护系统复杂、技术先进的特大型空分设备集群长期安全稳定运行，也充分展现了宁夏煤业公司先进的企业管理能力。

《特大型集群化空分设备运行与维护200问》一书由煤制油空分厂深入空分设备生产一线的技术人员及行业专家经过长期的经验积累和技术资料收集，系统地、全面地对集群化空分设备所涉及的理论基础、重要操作、运行维护等方面进行全面剖析，对集群化现代空分设备常见问题及技术难点进行详细解答，以问答的形式呈现给读者，是我国特大型空分设备、集群化空分设备行业运行管理方面的一部力作。

针对空分设备操作运行维护的书籍不多，冶金工业出版社在1970年出版了《制氧工问答》、2001年出版了《新编制氧工问答》两本面对空分设备运行操作人员的书籍，曾在行业中产生较大的影响，成为空分从业人员必读的教材之一。但面对空分设备这些年来新技术的快速发展，特别是大型、特大型空分设备和设备集群化的快速发展，目前行业指导现代空分设备运行维护管理的理论书籍相对缺乏。《特大型集群化空分设备运行与维护》和《特大型集群化空分设备运行与维护200问》这两本书的出版，填补了行业操作和运行管理上的空白，为空分设备行业现代化运行管理做出突出贡献，促进了特大型空分设备安全、经济、高效运行，成为指导从业人员的良师益友。

徐建平
副秘书长兼气体分离设备秘书长
中国通用机械工业协会

前言 FOREWORD

集群化空分设备以工艺流程先进、技术成熟、运行安全可靠、操作维护方便、低能耗连续运转周期不少于三年为技术原则。《特大型集群化空分设备运行与维护200问》一书继《特大型集群化空分设备运行与维护》之后，更深层次地对集群化空分设备常见问题及技术难点进行详细解答，以问答的形式呈现给读者，对集群化空分设备所涉及的理论基础、重要操作、运行维护等方面进行全面剖析，内容深度适中，符合技术人员及员工培训需求。

本书共分为五个章节，总共220道题目，涵盖了空分行业所涉及的基础知识，现代空分设备几种通用流程，重要单体设备选型依据及优缺点对比，并且对优化空分设备稳定、高效运行提出合理的技改措施。针对特大型集群化空分设备试车，结合实际操作进行详尽介绍，总结经验，提炼切实可行的试车方案。着重对空分设备日常工艺操作与设备维护进行详细解答，包括重要操作、故障排查与处理、异常现象分析等。最后针对集群化空分设备安全生产与应急措施进行答疑答惑，保证突发事故下的人员和设备安全。

本书作者深入空分生产一线多年、经历多个空分项目从原始试车到稳定运行，积累了大量空分设备技术资料。选用空分设备常见问题，重点、难点技术作为本书立意，希望通过本书的出版能够促进特大型空分设备安全、经济、稳定运行，提高从业人员技术水平。由于作者水平有限，错误或不当之处在所难免，敬请读者提出宝贵意见！

本书配有智能阅读助手

为您1V1定制本书阅读计划

帮助您实现“时间花得少，阅读体验好”的阅读目的

建 议 配 合 二 维 码 一 起 使 用 本 书

您可根据自己的学习需求，量身定制专属于您的阅读计划：

阅读服务方案	阅读时长指数	为您提供的资源类型	帮助您达到以下学习目的
1. 高效阅读	阅读频次 较低　每次时长 较短 总共耗费时长	总结类	快速掌握本书核心内容。
2. 轻松阅读	阅读频次 较高　每次时长 适中 总共耗费时长	基础类	简单了解本书基础知识。
3. 深度阅读	阅读频次 较高　每次时长 较长 总共耗费时长	拓展类	灵活运用本书知识，解决实际问题。

针对您选择的阅读计划，您可以享受以下权益：

立刻获得的主要权益

本书配套资料包
由出版社独家提供
专家在线咨询、学术视频资料、思维导图

专享本书社群服务
提供创造价值与私密的深度共读服务
群内不定期推送本书专享科技知识

1套阅读工具
辅助您高效阅读本书
终身拥有

每周获得的主要权益

专属热点资讯
16周商业、科技、资讯热点推送
每周2次

精选好书推荐
16周精选科技类好书推荐
每周1次

长期获得的主要权益

- **线上精品课**　名师线上科技类精品课分享　不少于1次
- **线下读书活动推荐**　线下科技类主题活动推荐　不少于1次

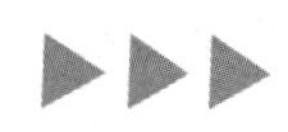

微信扫码

只需三步，获取以上所有权益：

1. 微信扫描二维码；
2. 添加智能阅读助手；
3. 获取本书权益，提高读书效率。

❶鉴于版本更新，部分文字和界面可能会有细微调整，敬请包涵。

目录 CONTENTS

第一章 基础知识

» 第二章 生产准备与试车 «

第三章 工艺操作与维护

第四章 设备运行与维护

》第五章　集群化空分设备安全与应急管理《

第一章

基础知识

1 现代特大型集群化空分设备的技术特点及优势有哪些?

答 1）现代特大型集群化空分设备的技术特点

（1）工艺技术先进

特大型空分设备多采用立式径向流分子筛纯化器净化空气、空气增压、氧气和高压氮气内压缩、低压氮气外压缩流程。空气增压透平膨胀机和电机制动液体膨胀机制冷，上下塔均采用规整填料塔来分离空气，空压机入口设置流量调节导叶，以满足空分设备变负荷操作时平稳运行的要求。

（2）能耗低

① 原料空气压缩机、空气增压机用高压蒸汽透平驱动，“一拖二”的形式，选择先进压缩机型，能耗低。蒸汽透平冷凝器采用直接式空冷器（对于水资源贫乏的地区），节省水资源的消耗；

② 采用立式径向流分子筛纯化器，结构简单、阻力小、能耗低、占地面积小；

③ 空分设备上塔、下塔均采用了填料塔，相对降低了能耗。主冷凝蒸发器采用多层浴式设计，兼具全浸式冷凝蒸发器的安全性；

④ 采用高低压组合一体式板翅式换热器，进一步优化换热效果；

⑤ 液氧、液氮采用内压缩，安全性明显提高，节省投资；

⑥ 大型空分设备上、下塔采用平行布置，冷箱高度明显降低，抗地震和风载能力提高。

（3）自动化程度高

现代特大型空分多采用 DCS 和 CCS 系统实现空分设备的过程控制和安全操作，其中过程控制由 DCS 实现，CCS 在实现三大机组的安全联锁保护和负荷控制功能的同时，也实现空分设备重要的安全联锁保护功能。考虑到仪表控制系统安全功能失效引起的隐患，采用 DCS 和 SIS 相结合，以降低风险、提高设备运行的安全性。

（4）安全性能好

① 内压缩流程用液氧泵取代了氧压机，不用压缩气氧，火险隐患小；

② 主冷取出液氧量大，使烃类物质积累的可能性大大降低；

③ 特殊设计的液氧泵自动启动程序可有效地保证装置的安全运行和连续供氧；

④ 氧系统的阀门全部采用 MONEL 材质；

⑤ 采用高效分子筛纯化器，吸附性能强，净化彻底；

⑥ 主冷凝器采用浴式多层结构，全浸式操作，增加了主冷的循环倍率，防止碳氢化合物、N_2O 在主冷的换热器表面析出。

2）现代特大型集群化空分设备的优势

（1）系统稳定性强

煤化工项目中空分设备主要为后工段装置提供氧气、氮气、密封气（空气、氮气）、仪表空气、置换空气等，而这些产品基本都要保持稳定的压力、纯度。如气化装置对氧气压力均设有高低限值。随着多套空分设备并列运行，产品供应实行“多对一”管网布置，各套空分设备互为备用装置。在后工段运行工况发生变动时，产品压力、纯度波动小，输送稳定，有效提高装置供应能力的稳定性和抗干扰能力。

（2）事故状态应急能力强

集群化空分的事故应急承载能力更强。当某单套空分设备停车后，其输送的产品用量基本能均匀分配到其他运行的空分设备；并列运行的空分设备越多，单套空分设备产品分配量越少，应急时间变相增加，对整条产品链影响较小。另外也可通过后备储存系统输送产品，大大降低应急操作难度。

（3）操作通用性强，预防及时

集群化空分设备采用相同或相似的工艺及设备，日常操作、开停车操作、工艺交出等方面具有通用性，可加快操作人员经验积累。装置内出现某一故障时，经工艺、设备、仪表、电气、安全等专业分析后，即可根据故障原因确定是否为共性问题，提前采取防范措施，避免同类型故障连续发生。

（4）系统管容大，可实现“无缝对接”

大型集群化空分设备规模大，同时煤化工企业各装置分布区域广，管道管容大。运行期间发生故障可以实现“无缝”对接。（“无缝”对接，即空分设备在停车、装置切换、跳车等情况下对后续装置无任何影响，能够稳定保障各种产品供应，后续装置无需进行相应停车或者紧急降低负荷等操作），确保整个化工生产链的无间断、稳定运行。

（5）备品备件充足，节约库存

集群化空分设备通常采用相同或者近似相同的设备或工艺，故其设备的同一性就决定了备品备件不需要过多种类。在相同资金的情况下，可以储存更多数量的备品备件，尤其是部分单价较高、备货周期较长的重要备件，如机组转子、干气密封、纯化器分子筛等。

2 自动变负荷在集群化空分设备中的应用及意义是什么？

答 1）自动变负荷在集群化空分设备中的应用

随着煤化工行业的快速发展，带动了空分设备的大型化、集群化趋势。大型集群化空分设备要求减少无功生产、降低氧气放散率、供需保持平衡，并能在低负荷时控制设备的总能耗以保持经济运行，因而越来越受到空分设备用户的关注。目前大多数空分设备均采用 DCS 控制系统，因此在原有的 DCS 控制系统的基础上增加上位管理计算机，并配置符合生产操作原理和实际运行的优化控制软件，来实现自动变负荷生产操作。

集群化空分设备实现自动变负荷控制，是进一步提高空分设备自动化水平，实现节能降耗的迫切要求。集群化空分设备通过设施控制系统模拟计算，实现整套空分设备变负荷的在线调整，达到与实际生产相匹配，从而起到降低能耗、安全平稳运行的目的。对于集群化空分设备还可以通过改变整个系列的产品总量，实现整个系列的多套空分设备同时变负荷的在线调整。

2）自动变负荷在集群化空分设备中的意义

通过自动变负荷控制，可以使整套空分设备流程串联，实现对空分设备的自动变负荷控制，以达到增强设备抗干扰能力、提高关键工艺参数的平稳性，改善产品质量一致性，并在产品合格的前提下，卡边操作，提高产品收率，实现节能降耗目的，同时优化工艺设备操作条件、减小劳动强度，减少由于人员因素使得降负荷操作的时间幅度、结果而不同，实现装置处理能力最大化。

3 集群化空分设备总平面布置要注意哪些事项?

答（1）要根据设计单位提供的总体设计布置图；

（2）满足和符合国家、地方的消防法规、防爆及安全和卫生标准；

（3）占地面积少，便于操作和维护；

（4）对空分设备周边的，对空分设备安全运行存在潜在危险的主要碳氢化合物和 CO_2 排放点进行碳氢化合物及 CO_2 排放离散分布模拟，避免对空分设备整体或空气吸入口的不安全布局，或者增加必要的设计措施；

（5）空分设备自身在正常运行时，会排放大量可使人窒息的污氮气体，会对装置的安全生产存在潜在的危险，因此在设计中污氮排放保证是室外高处排放，一般比地面或临近操作平台至少高 3 米。对所有的排放点进行审查，确保排放至安全地点，对可能大量排放氮气或氧气的装置进行扩散计算，如水冷塔和消声器，从而确保不会造成缺氧或富氧的环境。

由于集群化空分设备规模巨大，各类工艺流程管道（如氧气管道、氮气管道、液体管道）和各类公用工程管道（如高低压蒸汽管道、循环冷却水管道等），数量多，管径大。总平面布置的合理性对施工建设和正常运行维护以节约大量经济费用和减少操作人员劳动强度具有重要的意义。

4 针对大型煤化工项目集群化空分设备，如何设置空气吸入口？

答 1）空压机吸入口对大气的要求

煤化工园区空气中的碳氢化合物（尤其是乙炔）、二氧化碳、硫化氢等有害气体较多，空分设备的吸风口与有害气体的发生源应保持一定的安全距离，吸风口空气中有害杂质允许极限含量应符合空气杂质含量标准，根据《深度冷冻法生产氧气及相关气体安全技术规程 GB 16912—2008》，见表 1-1。

表 1-1　空分设备吸入口空气杂质含量标准

杂质名称及分子式	允许极限含量
乙炔 C_2H_2	0.5×10^{-6}
甲烷 CH_4	5×10^{-6}
总烃 C_mH_n	8×10^{-6}
二氧化碳 CO_2	400×10^{-6}
氧化亚氮 N_2O	0.35×10^{-6}

注：当吸风口空气中有害杂质含量超标且无法避免时，应在空分设备前采取有效的分子筛吸附净化措施

空分设备吸风口处空气中的含尘量，应不大于 $30mg/m^3$。

2）空分设备吸风口的高度要求

由于空分设备吸风口和空压机相连，为减少压力损失，管路应尽量缩短且直线，因此原则上空分设备吸入口中轴高度应和空压机中轴高度保持一致。为减轻纯化系统压力和主冷压力，则需结合当地气象条件（风向、风速）、周围建筑物高度、空气中扬尘高度和二氧化碳浓度梯度（二氧化碳比重比空气大，存在下沉现象），因此吸入口乙炔、碳氢化合物浓度梯度，通过模拟风场分布，选择合适的高度。

3）空分设备间吸风口的距离要求

根据现代大型空分设备流程设计，水冷塔降温和分子筛再生都使用污氮气，即正常运行期间有一定量的污氮放空；特殊情况下，单套或多套空分设备需大量放空氧氮气体，而放空则会在某个特定区域内造成空气组分含量和正常情况不一致，即局部富氧或富氮。如其他相邻空分设备的吸入口在附近，则可能造成该相邻空分原料气组分实际和设计不符，造成该相邻空分设备操作困扰。因此，集群化空分设备建设时，必须对各套空分设备的放空处、吸入口引入场地概念，根据当地气象资料进行模拟，确认互不影响后才可进行施工。

4）环境对集群化空分设备安全的影响及对策

当代集群化空分设备多为煤化工项目配套装置，当项目其他装置（如气化、污水处

理）等出现异常情况，则会对周围环境空气造成影响，进而对集群空分设备的正常运行产生影响，甚至造成安全事故。大型煤化工项目一般由煤粉制备、煤气化、净化、合成、动力、空分和污水处理等装置组成。当其他装置出现异常情况或放空时，则环境空气中CO、CO_2和碳氢化合物含量增高；当单套或多套空分设备放空时，则局部范围内空气中氧或氮含量增高。因此空分设备受周围装置影响极大，即便空分设备选址布置满足生产要求，但周围装置生产异常时仍会对空分设备的原料空气组分造成影响，进而导致空分设备无法维持正常运行。因此，现代化空分设备在确定选址后，往往要求在单套空分吸入口处设置在线分析仪进行空气组分含量分析，并根据分析结果调整空分设备工艺操作。

5 低能耗特大型空分设备可以做哪些设计优化？

答 1）空分工艺流程设计优化

（1）采用双气体膨胀机

采用膨胀空气同时进上、下塔流程，灵活、合理地分配精馏负荷，充分挖掘上、下塔的精馏潜力。

通过采用双气体膨胀机流程，在满足空分设备制冷量需求的同时，促使空分设备的换热与精馏耦合得更加紧密，使换热和精馏单元的效本均获得较大提升。

（2）采用液体膨胀机

主工艺流程中，采用电机制动的液体膨胀机替代高压液空节流阀，具有更高的制冷效率，在高压液空量一定的情况下，可获得更多的制冷量，有效降低了对中压气体膨胀机制冷量的需求，从而减少膨胀空气量，降低压缩机组能耗。采用液体膨胀机后，可降低压缩机组理论能耗约1.5%～2.5%。

（3）整合工艺液氧泵和后备液氧泵的功能于一体

① 在满足正常产品氧气供给的同时，具备空分设备发生故障时后备氧气供给快速响应，快速切换的功能。

② 可降低液氧泵的一次性设备投资成本。

（4）分子筛吸附器吹冷温度控制

再生温度一般是取吸附剂对于被吸附组分的吸附容量等于0的温度，称为再生温度。再生温度较低不能完全解吸，吸附剂中残留一部分杂质，吸附容量减小，分子筛吸附器的工作周期也就缩短。但如果再生温度偏高，吸附剂再生会比较完全，可是再生分子筛的能耗会增加。

（5）采用增效塔

在流程设计中引入增效塔，提高空分设备氧提取率，减少加工空气总量的需求，从而降低空分设备的整体能耗。

2）采用先进，高效的单元设备

（1）选择高效率的压缩机

大型空分设备原料空压机能否高效、稳定运行，直接关系到空分设备正常生产和电耗的多少。因此空压机的选择原则是在满足长期稳定运行的前提下，尽量使用效率高、调节性能好的设备。空压机主要形式有多轴齿轮式多级离心压缩机和单轴多级离心压缩机，多轴齿轮式大型空压机倾向选择国外品牌，而单轴的国内品牌占了很大比例，这样选择主要考虑两方面因素：① 设备运行的稳定性；② 工程建设一次性投资。

（2）采用高效的双层卧式主冷

① 卧式主冷布置在主冷箱外，不受主冷箱的内部空间和总体高度的限制，并设置了独立冷箱，有利于检修、维护。

② 相对于多层立式主冷，卧式主冷在高度尺寸上具有较大的优势。相对来说，双层卧式主冷的技术更加成熟、可靠，操作使用更加简单、方便。

③ 卧式主冷脱离了主冷箱空间限制后，在换热温差和换热负荷的设计上具有更大的可挖掘潜力。可通过设计换热温差更小的主冷，达到节能的目的。

3）冷箱内、外管道设计优化

管道设计过程中采用了先进的管道设计软件 PDMS 进行管道三维设计，并应用应力分析软件 CAESAR 对每一条管线进行应力分析计算，确保每条管道安全、可靠。

在确保管道安全、可靠的前提下，对每一条管道的设计进行合理优化和改进。优化和改进的原则为：走向更合理，管路更短、更简洁，变向更少。通过优化，减少管路沿程损耗，最终达到节能目的。

4）冷箱布置

通过冷箱内各单元容器的合理布置，采用上、下塔平行布置，降低空压机出口压力；结合管道和钢结构设计，大大提高冷箱内空间的有效利用率，使冷箱体积更小，重量更轻，安装维护费用更低。

6 自洁式过滤器在大型空分设备应用中的优势有哪些？

答 空气中含有灰尘、油泥、花粉等机械杂质，如果空气压缩机直接吸入空气，机械杂质就会损坏空气压缩机叶片、气缸，也会造成设备、阀门、管线的阻塞，因此在空压机的入口管道上设置空气过滤器来清除机械杂质。一般大型空分设备空压机入口过滤器有袋式过滤器和自洁式过滤器两种。

1）袋式过滤器

（1）袋式过滤器的工作原理

袋式过滤器的滤袋由羊毛毡与合成纤维织成，滤袋数目取决于气量的大小，过滤风速约为0.04～0.1m/s。空气从顶部进入，经分配器后流入袋内，经滤袋过滤后由内向外流出，积聚在袋上的灰尘靠反吹风机吹落。当灰尘在滤袋上积累到使压差达到1200Pa时，反吹罗茨风机及反吹环自动启动，反吹空气通过胶皮软管进入过滤器内的反吹装置，反吹环由0.4kW的电机带动，并设有限位开关，能上下来回移动，反吹空气经过分配管至反吹环局部反吹滤袋，不需停止或切换过滤器就使整个滤袋均能被反吹干净。当压差降至800Pa时，反吹风机及反吹环就自动停止。被反吹下来的灰尘落入底部灰斗，定时由星形阀排出。

（2）袋式过滤器的优缺点

优点：过滤效率很高，对粒度大于2μm的灰尘，效率在98%以上；过滤后的空气中不含油分，操作方便；对空气中灰尘含量不受限制，适应性好，对不同容量的空分设备可用改变滤袋的数目来适应，比较方便。滤袋使用寿命约为3～5年。

缺点：过滤速度较高，阻力较大，高达1200Pa；对湿度太大的地区或季节，滤袋易被堵塞。

2）自洁式过滤器

（1）自洁式空气过滤器构成

自洁式空气过滤器由钢结构框架、过滤箱体、出风口管、微机控制系统和自洁气源系统五部分组成。过滤箱体的上部为净气室，下半部分为过滤筒，包括：文氏管、自洁系统（含电磁阀）等，如图1–1所示。

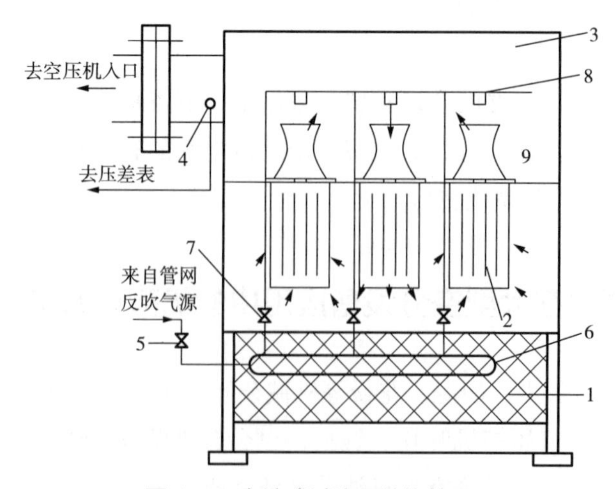

图1–1　自洁式过滤器结构简图

1—箱体进气网栅；2—空气滤筒；3—净气室；4—压差采样孔；5—气源调节阀；
6—储气筒；7—隔膜电磁阀；8—反吹气源喷嘴；9—文氏反吹管

（2）自洁式空气过滤器工作原理

自洁式空气过滤器由一台可编程序控制器来完成程序 / 差压 / 手动三档自洁程序。根据需要可采用不同的自洁方式达到空气过滤器的自动清灰。空气过滤器阻力＞150kPa 时，可编程序控制器输出指令信号按程序控制器驱动电磁阀、隔膜阀开闭，瞬时释放出压缩空气，其压力为 0.47 ~ 0.7MPa。经喷嘴整流、文氏管引流依次对滤筒自内向外反吹，将滤料外表面的粉尘吹落，阻力随之回落。电脑控制程序自洁，阻力为 150 ~ 500Pa（可设定），每隔 60 秒反吹一次，每组滤筒为 6 只，根据装置的大小不同每次反吹的组数不同。当阻力升至 500 ~ 800Pa 时，电脑控制自动转为压差自洁，每隔 30 秒反吹一次。若阻力上升到报警值 800Pa（可设定）以上时，可采用手动自洁，每隔 10 ~ 15 秒反吹一次，使阻力回落到正常控制范围（500 ~ 800Pa）。当阻力上升到 1200Pa 且无法手动自洁使阻力回到正常范围时，可能滤筒已失效，应及时更换滤筒（连续一周以上阴雨天气或大雾天气情况除外）。

（3）自洁式过滤器滤筒选择要求

① 材料应选用复合纤维材料，透气量大、阻力低、过滤精度高。

② 工艺采用先进的压花折叠工艺，折距均匀，容尘均匀。宽褶设计，过滤面积大，使用寿命长。

③ 内外支撑网螺旋咬口一次成形，强度高，无焊接点，表面光滑，无毛刺。

④ 上下端盖均采用耐指纹钢板，强度高，具有很好的防腐性能。

⑤ 端盖和支撑之间采用超强高分子胶粘接，不会产生脱胶现象。

⑥ 低硬度高强度的闭孔橡胶密封，确保了滤筒的气密性。

滤筒作为自洁式过滤器的重要部件，需定期更换。滤筒质量的优劣，严重影响过滤器的功效和使用寿命。目前国内大型空分设备自洁式过滤器滤筒常用固安康达等公司生产的优质产品。

（4）自洁式过滤器应用于大型空分设备中的优势

① 过滤阻力小。大型空分压缩机 300 ~ 800Pa，处理能力大，两倍正常气量。

② 过滤效率高。比一般过滤器提高 5% ~ 10%，过滤效率能达到 99% 以上。

③ 适应性广。采用进口高效防水过滤纸，在潮湿多雾或干燥地区不受太大影响；特别适合于在尘埃浓度高的环境和空气净化指标严格的用气设备作配套或技术改造。

④ 耗气少。反吹时压缩空气需求量仅为 0.1 ~ 0.5m^3/min，耗电量约为 100 ~ 300W。

⑤ 占地面积小。产品为积木式结构，大型机可采用多层叠放。

⑥ 结构简单，设备轻。质量为同容量的布袋式过滤器及其他过滤器的 1/2 左右。

⑦ 防腐性能好。净气室采用优质涂层及不锈钢内衬，杜绝过滤后的二次污染。

外表面采用高级防腐船用漆，保证室外环境下长期不受腐蚀。

（5）自洁式过滤器的日常维护

① 日常维护工作量小，检查每层过滤器的门处于关闭状态。

② 检查过滤器棉毡外观无缝隙，停车时用消防水对棉毡进行反冲洗。

③ 根据气候不同，更换频率不同，含水量高、风沙大时更换频率较高，建议两年更换过滤筒，更换过滤筒不需停机，可在线更换。

7 碳氢化合物对内压缩流程空分设备有何影响？主要原因是什么？

答 由于大量液氧从主冷凝蒸发器中抽出、碳氢化合物在主冷凝蒸发器釜液中浓缩积聚几乎是不可能的。因此，普遍认为内压缩流程空分设备不存在因碳氢化合物引起的安全问题，但是事实却并非如此，在某些情况下，特别是供氧压力较低时，内压缩流程空分设备的危险性更大。

影响空分设备安全运行的因素很多，除碳氢化合物以外，如二氧化碳、氮氧化物等都能对空分设备的安全性构成威胁。但最直接和主要的因素还是碳氢化合物在纯氧或富氧环境中的浓缩积聚。

在内压缩工艺流程中随着液氧从主冷凝蒸发器中排出，并经液氧泵加压进入高压换热器中进行汽化和复热，其中的碳氢化合物跟着转移至高压换热器中。由于碳氢化合物的沸点高，当液氧在高压换热器中汽化时会引起碳氢化合物在液相中的浓缩，甚至出现固态析出。如果这种情况发生，高压换热器爆炸的可能性和危险性远大于主冷。其主要原因有：

（1）高压换热器操作压力高、温差大，应力状态比较复杂，在化学爆炸及物理爆炸的双重作用下爆炸当量大。

（2）液氧在高压换热器内完全汽化。由于碳氢化合物沸点高，在液相中出现增浓是必然的，如不采取措施，高压换热器某一区段内无论液相或气相都可能出现进入爆炸极限范围内的氧与碳氢化合物的混合情况。而且经过较长时间的操作以后，碳氢化合物在数量上也可能积累到相当大的程度。

（3）在高压换热器内液氧气液两相交界面上必定存在所谓的“干蒸发”区域，在该区域出现碳氢化合物固相析出的可能性很大。一旦形成碳氢化合物固体颗粒，危险性就很大。因为这一区域又存在液氧的“喷涌蒸发”现象，这种固体碳氢化合物颗粒受到液氧喷射流的冲击碰撞及静电作用很可能产生“点火”，成为爆炸中心，引起高压换热器的爆炸。

（4）高压换热器内铝翅片密度重量比表面积大，在高温及纯氧环境中铝材就是

一种“金属炸药”（1kg 铝材加 0.189kg 纯氧的爆炸当量相当于 2125kgTNT 炸药）。碳氢化合物爆炸造成的高温会引起铝翅片的“二次爆炸”，其当量是相当大的。

8 如何解决碳氢化合物对内压缩流程空分设备的影响？

答 内压缩流程空分设备的安全隐患主要来自高压换热器，而形成碳氢化合物固相析出又是引起“点火”的最危险因素。由于当前设计和制造的空分设备广泛采用分子筛净化工艺，原料空气中的乙炔、丙烯及碳四以上的碳氢化合物均能被分子筛完全吸附清除。而分子筛吸附剂却不能吸附去除甲烷、乙烷，仅能部分吸附去除乙烯和丙烷。因此，对空分设备安全性构成主要威胁的也就是这四种碳氢化合物。

以不同的操作压力条件下碳氢化合物形成固态析出的可能性，来对内压缩流程空分设备高压换热器进行分析，并提出相应的解决措施，以下就以氧的临界压力为界限，以供氧压力高于氧临界压力和低于氧临界压力以及短期停车的情况，来分析如何解决内压缩流程空分设备的安全性问题。

（1）供氧压力高于氧临界压力的情况

氧的临界压力为 50114 标准大气压（绝压）折合约为 5MPa（绝压）。当液氧泵排压超过此压力时，氧呈超临界状态。此时甲烷、乙烷、丙烷及乙烯等碳氢化合物在超临界氧中的溶解度很大。进入高压换热器以后，这种超临界氧受换热通道另一种高压空气加热逐渐升温，当温度达到并超过氧的临界温度以后转为气态。这个转化是一个渐进的过程，没有明显的相变。溶解的碳氢化合物跟着转为气相溶解状态，不会出现所谓的“干蒸发”现象，也不会形成固相碳氢化合物颗粒。因此超临界氧直接进入高压换热器汽化复热的过程是比较安全的。

（2）供氧压力低于临界压力的情况

当液氧泵排压低于氧临界压力时，液氧在高压换热器内的汽化是一个有相变的蒸发过程，由于碳氢化合物的沸点高，根据蒸发原理，在蒸发过程中高沸点组分会在液相中增浓。根据查询甲烷及乙烷与液氧在 0.1135MPa（绝）压力下的相平衡图（图 1-2）可见，在某一蒸发温度下达到相平衡时，气液两相的组分是有很大差异的，液相中甲烷含量要高得多。当然在实际操作时不可能达到相平衡状态，但液相中甲烷增浓还是非常明显的，而乙烷、乙烯、丙烷这三种碳氢化合物由于沸点更高，在液氧中浓缩更为明显。

为了降低高压换热器液氧中碳氢化合物浓度可以采取增设液氧吸附器和采用 1% 至 3% 液氧排放以稀释碳氢化合物的措施。由于甲烷、乙烷即使采用低温吸附也很难去除，而稀释排放对降低液氧中碳氧化合物含量却十分有效，因此当供氧压力低于

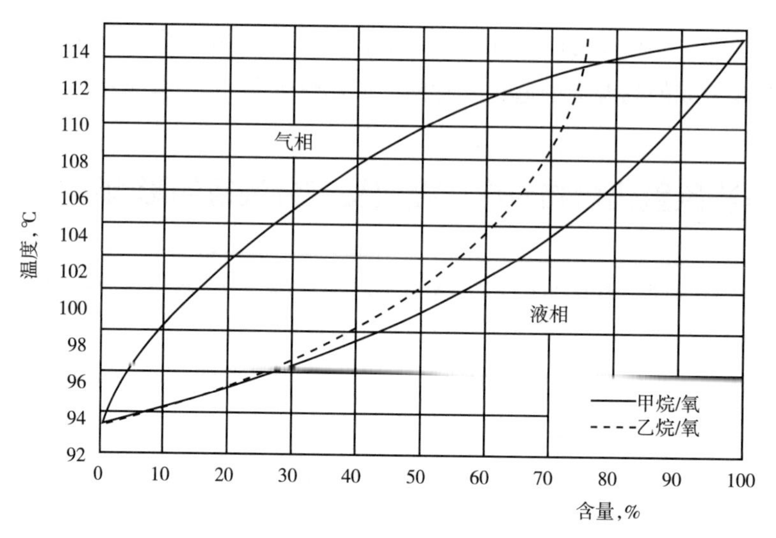

图1-2　0.1135MPa（绝压）甲烷/氧、乙烷/氧相平衡曲线

临界压力而高于某一安全压力时，建议在高压换热器液氧蒸发段开设排放口，进行1%供氧量的液氧连续排放。

（3）临时停车的情况

无论正常操作时供氧压力高低，一旦空分设备停车或液氧泵单机停车，泵后压力将迅速下降。留存在管道及容器中的液氧如不及时排放，受到外界热量的加热，将会在常压或低压下汽化，溶解的碳氢化合物逐渐增浓，最终导致固态析出。当装置再次启动，这种固态碳氢化合物受到氧气流或液氧流的冲击，极易引起燃烧爆炸。因此，在液氧或富氧液空的管道容器及换热器的最低位置应设置排放阀，管道容器换热器（包括内部结构导流片、封头等）都不能存在盲区。停车以后应及时排空存液。

（4）操作注意事项

① 为确保空分设备安全运行，建议在制订操作规程时制定联锁停车标准和设置杂质分析监控系统

a. 制订空分设备空气和液氧中杂质含量的报警和停车控制标准。

b. 设置空压机出口杂质成分分析。

c. 设置液氧中总碳和各杂质含量分析。

d. 设置分子筛出口空气液氧、液空中 CO_2 分析。

e. 设置液氧中氧化亚氮（N_2O）分析。

f. 分析仪定期检查标定。

② 主冷凝蒸发器和辅助冷凝蒸发器的操作注意事项

a. 全浸式操作，即液氧液面应控制在100%，翅式换热单元浸没状态，当达到

90% 低位时应报警，当达 80% 低位时应联锁停车。

b.N_2O 和碳氧化合物在线分析，并设置报警值和联锁停车。

c. 稀释排放，总排放量按液氧内杂质含量分析情况而定，一般为 1% 供氧量。

d. 盲区（排液管口等）定期排放吹除。

③ 装置临时停车时的操作

a. 停车时间不得超过 48h。

b. 保持主冷凝蒸发器液面和富氧液空液面不低于 100% 板式单元高度。

c. 切断并排空液氧泵及进出口管道内液氧。

d. 如流程中设置有液氧吸附器，应让其充满液体。

e. 监视管道热端温度，避免冷脆情况发生。

f. 当分析仪报警或主冷凝蒸发器及辅助冷凝蒸发器液氧液面低于 80% 或停车时间超过 48 小时，则排除所有液体并进行加温解冻。

④ 出现污染报警时应采取的措施

a. 排除主冷凝蒸发器中大部分液体，如必须维持液面时建议充加液氮。

b. 降低分子筛吸附器操作负荷，缩短切换周期。

c. 如果设置成对液氧吸附器应立即切换操作。

d. 加强空气液氧液空内杂质含量分析监控。

e. 检查分析仪及报警系统，防止误报警。

9 工业上常用的空气分离方法有几种？

答 空气是混合物，分层覆盖在地球表面，主要由氮气、氧气、氩气、稀有气体（如氖、氦、氪、氙等）、二氧化碳及水蒸气、杂质等组成，其组成随海拔高度、气压、地区的不同而变化。一般而言，大气层中干洁空气主要组分体积百分比如下：氮气 78.0900%，氧气 20.9400%，氩 0.9300%，二氧化碳 0.0315%，氖气 0.0018%，甲烷 0.00010% ~ 0.00012%，氪气 0.0001%，一氧化氮 0.00015%，氢气 0.00015%，氙气 0.000108%，二氧化氮 0.000102%。因各行业对氧气、氮气、氩等空分产品的需求不同，所以技术人员研究开发了多种分离方法从空气中分离提取出某一种或多种规格气体。当前工业界主要存在三种基本空气分离方法：低温法、吸附法和膜分离法。

1）低温法

低温法分离是利用空气各组分沸点不同，通过将空气液化后进行精馏达到各组分分离的目的。和膜分离法、吸附法相比，低温法具有多组分分离、产品纯度高、装置大型化、稳定等特点，因此大型空分设备一般采用低温法。

低温法空分流程的制冷方式可按工作压力不同分为高、中、低压流程，或按膨胀机的形式不同分为活塞式、透平式和增压式；按照净化（除去空气中水分和二氧化碳）方法可分为冻结法和分子筛吸附法；按照产品的压缩方式可分为外压缩和内压缩流程。其中，低压法具有单位能耗低、应用广的特点；增压透平是利用膨胀机的输出功带动增压机压缩来自空压机的膨胀空气，进一步提高压力后再供膨胀机膨胀，以增大单位制冷量，减少膨胀量；内压缩是指用低温泵压缩液态产品，再经复热、气化后送至装置外，和外压缩法相比内压缩较为安全，但同样条件下内压缩法能耗比外压缩高，提取率略低。

现煤化工行业配套空分设备多采用全低压分子筛吸附净化、空气透平增压膨胀机 + 液体膨胀机制冷、内压缩工艺流程。

2）吸附法

吸附法制氧起源于20世纪60年代，其原理是利用氧气、氮气分子大小不同，以特制的分子筛吸附剂为吸附载体，通过改变压力（加压吸附、减压脱附）从空气中分离出氧 / 氮组分，其中氧组分含量可达90% ~ 95%。其产品氧主要用于高炉富氧炼钢、废水处理、造纸业及养殖发酵业；产品氮主要用于石油化工等领域装置吹扫、置换等保护气，还用于金属热处理、防爆密封、鲜果贮藏和食品业。和膜分离法相比，吸附法分离具有产品纯度高、投资高等特点；和低温法相比，具有操作方便、运行成本低、产品纯度不高、规模小、投资少等特点。

3）膜分离法

膜分离法制氧兴起于20世纪70年代，产品主要应用于富氧空气燃烧及医用领域，其原理是利用渗透膜的选择性，通过膜两侧对应组分的压差对空气中氧氮进行分离。膜分离法和低温法、吸附法相比，具有投资少、能耗低、维修费用低等优点。

10 低温法空气分离技术的原理是什么？

答 低温法空气分离是利用氧和氮的沸点不同，组成的混合气体在部分冷凝时和混合液体在部分蒸发时，易挥发组分氮将较多地蒸发，难挥发组分氧将较多地冷凝。如果将温度较高的饱和蒸汽与温度较低的饱和液体接触，则蒸气将放出热量给饱和液体。蒸气放出热量将部分冷凝，液体将吸收热量而部分蒸发。蒸气在部分冷凝时，由于氧冷凝得较多，所以蒸气中的低沸点组分氮的浓度有所提高。液体在部分蒸发过程中，由于氮较多的蒸发，液体中高沸点组分氧的浓度有所提高。如果进行了一次部分蒸发和部分冷凝后，氮浓度较高的蒸气及氧浓度较高的液体，再分别与温度不同的液体及蒸气进行接触，再次发生部分冷凝及部分蒸发，使得蒸气中的氮浓度

及液体中的氧浓度将进一步提高，这样的过程进行多次，蒸气中的氮浓度越来越高，液体中的氧浓度越来越高，最终达到氧、氮的分离，这个过程就叫精馏。

完成连续精馏的装置称为精馏塔，精馏塔有板式塔和填料塔。加料板以上的塔段，称为精馏段；加料板以下的塔段（包括加料板），称为提馏段。连续精馏装置在操作过程中连续加料，塔顶塔底连续出料，因此是一稳定操作过程。在精馏段，气相在上升的过程中，气相轻组分不断得到精制，在气相中不断地增浓，在塔顶获轻组分的氮产品。在提馏段，其液相在下降的过程中，其轻组分氮气不断地提馏出来，使重组分的液氧在液相中不断地被浓缩，在塔底获得重组分的液氧产品。

11 低温法空气分离技术常用的状态参数有哪些?

答 1）压力

单位面积上的作用力叫压力。对静止的气体，压力均匀地作用在与它相接触的容器的壁面上；对于液体，由于液体本身受到重力的作用，底部的压力高于表面的压力，而且随深度增加而增大。压力常用的单位是 kPa 和 MPa。

2）表压和真空度

压力表测量的压力数值反映压力的高低，但并不是实际的压力。根据压力表的工作原理，测得的压力是实际压力（绝对压力）与周围大气压力的差值。当实际压力高于大气压力时，测得的压力叫表压力。

真空度：当实际压力低于大气压力时，测得的压力叫真空度，也叫负压。

3）温度

通俗地说，温度反映物体冷热的程度。从本质上说，温度反映物质内部分子运动激烈的程度。温度降低到一定程度，水可以变成固体，空气也可以变成液体。定量地表示温度的高低有不同的温标。最常用的是摄氏温标℃，取标准大气压下水的冰点为 0℃，水的沸点为 100℃。低于冰点的温度则为负。例如，氧在标准压力下的液化温度为 –182.8℃。

4）焓

焓是表示物质内部具有的一种能量的物理量，也就是一个表示物质状态的参数。单位是能量的单位：kJ 或 kJ/kg。

宏观表示物体所具有的能量是动能和位能。动能的大小取决于他的质量和运动速度；位能是由地球的引力产生，取决于物体的质量和离地面的距离。在物质内部，它是由大量分子组成的，分子在不停地做乱运动，具有分子运动的动能。温度越高，分子运动越激烈，分子运动的动能就越大。分子相互之间也有吸引力，分子间距离不同，相互吸引的位能也改变。这种能量称之为“热力学能”，我们将这两部分能量之和，称为“焓”。

5）熵

熵与温度、压力、焓等一样，也是反映物质内部状态的一个物理量。熵在一个可逆绝热过程的前后是不变的。而对于不可逆的绝热过程，则过程朝熵增大的方向进行。或者说，熵这个物理量可以表示过程的方向性，自然界自发进行的过程总是朝着总熵增加的方向进行，理想的可逆过程总熵保持不变。

12 常规内压缩空分设备由哪些系统组成？

答 空分设备是一个大型的复杂系统，主要由以下子系统组成：压缩系统、净化系统、制冷系统、热交换系统、精馏系统、产品输送系统、液体贮存系统等，如图 1–3 所示。

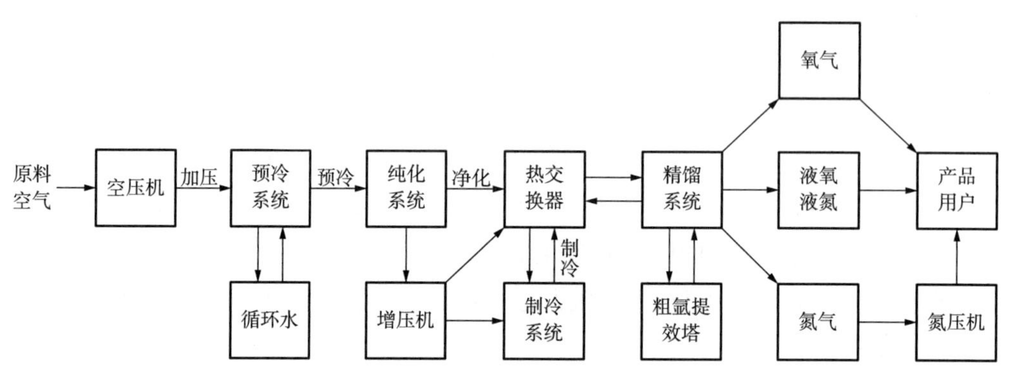

图 1–3 空分设备系统流程方块图

压缩系统：主要是指原料空气压缩机。空分设备将空气经低温分离得到氧、氮等产品，从本质上说是通过能量转换来完成的。而装置的能量主要是由原料空气压缩机输入的。相应地，空气分离所需的总能耗中绝大部分是原料空气压缩机的能耗。

净化系统：由空气预冷系统和分子筛纯化系统（纯化系统）组成。经压缩后的原料空气温度较高，空气预冷系统通过接触式换热降低空气的温度，同时可以洗涤其中的酸性物质等有害杂质。分子筛纯化系统则进一步除去空气中的水分、二氧化碳、乙炔、丙烯、丙烷、重烃和氧化亚氮等对空分设备运行有害的物质。

制冷系统：空分设备是通过膨胀制冷的，整个空分设备的制冷严格遵循经典的制冷循环。不过通常提到空分设备的制冷系统，主要是指膨胀机。

热交换系统：空分设备的热平衡是通过制冷系统和热交换系统来完成的。随着

技术的发展，现在的换热器主要使用铝制板翅式换热器。

精馏系统：空分设备的核心，实现低温分离的重要设备。通常采用高、低压两级精馏方式。主要由低压塔、压力塔和冷凝蒸发器组成。

产品输送系统：空分设备生产的氧气和氮气需要有一定的压力才能满足后续系统使用。主要由各种不同规格的氧气压缩机和氮气压缩机组成。

液体贮存系统：空分设备能生产一定的液氧和液氮等产品，进入液体贮存系统，以备需要时使用。主要由各种不同规格的贮槽、低温液体泵和汽化器组成。

13 空分设备的冷量来源有哪些？

答 空分设备的冷量来源：膨胀制冷、节流制冷、冷冻机组制冷及循环冷却水提供的冷量。

1）膨胀制冷

气体在膨胀机中膨胀，膨胀时气体体积增大，分子间距离增大，由于分子间具有吸引力，为了克服分子间的吸引力需要消耗气体分子的动能（动能减小），另外高压气体等熵膨胀时向外输出机械功，这样消耗大量的气体内能（焓值减小）。这两部分能量消耗都需要用内动能来补偿，所以气体在膨胀机中等熵膨胀，焓值下降，温度必然降低。

膨胀机的制冷量与膨胀量及单位制冷量有关。膨胀量越大，制冷量也越大。而单位制冷量与膨胀前的压力、温度及膨胀后的压力有关，当进出口压力一定时，机前温度越高，单位制冷量越大；进口温度一定时，与膨胀机进出口压差有关，压差越大，则单位制冷量越大；与膨胀机的效率有关，效率高，制冷量大。

2）节流制冷

在节流过程中，流体未对外输出功，可看成是与外界没有热量交换的绝热过程，根据能量守恒定律，节流前后的流体内部的总能量（焓）应保持不变。但是，组成焓的三部分能量：分子运动的动能、分子相互作用的位能、流动能的每一部分是可能变化的。节流后压力降低，质量比容积增大，分子之间的距离增加，分子相互作用的位能增大。而流动能一般变化不大，所以，只能靠减小分子运动的动能来转换成位能。分子的运动速度减慢，体现在温度降低。

节流的制冷量与节流前的温度及节流前后压差有关。节流前的温度越低，温降效果越大；节流前后的压差越大时，温降效果越大。

3）冷冻机组制冷

空分设备预冷系统通常配有冷冻机组，用以对冷冻水进一步降温，从而保证空气以较低的温度出空冷塔。冷冻机组是通过螺杆式压缩机压缩制冷剂，再通过冷却器冷却，然后在蒸发器内为冷冻水降温，吸收冷冻水热量蒸发的制冷剂再次进入压缩机进行循环做功。

4）循环冷却水提供的冷量

空分设备中，压缩机组及膨胀机组都需要循环水来提供冷源，对压缩机换热器进行换热降温；预冷系统空冷塔也需要循环水提供冷量。

14 现代煤化工项目中大型空分设备常用的流程有哪些？

答 目前，大型空分设备普遍采用低压分子筛净化、增压透平膨胀机制冷、规整填料上塔和全精馏无氢制氩等新技术。但在产品氧气的压缩方式上主要有两种：一是外压缩流程，即出空分设备的低压氧气经过压缩后送往用户；二是内压缩流程，即抽取主冷液氧由低温泵压缩，经换热器复热汽化后送往用户。

1）外压缩流程

由精馏上塔下部或主冷气氧侧取出低温气氧经主换热器复热后，被氧压机加压到用户所需压力，然后送到氧气管网。外压缩流程氧气的加压是由氧压机完成的，常规外压缩流程如图 1–4 所示。

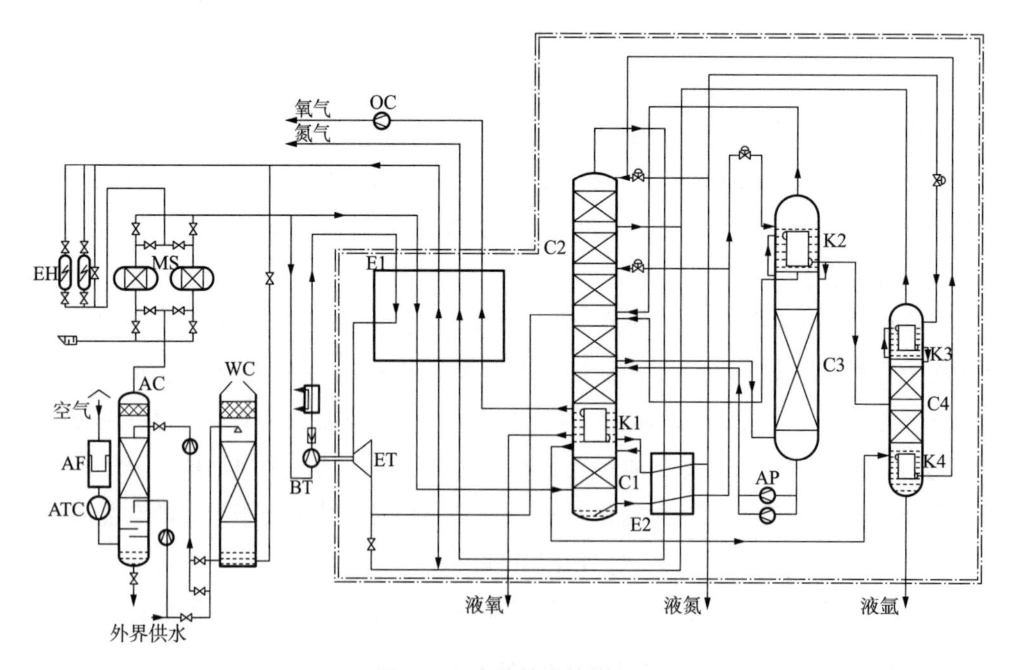

图 1–4 空分外压缩流程

AF—空气过滤器；ATC—空气透平压缩机；AC—空气冷却塔；WC—水冷却塔；MS—分子筛纯化器；EH—电加热器；BT—透平膨胀机增压端；ET—透平膨胀机膨胀端；E1—主换热器；C1—下塔；K1—主冷凝蒸发器；C2—上塔；E2—过冷器；AP—循环粗液氩泵；OC—氧气压缩机；C3—粗氩塔；K2—粗氩冷凝器；K3—精氩冷凝器；C4—精氩塔；K4—精氩蒸发器

原料空气在空气过滤器中除去了灰尘和机械杂质后，进入空气压缩机压缩，然后送入空气冷却塔进行清洗和预冷。空气从空气冷却塔的下部进入，从顶部出来。空气冷却塔的给水分为 2 段：冷却塔的下段使用经用户水处理系统冷却过的循环水，而冷却塔的上段则使用经水冷却塔冷却后的低温水，使空气冷却塔出口空气温度降低。空气冷却塔顶部设有丝网除雾器，以除去空气中的水滴。

出空气冷却塔的空气进入交替使用的分子筛纯化器，除去原料空气中的水分、二氧化碳、乙炔等杂质。净化后的加工空气分 2 股。一股相当于膨胀量的空气被引入透平膨胀机增压端中增压，然后被冷却水冷却至常温后进入主换热器，再从主换热器中部抽出进入透平膨胀机膨胀端，膨胀后部分或全部空气送入上塔参与精馏，剩余旁通入污氮管道。其余空气直接进入主换热器后，被返流气体冷却至饱和温度后进入下塔。

空气经下塔初步精馏后，在下塔底部获得液空、顶部获得纯液氮。从下塔抽取的液空、纯液氮，进入液空、液氮过冷器过冷后，送入上塔相应部位。从上塔顶部得到氮气，经过冷器、主换热器复热后出冷箱，作为产品输出；另抽取一部分液氮直接进入液氮贮槽。

上塔进一步精馏后，在上塔底部获得氧气，并进入主换热器复热后出冷箱，经氧气压缩机加压后进入氧气管网。液氧产品从主冷凝蒸发器底部抽出，送入液氧贮槽。

从上塔中部抽取一定量的氩馏分送入粗氩塔，粗氩塔底部抽取的液体经液体泵回到上塔中部。经粗氩塔精馏得到含氧量小于 2×10^{-6} 的粗氩气，送入精氩塔中部。经精氩塔精馏，在精氩塔底部得到氩含量 99.999% 的精液氩。

从上塔顶部引出污氮气，经过冷器、主换热器复热后出冷箱，一部分进入蒸汽加热器加热作为分子筛再生气体，其余气体送入水冷却塔。

2）内压缩流程

内压缩流程是空分设备的一种工艺流程组织方式，是相对于外压缩流程而言的。外压缩流程就是空分设备生产低压氧气，然后经氧压机加压至所需压力供给用户，也称之为常规空分设备。内压缩流程就是取消氧压机，直接从空分设备的精馏塔生产出中、高压力的氧气供给用户。该流程与常规外压缩流程的主要区别在于，产品氧的供氧压力是由液氧在冷箱内经液氧泵加压送到高压板式换热器，液氧在高压板翅式换热器中与高压空气进行热交换从而汽化复热回收冷量送出冷箱，空分设备内压缩流程如图 1–5 所示。

内压缩流程是目前较典型的空分流程，采用膨胀空气进下塔的模式。液氧从主冷抽出，由液氧泵压缩至用户所需的压力，经主换热器复热后进入用户管网。在主换热器中，正流压缩空气与加压的液氧进行热交换，液氧在汽化、复热的同时，这

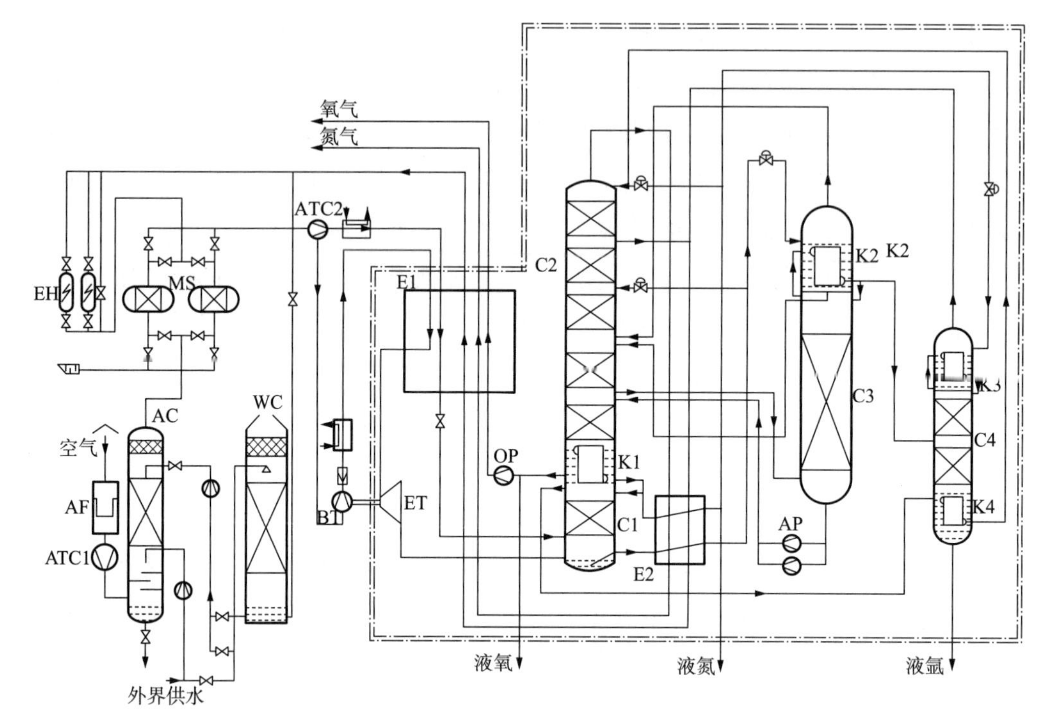

图 1-5　空分内压缩流程

AF—空气过滤器；ATC1—空气透平压缩机；AC—空气冷却塔；WC—水冷却塔；MS—分子筛纯化器；EH—电加热器；BT—透平膨胀机增压端；ET—透平膨胀机膨胀端；ATC2—空气增压机；E1—主换热器；OP—液氧泵；C1—下塔；K1—主冷凝蒸发器；C2—上塔；E2—过冷器；AP—循环粗液氩泵；C3—粗氩塔；K2—粗氩冷凝器；K3—精氩冷凝器；C4—精氩塔；K4—精氩蒸发器

股高压空气被冷却、液化。正流高压液化空气和经增压膨胀机膨胀降温后的空气同进入下塔参与精馏。

内压缩流程与外压缩流程相比，有以下特点：

（1）不需要氧气压缩机。由于将液体压缩到相同的压力所消耗的功率比压缩同样数量的气体要小得多。并且液氧泵的体积小，结构简单，费用要比氧气压缩机便宜得多。

（2）液氧压缩比气氧压缩较为安全。氧气是一种助燃物质，氧气压力越高温度也越高，燃爆危险性越大。外压缩流程空分设备是用氧压机来提高氧气压力。由于气体相对于液体而言，体积相差 700～800，所以大型氧压机必须靠大叶轮高转速才能实现压缩氧气。在高温、高压下压缩氧气危险性大。而内压缩流程是靠低温液氧被压缩液体的。同标量的液体体积比气体体积小几百倍。加之低温液氧泵在低温、低速和小流量下运转，安全系数比外压缩流程的氧压机大大提高。

（3）由于不断有大量液氧从主冷中排出，碳氢化合物不易在主冷中浓缩，有利于设备的安全运转。

（4）由于液氧复热、气化时的压力高，换热器的氧通道需承受高压，因此，换热器的成本将比原有流程提高。并且在设计时应充分考虑换热器的强度和安全性。

（5）与外压缩流程相比，内压缩流程在主换热器有很多潜热交换（气体液化和液体蒸发），单位高度不同冷流股温升相差较大，不同热流股的温降相差较大；在相同板式高度情况下，热端复热效果较差，使得冷量损失较多，最终空压机能耗有所增加。

一般来说，空压机增加的能耗与液氧泵减少的能耗大致相抵，或略有增加。设备费用也大体相当，或略有减少。但从安全性和可靠性方面考虑，内压缩流程有它的优越性。随着变频液体泵的应用，产品氧气、氮气流量的调节非常灵活，产品纯度的稳定性也较好，是目前国际上普遍采用的流程。

15 全精馏无氢制氩相对于加氢制氩有哪些优势?

答 大型空分设备制氩工艺有两种常见的流程：加氢制氩和全精馏无氢制氩。

1）加氢制氩

加氢除氧制氩流程共分三部分：粗氩提取系统、加氢除氧系统和纯氩提取系统。粗氩提取系统的流程还是利用粗氩塔制取纯度为96%的粗氩，纯氩系统一般采用气态进料和液态进料两种流程，加氢除氧系统的原理基本一致。

加氢除氧系统根据工艺要求必须有一定量的氢气，除尽一个体积的氧气需两个体积的氢气相配，而且氢氧反应后还需一定量的过量氢气，以便达到最佳的除氧效果。一般情况下，工艺氩中的过量氢约为2.5%。所以采用气态进料流程，当提氩量较大时，氢气耗量较大，而且过量氢气全部随着余气排放到大气中，又不能回收，显得不是很经济。但在提氩量较小的情况下，这种流程还是可行的。

2）全精馏无氢制氩

由于全精馏无氢制氩具有流程简单、操作方便、安全、稳定、氩提取率高等优点，是空分设备用户首选的制氩流程。全精馏无氢制氩就是在粗氩塔中进行氧—氩分离，直接得到氧含量小于1×10^{-6}的粗氩，在精氩中再进行氩—氮分离，得到纯度为99.999%的精氩产品。由于氧、氩常压下沸点仅差3K，如果用筛板精馏来实现氧—氩分离，约需150～180块理论塔板。规整填料每当量理论塔板压降是每理论筛板的1/8左右，这样在粗氩塔允许的压降范围内就可以设置相当于170块理论塔板的规整填料实现氧—氩全精馏分离。为降低粗氩塔的高度，往往设置二级粗氩塔，一级粗氩塔出口氩中氧含量为2%～3%，二级粗氩塔出口氩中氧含量小于1×10^{-6}，可直接进入精氩塔进行精馏。

此外，用全精馏无氢制氩流程还有以下优势：

① 省去了加氢除氧系统，工艺流程得以简化，工序减少，操作简便；

② 不使用氢气，可以取消制氢站，很多由于使用氢气可能发生的事故得以避免；

③ 由于分子筛优先吸附水分，吸附水分后，全精馏工艺介质流经设备较多，水分会完全冻结在精氩塔前，所以精氩中水含量极少；

④ 由于省去了氢气，降低了电耗，所以制氩成本降低，而且设备占地面积大大减少。

16 使用 LNG 冷能技术的新型空分工艺流程有哪些特点？

答 LNG（液化天然气）是通过低温工艺冷冻液化而成的低温（-162℃）液体混合物，在汽化使用时放出大量的冷量，该冷量由汽化潜热和复温显热组成，约为 830kJ/kg。目前的工艺中该部分冷能通常随海水或空气被舍弃，造成能源的极大浪费，通过特定工艺技术合理利用 LNG 冷能，可以达到节省能源、提高经济效益的目的，国内外许多研究人员对如何合理利用 LNG 冷能展开了研究，范围包括用于发电、空气分离和低温粉碎等。

利用 LNG 冷能的空分流程有 3 个主要优点：一是在离 LNG 最接近的温度位对其冷能加以利用，可用能利用程度高；二是可以在较低的能耗指标下得到大量的液态产品；三是可以缩短空分流程的启动时间，因为传统流程靠透平膨胀机产冷，冷量需要逐渐积累，而 LNG 则可以在瞬间释放出大量高品位的冷能。

利用 LNG 冷能的空分流程设置了由 LNG 冷能冷却的氮外循环和氮内循环制冷系统，以及利用 LNG 冷能的空气冷却系统（以氟利昂作为载冷剂），氮循环系统均采用氮气低温压缩，节能效果明显。另外，由节流阀取代循环氮气膨胀机使设备简化，而单向阀能自积累高纯氮内循环和外循环氮气，利用 LNG 冷能的新型空分流程，包括 LNG 的流动方案、循环氮气的冷量利用、取消氟利昂为介质的空冷循环和减少低温下运行的氮气压缩机，流程原理如图 1-6 所示：

空气经空气过滤器，过滤掉灰尘等机械杂质，然后进入空压机加压，再进入空气冷却水塔冷却（此温度为吸附剂的最佳吸附温度），随后进入分子筛纯化器去除其中的水分和二氧化碳；接着，经过预处理的空气进入主冷却器进行冷却，在主冷却器中，冷却进料空气的冷量由 3 股流体提供，分别是循环氮气、产品氮气以及污氮在主冷器出口处使进料空气被冷却至接近饱和温度，然后分为两股分别进入下塔底部和上塔中下部。

下塔内空气从塔顶流下的液氮在多层塔板上反复冷凝和蒸发，含有较多液氧成分的富氧液空集于下塔底部，氮气集于下塔顶部，并与上塔底部液氧交换热量后被冷凝成液体；下塔顶部液氮收集器收集的液氮被引出，经过冷器进一步降温，再经

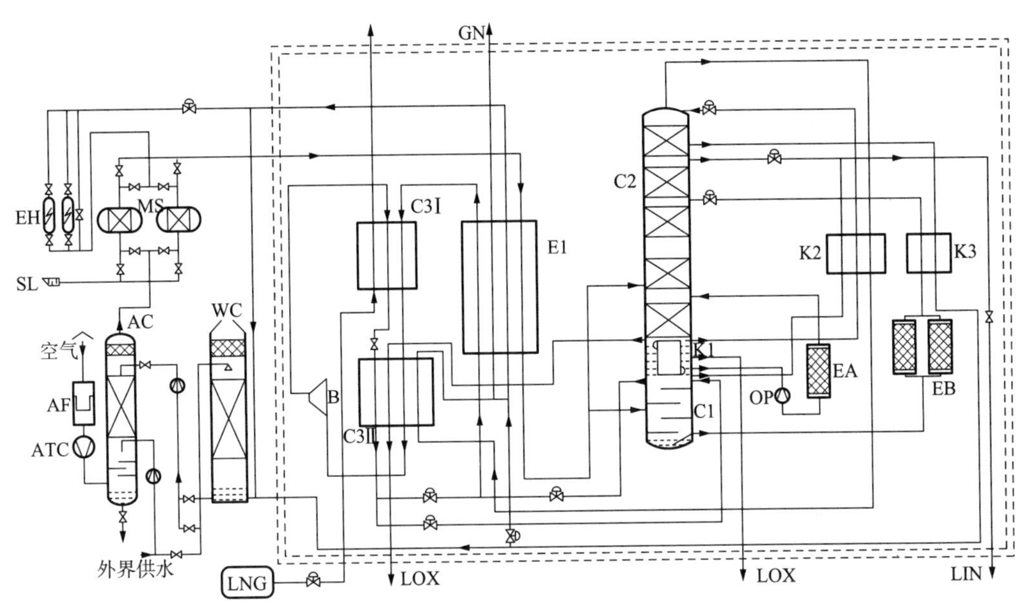

图 1-6　液化天然气冷能的空分工艺流程

AF—空气过滤器；ATC—空气透平压缩机；B—中压氮气压缩机；MS—分子筛纯化器；C1—下塔；C2—上塔；C3I—LNG 换热器；C3II—低温换热器；E1—主换热器；EA—液氧纯化器；EB—液空纯化器；EH—电加热器；K1—主冷凝蒸发器；K2—液氮过冷器；K3—液空过冷器；OP—流程液氧泵

液氮节流阀降压至 0.14MPa 左右，进入上塔顶部作为上塔顶部的回流液，另一部分经调节阀后流到液氮储罐储存下塔塔釜的富氧液空，经过液空纯化器除掉乙炔，然后进入过冷器过冷，再经过液空节流阀降压后在适当位置引入上塔。

上塔顶部的产品氮气经过过冷器回收部分冷量后，进入低温换热器再释放一部分冷量，然后进入主冷却器，对进料空气进行冷却，以出口温度接近进料空气进口温度的氮气产品输出；上塔底部的产品氧气不再进入主换热器回收冷量，而是直接进入低温换热器冷却至该压力下的饱和温度并有少许过冷，得到全部液氧产品输出。

该流程特点是在满足系统冷量要求的基础上，重点对换热系统内的流股及相关周边流程进行了重新组织，具有以下主要特点：

（1）氧气的液化不再发生在冷凝蒸发器，而发生在低温换热器中。因此，不需要对传统的冷凝蒸发器结构做任何改动，系统中让氧气产品不经压缩直接通过 C3 进行冷凝液化而且 LNG 不再通过此低温换热器，符合安全性要求。

（2）取消氮气内循环，直接输出产品氮气。其中氮内循环的作用是通过节流高压氮气产生冷量，并将冷量补充给冷凝蒸发器，使其中的氧气液化，可以取消氮内循环，从上塔顶部抽出的氮气经主换热器回收冷量后作为产品气输出。由此可以去掉两个氮气压缩机（中压高压），节能效果明显。另外，系统的最高运行压力显著降低，从5MPa降低到2.6MPa。

（3）由于上塔塔顶的氮气经过过冷器回收部分冷量后，直接进入主换热器释放剩余冷量，大大减少了循环氮气的冷负荷，从而减少了循环氮气量，进而降低压缩功。

（4）节流后的循环氮气不再分成两股分别进入低温换热器和主换热器，而是作为一股流体先通过低温换热器，将低温的高品位冷量回收后，再全部进入主换热器，释放剩余冷量。

（5）虽然仍采用水冷塔对空气进行预冷，但对污氮冷却循环水的流程做了分流股改进，增加了调节的灵活性和准确性。在不同的运行期可以根据需要，合理分配污氮流量，从而达到节约循环水和降低加热污氮所耗电能的目的。

17 如何从空分设备中提取氖、氦、氪、氙气体？

答 随着工农业生产和科学技术的发展，稀有气体越来越广泛地被应用到工业、医疗、尖端科学等各方面。下面介绍几种稀有气体制取的工艺。

1）空气分离氖、氦提取工艺流程

在深冷分离中，氖、氦、氢沸点（0.103MPa）分别为：−246.05℃、−268.93℃、−252.78 9℃，相对于氧（−182.96 ℃）、氮（−195.8℃）等组分属于低沸点组分，以不凝性气体的状态集中于主冷蒸发器的氮侧。从主冷蒸发器氮侧取出，送入粗氖氦提取装置作为原料气。来自下塔的污液氮经过冷器与返流气体换热冷却，经过节流降温降压后送入上部换热器，作为粗氖氦提取装置的冷源，工艺流程如图1−7所示：

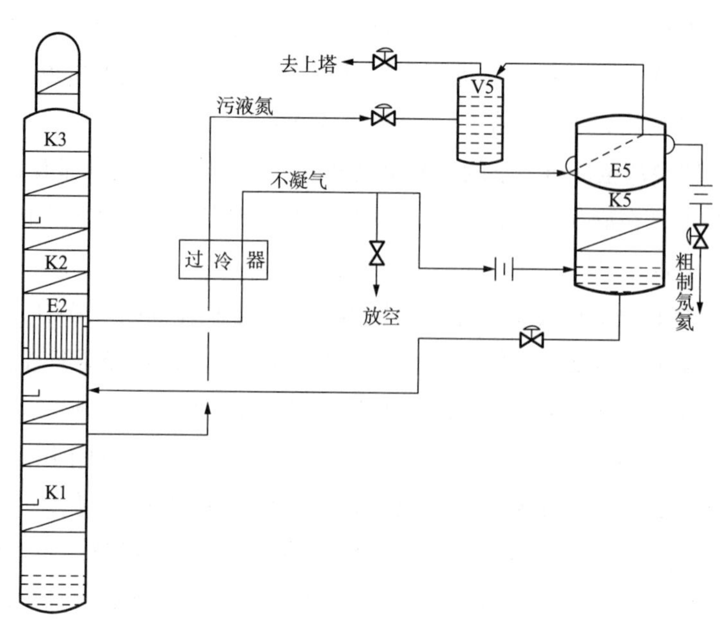

图1−7 空气分离粗氖氦提取工艺流程

粗氖氦提取装置主要由粗氖氦塔 K5 和粗氖氦冷凝蒸发器 E5 组成，V5 为缓冲罐。来自下塔顶部的不凝气在粗氖氦塔中精馏，上升气体在塔顶部被过冷、节流后的污液氮冷凝，将相对高沸点的氮组分部分冷凝至塔釜，返回到下塔；顶部达到含氖氦较高的粗氖氦气（含氖约 43%，氦 11%，氢约 2%，其余为氮气）。蒸发器 E5 的污液氮被蒸发后返回到上塔的污氮气中。分离后的粗氖氦气作为精制氖氦系统原料气，在那里经过加氧除氢、吸附除氮，以及冷凝分离等方法得到氖氦的分离。

从空气分离设备中提取氦，因含量极微，产量少，成本高；需要大量氦气时主要从天然气中提取，只要天然气中含氦高于 0.2% 就有提取的价值。对于氖气，只能从空气分离设备中提取。

2）空分提取氪氙流程

通常工业制取氪氙有以下几个途径：

从空气分离设备的副产品中提取；从合成氨排放气中提取；从核反应堆的裂变气中提取。而我国目前主要是从空气分离设备的副产品中提取氪气和氙气。

① 从液氧中提取贫氪氙

外压缩工艺流程：

空分设备外压缩工艺流程组织中，贫氪氙塔是以主冷来的液氧为原料并作为回流液，液氧从主冷底部抽取，贫氪氙塔蒸发器以正流空气为热源将塔釜中液氧蒸发，蒸发的氧气作为上升气与上部回流的液氧直接接触进行传质传热，高沸点的氪、氙、甲烷、氧化亚氮等被洗涤下来浓缩在塔釜的液氧中，浓缩后的贫氪氙中氪和氙含量分别为 0.25% 和 0.018%，而低沸点的氧气在塔顶得到，并作为产品送出。由于主冷和贫氪氙塔蒸发器存在高度差，利用自增压流程的原理，还可以进一步提高产品氧气出装置压力。进而提高了氧压机进口压力，使氧压机能耗得以降低。工艺流程如图 1-8 所示。

贫氪氙提取流程特点：

a. 氪氙提取率高，可达 85% 左右。

b. 制取氪氙的原料分别来自上塔底及主冷，在贫氪氙塔不同位置进料，甲烷回收率低，贫氪氙液中的氪、氙含量可以浓缩得更高。

c. 贫氪氙塔同时起着液氧自增压作用。

d. 贫氪氙塔采用规整填料，结构简单，制造容易。不生产贫氪氙产品时，可从贫氪氙塔大量生产出液氧产品。

内压缩工艺流程：

空分设备内压缩工艺流程组织中，制取贫氪氙的原料来源于上塔底上 3 块塔板抽出的少量液氧与从主冷抽出的较大量液氧，分别进入贫氪氙塔上部和下部作为回

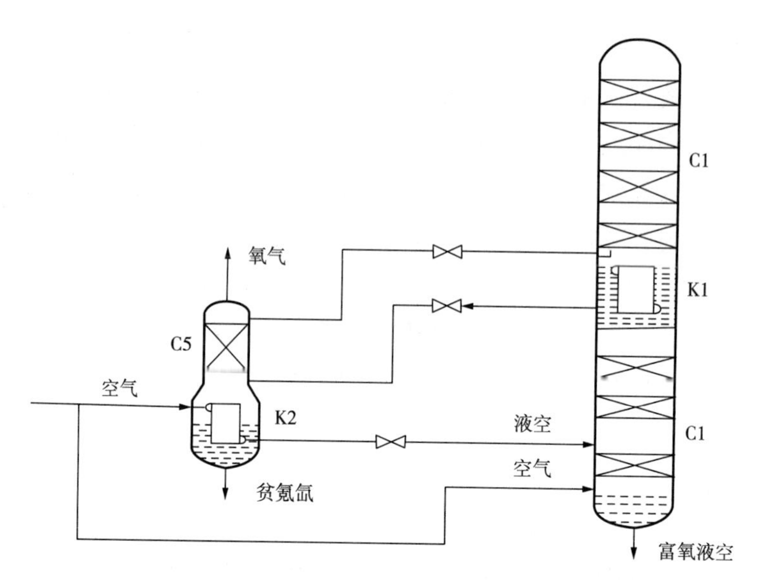

图 1-8　外压缩流程从液氧中提取贫氪氙工艺流程简图

C1—下塔　C2—上塔　C5—贫氪氙塔

K1—主冷　K2—蒸发器

流液，贫氪氙塔蒸发器以从主换热器来的空气为热源将塔釜中液氧蒸发作为贫氪氙塔的上升气，两者传质传热，精馏后塔顶氧气回上塔，贫氪氙塔底得到贫氪氙产品。而去液氧泵的液氧从上塔底上 3 块塔板抽出，经液氧泵加压后再经主换热器复热出冷箱。工艺流程如图 1-9 所示。

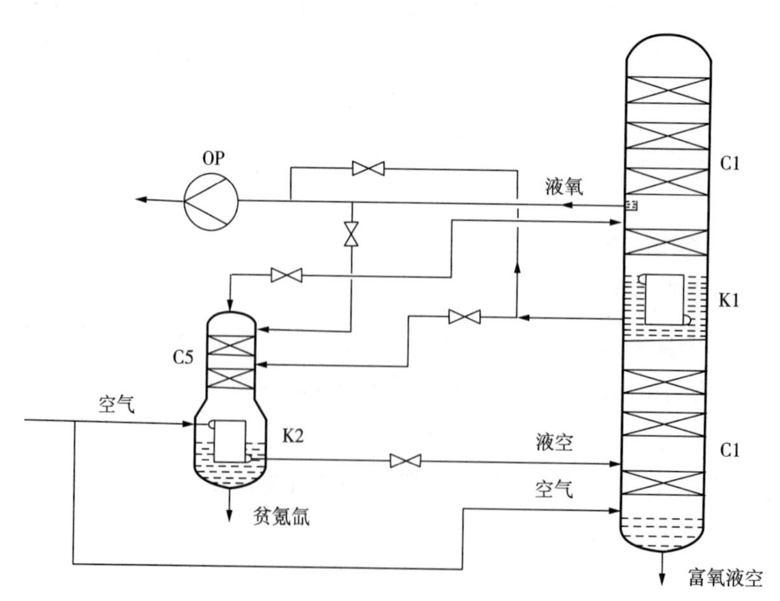

图 1-9　内压缩流程从液氧中提取贫氪氙工艺流程简图

C1—下塔　C2—上塔　C5—贫氪氙塔　K1—主冷

K2—蒸发器　OP—液氧泵

贫氪氙提取流程特点：

a. 部分氪氙随产品液氧带走，氪氙提取率为 73% 左右。

b. 去液氧泵的液氧从上塔底往上 3 块塔板抽出，在保证氧纯度的情况下减少氪氙损失。

c. 制取氪氙原料分别来自上塔底及主冷，在贫氪氙塔不同位置进料，甲烷回收率降低了 15%，提高贫氪氙液中的氪、氙含量。

d. 工艺流程组织简单，贫氪氙塔单设小冷箱，贫氪氙塔不工作时，可将其进、出口物料切断，通过单独设置的液氧管路将主冷液氧排放至液氧总管，保证主冷安全工作。

② 从富氧液空中提取贫氪氙

内压缩流程从液氧中提取贫氪氙，不可避免有一部分氪氙被产品氧带走而损失掉。对于液氧内压缩、膨胀空气进下塔、全精馏制氩空分流程，氪、氙及甲烷随加工空气和膨胀空气全部进入下塔，并聚集在下塔塔釜的富氧液空中。因此，以富氧液空为原料，也可以提取氪氙浓缩物。常规带氩空分流程，下塔富氧液空经过冷后，一部分节流进入上塔作为回流液，另一部分进入粗氩冷凝器作为冷源。对于从富氧液空提取贫氪氙的流程，为提高贫氪氙提取率，富氧液空必须全部进入粗氩冷凝器浓缩。在这种情况，为保证氧的提取率，应该从下塔塔釜以上几块塔板抽出部分液空，去上塔作为回流液，这样既保证了贫氪氙提取率，又减小了抽取富氧液空原料液对氧提取率的影响。工艺流程如图 1-10 所示。

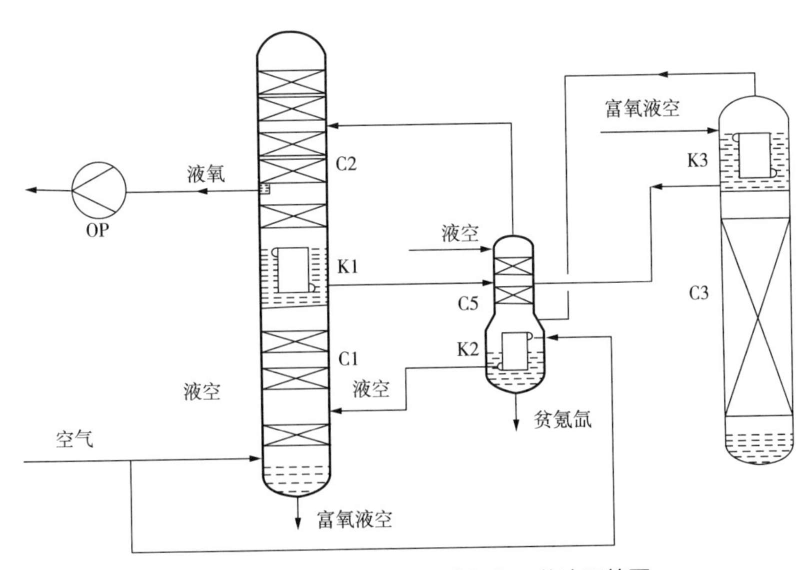

图 1-10　从富氧液空提取贫氪氙工艺流程简图

C1—下塔　C2—上塔　C3—粗氩塔　C5—贫氪氙塔　K1—主冷
K2—蒸发器　K3—粗氩冷凝器　OP—液氧泵

下塔塔釜中的富氧液空经过冷并节流后进入粗氩冷凝器，从粗氩塔的蒸发侧取出5%左右液空回流进贫氪氙塔中部，粗氩蒸发器的液空蒸气则进入贫氪氙塔底部，贫氪氙塔顶部以少量贫液空作为回流液，提高氪的提取率，贫氪氙塔蒸发器以空气作为热源将塔釜中液氧蒸发。空分设备提取氪氙流程如图1-11所示。

贫氪氙塔顶部排出的含微量氪、氙的液空蒸气将返回上塔，随产品液氧带走，从主冷底部再设一路提取氪氙原料液，将液氧中的少量氪氙回收，氪氙提取率可进一步提高。

从富氧液空中提取贫氪氙流程特点：

a. 以富氧液空为原料，氪氙提取率高，可达89%左右。

b. 制取氪氙原料来自粗氩冷凝器富氧液空和液空蒸气，分别从中部和底部进料。

c. 贫氪氙原料来自粗氩冷凝器液空和液空蒸气，制氩系统必须投运，流程较复杂。

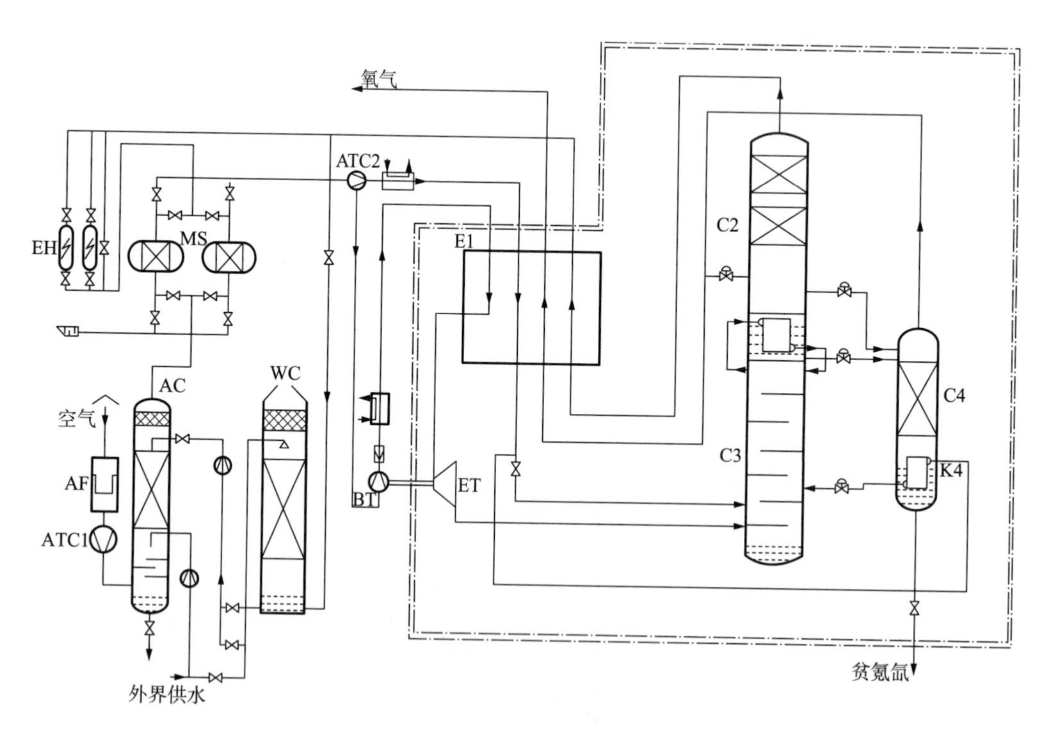

图1-11　空分设备提取氪氙流程

AF—空气过滤器；ATC1—空气透平压缩机；AC—空气冷却塔；WC—水冷却塔；MS—分子筛纯化器；EH—电加热器；BT—透平膨胀机增压端；ET—透平膨胀机膨胀端；ATC2—空气增压机；E1—主换热器；C2—上塔；C3—下塔；C4—氪氙塔；K4—冷凝蒸发器

18 如何确定空分设备空压机出口压力？

答 空压机排气压力通常采用逆推法来确定，前提条件是当地大气压已知，主冷温差（K 值）已知，各种设备、管道、塔板、填料、阀门等部件的阻力都有相应的值。首先要确定上塔压力，上塔压力就是上塔底部到污氮气出口需要克服的塔板（填料）阻力加上出空分设备要克服污氮气管道、过冷器、阀门的阻力，到达水冷塔及分子筛纯化器后还要克服分子筛及水冷塔填料的阻力，即保证污氮气能克服阻力到达各个系统设备。

上塔压力加上全浸式主冷液氧液位静压差及主冷氧侧的静压力，根据主冷氧侧的压力查出对应的饱和温度，再加上主冷温差（一般主冷温差在 1～2K 之间），就是主冷氮侧的饱和温度，然后查出饱和温度对应下的压力，即为下塔顶部压力，下塔顶部压力加上塔板（填料）的阻力（压差），即为下塔压力。

下塔压力加上板换、分子筛、空冷塔、管道及空压机出口止逆阀阻力（压差），即为空压机的出口压力。

特殊情况，如上下塔叠放布置的精馏塔，因塔身过高，导致下塔气体难以顺利打入上塔，可适当提高空压机排气压力。

19 空气压缩后析出的水分量如何计算？

答 首先应计算空压机入口的常压空气的含水量。因吸入口的气体为常压空气，如空压机吸入口为正常大气压 P_0=100kPa，温度 T=20℃，大气相对湿度 75%，因 T=20℃时水的饱和蒸汽压 Ps=2.3392kPa，相对湿度 ϕ_0=75%，则水在大气中的含量为：

$V=Ps\,\phi_0/P_0=2.3392\times75\%/100=1.754\%$；

若空压机吸入口气量为 500000Nm^3/h，所以空压机吸入口含水量为 V=500000×1.754%=8770Nm^3/h，

其次，计算压缩后的空气含水量。

计算压缩机出口高压空气经空压机轴流端压缩后的含水量，一般而言此处都是饱和的，即相对湿度 100%。因空气经压缩后进入换热器换热后温度在 30℃左右，所以温度 T=30℃计算，则 T=30℃时水的饱和蒸汽压 Ps=4.2467kPa，压缩后的压力在 P=250kPa 左右，则按 P=250kPa，因相对湿度 ϕ_1=100%，

则水在压缩空气中的含量为

$V=Ps\phi/P=4.2467\times100\%/250=1.69\%$；

则压缩空气量为 500000Nm^3/h，所以空压机压缩后的含水量为

V=500000×1.69%=8450Nm^3

空气经过压缩后析出的水分为压缩前的空气含水量 – 压缩后的空气含水量

$V=Ps\phi_0/P_0-Ps\phi_1/P$=500000×（2.3392×75%÷100）–500000×（4.2467×100%÷250）

=8770–8450=320Nm^3/h

20 循环水水质对空分设备安全稳定运行有哪些影响?

答 循环水是化工企业不可或缺的重要换热介质，在空分设备中循环水主要用于压缩机组级间换热器换热及空冷塔和水冷塔降温，循环水质的好坏对换热效率、设备运行影响非常大，直接影响到空分设备的安全稳定运行。

1）循环水水质的标准（见表 1–2）

表 1–2　循环冷却水的水质标准

样品名称	油类 /（mg/L）	异养菌 /（个 /mL）	总硬度 /（mg/L）	余氯 /（mg/L）	pH	浊度 /（mg/l）	总碱度 /（mg/L）	氯离子 /（mg/L）	COD/（mg/L）
数值	≤ 5.00	≤ 200000	70.00 ~ 1100.00	0.20 ~ 0.40	7.00 ~ 9.20	≤ 30.000	120.00 ~ 600.00	≤ 700.000	≤ 15.00

2）循环水质不好的原因分析

①COD（化学需氧量）升高

COD 升高的主要原因是换热器泄漏（如油冷器泄漏），工艺物料进入循环水系统，导致循环水中有机物含量偏高。

② 浊度升高

环境空气中沙尘含量过多；各换热设备中的水垢、铁锈或填料等物质被导入循环水中；换热器泄漏，物料进入循环水中；循环水过滤装置故障，过滤效果差。

③ 菌类藻类含量升高

循环水系统内有机物含量高使得菌类加快繁殖；杀菌剂投入较少，杀菌灭藻效果较差。

④ 循环水中泡沫较多

循环水中加药量过快过大，导致泡沫较多；消泡剂未投入或投入量少，使得泡沫未能及时消除。

⑤ 循环水中总硬度超标

由于循环水在冷却过程中不断地蒸发，使水中含盐浓度不断增高，超过循环水

的总硬度指标。

3）循环水质不好对空分设备的影响

① 水中的油含量过高，经空冷塔换热后被空气带入冷箱；

循环水中油含量过高，循环水会将油带入空分设备，由于空气与循环水在空冷塔中直接接触，出空冷塔的空气会将部分油质带入分子筛内，油质造成分子筛永久性失效，分子筛失效后，无法对空气中的有害杂质进行吸附，这些有害杂质会随空气进入冷箱，造成板式换热器通道及膨胀机喷嘴堵塞，以及大量的碳氢化合物和氧化亚氮等进入精馏塔，致使主冷凝蒸发器中碳氢化合物聚集，可能会引起严重的安全事故。

② 循环水氨氮含量高

氨会促进微生物的繁殖，微生物产生的黏泥和腐蚀产物覆盖在设备表面降低换热效果，同时氨氮在循环水系统发生硝化反应产生大量的酸，会对设备造成酸性腐蚀。

③ 循环水总硬度超标，造成设备结垢、结晶

当冷却水总硬度超标，溶解的碳酸氢盐较多时，水流通过换热器表面，特别是温度较高的表面，就会受热分解，达到过饱和状态而析出结晶，附着在换热器表面形成水垢；水在温度较低的换热设备，如空冷塔顶部、水冷塔底部及冷冻机蒸发器中，由于温度较低的原因，部分盐类会析出，形成结晶物，结晶物易造成空冷塔、水冷塔填料及喷嘴堵塞；不但影响了换热设备的换热效果，同时增加了能耗，甚至还会导致停机、停产。

④ 循环水泡沫较大，造成分子筛带水

循环水因加药不当等原因，循环水在空冷塔中与压缩空气进行传质传热的过程中，形成大量泡沫，致使阻力增大，泡沫随空气直接带入纯化器内，加剧了分子筛的负荷甚至造成分子筛中毒失效。

⑤ 循环水浊度较高，堵塞设备

循环水浊度较高，水中固体杂质含量多，极易造成部分级间换热器及过滤器堵塞，降低了换热效率，增加了氧、氮产品单耗。

21 在低温法空气分离时为什么要清除杂质?

答 空气是存在于地球表面的气体混合物，接近于地面的空气在标准状态下的密度为 1.29kg/m^3，主要成分是氧气、氮气和氩气。根据体积含量计算，氧气约占 20.95%，氮气约占 78.084%，氩气约占 0.93%，此外还有微量氖气、氦气、氪气、氙

气等稀有气体（见表 1–3）。根据地区条件不同，还含有不定量的水蒸气、二氧化碳、氧化亚氮、乙炔和其他碳氢化合物等气体，以及少量的酸碱性离子、灰尘等固体杂质。

表 1–3　干燥空气组分

组分	分子式	体积 /%	质量 /%
氮	N	78.084	75.52
氧	O	20.95	23.15
氩	Ar	0.93	1.282
二氧化碳	CO_2	0.03	0.046
氖	Ne	18×10^{-4}	12.5×10^{-4}
氦	He	5.24×10^{-4}	0.72×10^{-4}
氪	Kr	1.14×10^{-4}	3.3×10^{-4}
氙	Xe	0.08×10^{-4}	0.36×10^{-4}
氢	H_2	0.5×10^{-4}	0.035×10^{-4}
甲烷、乙炔及其他碳氢化合物		3.53×10^{-4}	2.08×10^{-4}

每立方米空气中的水蒸气含量约为 4 ~ 40g/m^3（随地区和气候而异），灰尘等固体杂质的含量一般为 0.005 ~ 0.15g/m^3，氧化亚氮含量 310×10^{-9}（0.6mg/m^3）。

这些杂质在每立方米空气中的含量虽然不大，但由于大型空分设备每小时加工空气量都在几十万立方米，因此，每小时带入空分设备的总量还是可观的。杂质对空分设备的损害极大，为了保证空分设备长期安全稳定地运行，必须设置专门的净化设备，清除这些杂质。

杂质的危害及处理方法：

① 空气中含有灰尘等机械杂质，如果空气压缩机直接吸入空气，机械杂质就会损坏空气压缩机叶片、气缸，也会造成设备、阀门、管线的阻塞。处理方法：在空压机入口设置自洁式过滤器进行过滤。

② 空气中含有的酸性离子，若未除去，随着空气进入纯化器分子筛，致使分子筛中毒失效；空气中的碱性离子，会使设备管道结垢，影响设备的正常运行。处理的方法：空气中的酸碱性离子在空冷塔中与循环水传质传热时，被循环水带走。

③ 空气中的水分、二氧化碳随着空气冷却，被冻结下来沉积在低温换热器、透平膨胀机或精馏塔里，就会堵塞通道、管路和阀门。处理方法：利用分子筛将其吸附除去，部分水分在空压机级间换热器冷凝排出及在板式换热器中冻结除去。

④ 空气中氧化亚氮、乙炔及碳氢化合物等杂质，随空气进入主冷，大量乙炔及碳氢化合物集聚在主冷液氧中有爆炸的危险；而氧化亚氮含量升高会堵塞主冷液氧

通道，增大主冷中碳氢化合物爆炸敏感性。处理方法：同样利用分子筛的吸附性将其除去。

22 大型空分设备空压机出口止逆阀选型对能耗的影响有哪些？

答 1）止逆阀工作原理

止逆阀是指依靠介质本身的流动而自动开、闭阀瓣，用来防止介质倒流的阀门。通常这种阀门是自动工作的，在流体流动压力作用下，阀瓣打开；流体反方向流动时，由流体压力和阀瓣的自重合阀瓣作用于阀座，从而切断流动。止逆阀又称逆止阀、单向阀、逆流阀和背压阀。

2）空压机止逆阀的作用

空压机选择止逆阀的主要作用是防止气体倒流，气体倒流会引起空压机倒转，汽轮机和增压机也随着空压机一同倒转，当倒流气体压力较高时，反转的压缩机组叶片极易断裂，会造成严重的设备损坏。

3）止逆阀的类型

① 旋启式止逆阀：旋启式止逆阀的阀瓣呈圆盘状，绕阀座通道的转轴做旋转运动，因阀内通道成流线型，流动阻力比升降式止逆阀小，适用于低流速和流动不常变化的大口径场合，但不宜用于脉动流，其密封性能不及升降式。

② 升降式止逆阀：阀瓣沿着阀体垂直中心线滑动的止逆阀，升降式止逆阀只能安装在水平管道上，在高压小口径止逆阀上阀瓣可采用圆球。升降式止逆阀的阀体形状与截止阀一样（可与截止阀通用），因此它的流体阻力系数较大。当介质顺流时，阀瓣靠介质推力开启；当介质停流时，阀瓣靠自垂降落在阀座上，起阻止介质逆流作用。

③ 碟式止逆阀：阀瓣围绕阀座内的销轴旋转的止逆阀。碟式止逆阀结构简单，一般安装在水平或垂直管道上，其密封性较差，阻力高于旋启式止逆阀。

④ 管道式止逆阀：阀瓣沿着阀体中心线滑动的阀门。管道式止逆阀是新出现的一种阀门，它的体积小，重量较轻，加工工艺性好，是止逆阀发展方向之一。但流体阻力系数比旋启式止逆阀略大。

4）止逆阀选型对能耗的影响

空气经空气压缩机压缩后经过止逆阀，有一定的阻力。空冷塔进口压力势必会有所降低。要获得相同的产品氧氮量，在保持进塔加工空气量不变的情况下，空压机出口止逆阀阻力越大，空压机的出口压力就要更高。这样就需要消耗更多的蒸汽量，对应装置的能耗就增加。

所以在选用大型空压机的止逆阀时，在满足大口径管道的同时，其阻力要尽量小，而且安全性能好，防止空压机出口气量大，造成阀瓣变形打不开。综上所述，旋启式止逆阀更适合安装于大型空压机的出口。

23 空压机级间冷却器换热效果对空分设备的影响有哪些?

答 空压机级间冷却器的选型一般是壳管式结构。通过管内外流体的热交换起到冷却的作用。

1）影响压缩机级间冷却器冷却效果的原因

① 冷却水量不足。空气的热量不足以被冷却水带走，造成下一级吸气温度升高，气体密度减小，最终造成排气量减少。所以在运行中应密切监视冷却水的供水压力控制供水量。工艺上通常要求冷却水压力大于0.4MPa（表压）；

② 冷却水温度太高。水温高使水、气之间温差缩小，传热冷却效果降低。即便冷却水量不减少，也会使气体冷却后温度仍然很高；

③ 冷却水管内水垢多或被泥沙、有机质堵塞，以及冷却器气侧冷却后有水分析出，未能及时排放，这都会影响传热面积或传热工况，影响冷却效果。

2）对空分设备的影响

① 对机组性能的影响。冷却效果不好，使进入下一级换热器的工艺气温度升高，影响下一级的性能曲线，使其出口压力和流量都降低。此外，当下级吸气量减少时，造成前一级压出的气量无法全部“吃进”，很容易使前一级的工作进入喘振区，使该级发生喘振。

② 空分设备能耗增加。换热效果不好，导致空压机出口压力降低，为保证产品产量及质量，就要开大空压机导叶，提高出口压力，致使汽轮机蒸汽用量增加，空分设备能耗增加。

③ 影响空分设备产量。空压机级间换热器效果差，导致加工空气量不足，造成空分设备产品产量下降。

④ 设备损坏。空压机级间换热器效果差，空压机出口空气温度高，造成设备超温损坏。

24 特大型空分设备增压机为什么选用多轴压缩机?

答 目前，特大型空分设备的增压机多选用多轴离心式压缩机，多轴离心式压缩机是在一个齿轮箱中，由一个大齿轮驱动几个小齿轮，每个小齿轮的一端或者两端

安装有一个叶轮的多轴式压缩机。相比于传统的单轴离心式压缩机，多轴离心式压缩机在多个方面优势明显。

1）结构紧凑，占地面积大幅减小

通常单轴式压缩机与驱动机之间需要配置齿轮箱，多数机组的布置方式为驱动机、增速箱及单轴式压缩机，且压缩机叶片较多，整个轴系很长，占地面积较大；

多轴式压缩机将齿轮箱和压缩机整合为一个整体，且每一级叶轮及蜗壳都集中布置，这样大大节约了厂房空间，土建及其管道等所需费用都将大幅降低。

2）节能降耗

单轴多级的离心式压缩机由于进、排气口较多，轴系较长，转子动力稳定性低，往往很难做到逐级冷却，影响做功效率，流量越小压力越高的叶轮，效率下降越明显。

多轴式压缩机由于能改变转速，各级叶轮直径和转速易实现最佳匹配，并且每级叶轮均为轴向进气，流动状态比径向进气的单轴式压缩机均匀，每级出口均可经过冷却，更接近等温压缩。多轴式压缩机气流路径短，流动损失小，整体效率更高，降低能耗明显；再加上结构紧凑、占地面积小等优点，节能又节资。

3）便于安装进口导叶，调节方式灵活

多轴式压缩机每级叶轮均为轴向进气，通常在首级叶轮进口前的流道中安装进口导叶调节装置，满足压缩机变工况运行的调节需要。并且压缩机应用的工艺系统，多数有抽气、补气的需求，那么多轴式压缩机根据工艺系统的需要，在抽气、补气的某级叶轮前也可配置导叶调节机构，工艺操作便捷。

4）更好地满足工艺要求

多轴离心式增压机处理气量较大，出口压力较高，更好的满足于大型空分设备的需求。

25 在化工生产中，抽汽凝汽式汽轮机对平衡蒸汽管网有何意义？

答 化工生产中常用的汽轮机有抽汽凝汽式和全凝式汽轮机，全凝式汽轮机是指进入汽轮机的蒸汽在做功后全部排入凝汽器，凝结成水全部返回透平凝液管网。而抽汽式汽轮机是根据管网蒸汽用户需求，由汽轮机中间级抽出一部分蒸汽供给用户，即在做功的同时还提供不同压力等级蒸汽的汽轮机。为平衡蒸汽管网，可根据装置对各等级蒸汽的需求设计成一次调节抽汽式或二次调节抽汽式。

化工装置开车时，各等级蒸汽需求量较大。高压蒸汽进入汽轮机高压部分做功后，一部分蒸汽经抽汽口抽出供管网其他装置使用，抽汽压力设计值根据蒸汽管网需求确定；另一部分蒸汽通过调节阀流经其余各级，继续做功，最后排入凝汽器。当装置整体运行稳定后，可根据管网需求，调整蒸汽抽取量，甚至停止抽汽，此时汽轮机变为全凝式汽轮机。

26 如何选择大型工业汽轮机乏汽的冷凝方式？

答 目前大型工业汽轮机乏汽常采用空冷式和水冷式两种方式进行冷凝，根据设备的不同、地域的区别、运行费用等对两种方式进行比较分析。

1）地域选择

空冷式和水冷式的本质区别，就是空冷系统消耗大量的电，水冷系统消耗大量的水，水和电资源获取的难易程度，对两种冷却方式的选择起到决定性作用。对于水资源相对匮乏的北方而言，其煤炭资源丰富、风力发电较多，电量相对充足，适合用空冷式。且西北地区风较大，冬季天气寒冷，更有利于空冷式凝汽器节能降耗；而水资源丰富的南方，循环水容易获得，电量相对紧缺，更适合用水冷系统。

2）投资费用

空冷器的投资费用是水冷器的2~3倍以上（仅指硬件费用），其主要原因是空气的热导率远比水的热导率低，空冷式的换热面积要比水冷式的大得多，阀门使用较多，设备投资较高。且空冷器的设计比水冷器复杂，设计费用偏高。

3）设备选址

水冷式换热器占地面积小，一般选址在压缩机厂房内；而空冷式换热设备占地面积较大，必须选在压缩机厂房外且靠近厂房的空地上。

4）操作难易程度

水冷式冷凝器设备单一，联锁较少，操作相对简单；而空冷式凝汽设备较多，空冷器附带的联锁复杂，且设计冬季、夏季运行模式的切换等，操作难度较高。

5）设备维护

空气腐蚀性小，空冷器不需要除垢和清洗，使用寿命长；水冷式换热器列管容易堵塞，需要定期清洗。

空气温度的季节性变化对空冷器影响很大。空冷器寒冷环境下，必须附加防寒设施以保证翅片不冻堵，若操作不当造成翅片冻堵甚至破裂，损坏设备。

6）安全性

空冷式凝汽器翅片及风机设置较高，对于装置巡检人员及检修作业人员在高处作业时，具有一定的安全隐患。且长时间运行后，空冷风机的叶片、铁丝网等设备可能脱落，具有高处坠落风险。

27 什么是空冷器，有哪些类型？

答 1）空冷器定义

空冷式换热器（简称空冷器）是以环境空气作为冷却介质，风机强制空气横掠翅片管外，使管内高温工艺流体得到冷却或冷凝的换热设备。空冷器单元由翅片管束、风机、框架三个基本部分和百叶窗、检修平台、梯子等辅助部分组成。使用自然空气作为冷却介质，节约了宝贵的水资源，减少了工业污水的排放，保护了自然环境。广泛应用于化工、石化、热电厂、多晶硅、聚氯乙烯、冶金、水泥生产线、垃圾焚烧发电厂等。空冷器也叫作翅片风机，常用它代替水冷式壳—管式换热器冷却介质。

一般在下述条件下采用空冷比较有利。

（1）热流体出口温度与空气进口温度之差＞15℃。

（2）热流体出口温度＞60℃，其允许波动范围＞5℃。

（3）空气的设计气温＜38℃。

（4）有效对数平均温度差≥ 40℃。

（5）管内热流体的给热系数＜2300W/（m^2·℃）。

（6）热流体的凝固点＜0℃。

（7）管侧热流体的允许压降＞10kPa，设计压力＞100kPa。

（8）水资源相对缺乏的地区。

2）空冷器分类

空冷器按其结构、安装形式、冷却和通风方式不同，可分为以下不同形式。

（1）按管束布置和安装形式不同，分为水平式空冷器和斜顶式空冷器。水平式空冷器适用于冷却，斜顶式空冷器则适用于各种冷凝冷却，管束倾斜人字形放置，结构紧凑，占地面积小，为水平式的40%左右；但管内介质和管外空气分布不够均匀，易形成热风再循环；斜顶式可实现防冻结构，特别适合于汽轮机的乏汽空气冷凝器。

（2）按冷却方式不同，分为干式空冷器和湿式空冷器。前者冷却依靠风机连续送风；后者则是借助于水的喷淋或雾化强化换热。后者较前者冷却效率高，但由于易造成管束的腐蚀影响空冷器的寿命，因而应用不多。

（3）按通风方式不同，分为鼓风式水平空冷器和引风式水平空冷器。鼓风式水平空冷器，管束位于风机的排风侧，该结构易于维护和检修，并且风机电机始终位于较冷的空气环境中，适用于工艺介质温度较高的系统，能有效延长设备的使用寿命。引风式水平空冷器，管束位于风机的吸风侧，由于风筒对换热翅片管有很好的阻挡阳光、风、雨、雪的作用，使得引风式空冷器具有较稳定的换热性能。同时，它具有风量分配均匀、热循环少、污染少、低噪音等特性。

28 空冷器在设计及操作中应注意哪些事项?

答 1）设计时的注意事项

① 根据汽轮机的蒸汽量设计合适的换热面积；

② 设计自动化顺控程序，在空冷系统启动正常后，投用顺控程序，空冷系统自动调整风机负荷以维持真空稳定；

③ 设计冬季运行模式，在冬季寒冷天气下，启动回暖模式，防止翅片冻堵；

④ 设计防冻蒸汽，在冬季启机前，先投用防冻蒸汽，防止汽轮机启动时因蒸汽量小导致翅片冻堵。

2）设备维护时的注意事项

① 定期给风机油箱换油、补油；

② 定期检查并固定风机叶片，可根据负荷适当调整风机叶片，增加风量；

③ 定期对空冷器翅片进行冲洗，提高翅片散热效果。

3）操作运行时的注意事项

① 保持各台风机同步调节，防止发生偏流现象；

② 冬季运行，监控好凝液温度，防止翅片冻堵；

③ 夏季运行，监控好真空度，风机满负荷时可采取投用启动抽气器来降低真空。

4）空冷器选型不满足最大热负荷时的解决措施

为彻底解决空冷器换热面积不足及设计热负荷不满足生产的问题，提出以下解决措施：

① 增加表冷器。对空冷器系统进行技术改造，增设一台表冷器，进行补充降温，保证空分设备满足在夏季工况下100%负荷运行的需求。

② 设置喷水装置，向空冷器翅片喷水，利用水分蒸发吸收热量，达到降温的目的。

29 空分设备中预冷系统的作用是什么?

答 空气预冷系统主要作用是把出空压机的高温空气（≤100℃）冷却到5～12℃，并洗涤空气中的灰尘、颗粒及空气中能溶于水中的NO_3^-、SO_4^{2-}、Cl^-、HF等对分子筛有毒害作用的物质，以改善分子筛纯化器的工作状况。

1）预冷系统的流程

经空压机压缩后的空气进入双级冷却的空气冷却塔，先用常温冷却水冷却清洗，再经过低温冷冻水进一步冷却后送纯化器。在空气冷却塔中，大量有害物质被去除，如氯离子、硫离子等酸性杂质及铵离子等。常温冷却水经水泵加压进入空气冷却塔中部。低温冷冻水通常是循环水依次经过氮水冷却塔、冷冻水泵、冷冻机组降温后进入空气冷却塔顶部。空气从底部进入从顶部排出，通过与冷却水和冷冻水直接接触进行冷却降温，如图 1-12 所示。

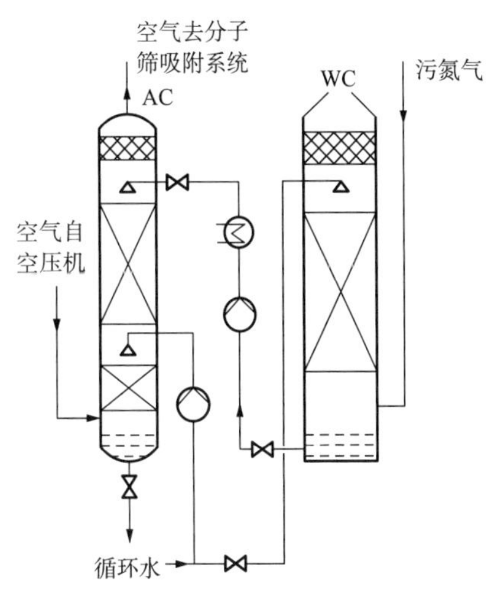

图 1-12　预冷系统流程示意图

2）基本配置

预冷系统主要由空气冷却塔、氮水冷却塔、冷却水泵、冷冻水泵、冷冻机组等组成。

① 空冷塔选用立式圆筒型塔，塔内填料共分上、下两段。塔的上段（即冷段）装有增强型聚丙烯填料。塔的下段（即热段）装有两种不同的填料，从下而上分别为不锈钢填料和增强型聚丙烯填料。装填不锈钢填料是为了防止空冷塔空气进口温度高，将增强型聚丙烯填料分解。塔内设有冷却、冷冻水分布器，使循环水与空气均匀接触传质传热。出口处安装高效除雾器，防止发生雾沫夹带，把水分带入分子筛中，加大分子筛的负荷。

② 水冷塔选用立式圆筒型塔，塔顶设有捕雾器，增强聚丙烯环填料分两层装入塔内，在两填料层的上部设有循环水分布器。

3）预冷系统出口空气温度对装置的影响

空气预冷系统一般有带冷冻机组和不带冷冻机组两种流程。在氮气富余量较少或者水质条件差的情况下采用带冷冻机组流程；对于氮气富余量较大的情况下采用不带冷冻机组的流程，充分利用干燥氮气的不饱和性来获得低温冷却水，从而降低了能耗。设置氮水预冷系统的根本目的是降低空气进塔的温度，避免进塔温度大幅度地波动。因为进塔空气温度的高低，直接影响着纯化器分子筛的运行和精馏塔的工况以及整套空分设备的稳定性。例如，当进纯化器分子筛的空气温度每升高 3℃，空气中的含水量就会增加 1 倍多，这就大大增加了纯化器分子筛的吸附水分的负担，影响装置安全稳定运行。设计时一般把空气进板式换热器的温度设定为 30℃。运行中进板式换热器的温度高于设计指标时，将使压缩空气的节流制冷量减小，板式换热器的热端温差和热负荷都要增大，从而导致冷损及能耗。当污氮复热不足，若出

空冷塔空气温度增加 1℃，将使空分设备能耗增加 2% 左右。降低进塔空气温度，不仅能提高空分设备的经济性，而且降低了空气中的饱和水分含量。因此，要管好、用好氮水预冷系统，尽可能地降低空气进塔温度。

4）空气预冷系统在操作时的注意事项

① 严格控制空气出空冷塔的温度在指标范围内。

② 在运行过程中注意循环水水质良好，防止堵塞填料及分布器

③ 预冷系统启动时，应先确保空气压力稳定并达到工艺指标，再启动水泵，若先启动水泵，水可能被气流夹带进入纯化器分子筛中。

④ 循环水定期加药期间，密切注意空冷塔阻力及捕雾气压差，如果出现阻力和压差上涨现象，及时调整做好降负荷准备，防止产生的泡沫随空气进入纯化器分子筛。

30 预冷系统冷冻机组采用串联或并联形式的区别是什么？

答 大型空分设备预冷系统都设有冷冻机组，冷冻机组运行的好坏直接影响到预冷系统空气出口温度的高低。尤其对于单层床分子筛纯化系统，控制好空冷塔出口温度，对分子筛及后系统的运行都至关重要。根据空分设备的氮产品需求量大小不同，当产品氮气取出量大时，水冷塔的降温效果不能够满足工艺要求，所以需设置相应的冷冻机组，来保证空冷塔的空气出口温度。

对于大型空分设备，为满足开工工况及节省分子筛纯化器的投资，一般设有两台及以上的冷冻机组。针对冷冻机组的串、并联选择进行以下分析。

1）冷冻机组的工作原理

冷冻机组一般分为 4 个过程，分别是压缩、冷凝、节流、蒸发。其流程如图 1-13 所示。

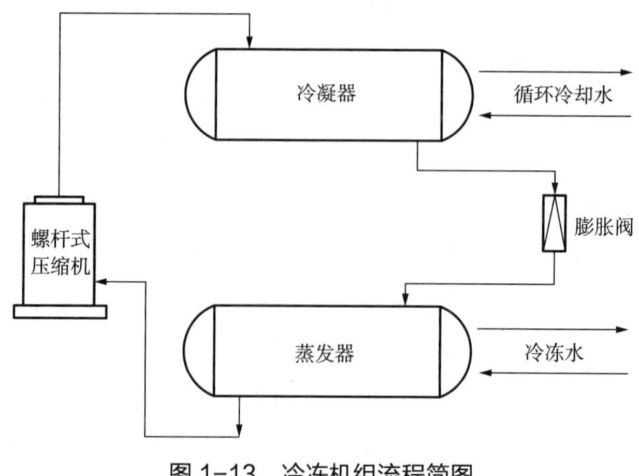

图 1-13 冷冻机组流程简图

（1）压缩过程一般是通过压缩机将气态冷媒工质加压，成为高温高压的气体冷媒。

（2）冷凝过程是通过冷凝器为冷媒工质进行换热降温，使其变为高压低温的液体冷媒，换热冷源一般为循环冷却水。

（3）节流的主要作用是使高压低温的液体冷媒通过节流成为低温低压的液体。

（4）蒸发过程是在蒸发器内，低温低压的液态冷媒与冷冻水进行换热，降低冷冻水的温度，冷媒吸收热量变为低温低压的气体，再进入压缩系统进行下一个循环过程。

2）冷冻机组串并联分析

（1）设备投资

并联布置的冷冻机组每台处理 50% 的水量，串联布置的冷冻机组每台都要处理 100% 的水量，管道长度等于两台并联管路之和，但管径较粗，耗费管材，且占地面积较大。串联每台设备都比并联布置的要大，整体设备投资较高。

（2）设备能耗

两台冷水机组保持同样的流程和同样的水压降，并联时，两台冷冻机各处理一半的冷冻水量，压差较小；若将冷冻机组转为串联流程，则每台冷冻机组要处理并联时两倍的流量，管道较长，整体压力降较大，能耗增加；并联机组相对于串联机组，压缩机的能耗相差较小，而串联布置的冷冻水泵扬程较大，能耗偏高。

（3）设备维护

当一台冷冻机冷冻水管路出现故障时，并联布置的机组可交替交出进行检修，串联布置的机组需将整体交出，难以实现。

（4）装置稳定性

由于空分设备开车期间污氮气量不足及夏季高温天气冷却水、冷冻水降温使空气出预冷系统温度达不到工艺要求，因此采用冷冻机组进一步降低冷冻水温度，维护空分设备安全稳定运行。若冷冻机组串联，其中任意一台出现故障时，均会影响开车期间及夏季高温时期的正常操作。

通过以上几点的对比分析，对于大型空分设备，选择并联布置的冷冻机组更为适合。

31 空分设备常用的分子筛纯化器类型有哪几种？

答 分子筛纯化系统在空分设备中起着保障整套设备安全运行的重要作用，其结构设计及选型是否合理，是考验装置性能的关键要素之一。对于大型及特大型空分设备而言，分子筛纯化器的选型尤为重要，不仅要考虑对加工空气中碳氢化合物、

二氧化碳、水分等有害杂质的净化处理能力，还要保证整套空分设备的安全及能耗。

按照装置等级的大小，空分设备的纯化器结构可分为以下三种类型：

1）立式轴向流纯化器

这是一种简单实用的分子筛纯化器。容器内设置分子筛格栅，分子筛格栅之上，用于放置分子筛。空气从纯化器下方进入，由分子筛将空气中的水分、CO_2 以及碳氢化合物等吸附除去，最后从纯化器上部的内置过滤装置出气口送出露点可达 −70℃的干燥洁净空气。在满足分子筛装填量以及运输限制下，这种结构型式的纯化器主要用于氧产量 10000Nm³/h 以下等级的空分设备。立式轴向流纯化器的优点是结构简单，制造方便，气流分布均匀；缺点是处理气量较小。

2）卧式径向流纯化器

此结构类型常用于氧产量 10000Nm³/h 以上等级的空分设备。随着空分设备规模的扩大，分子筛的填充量增加，为了不高于工艺要求的压力降，分子筛的吸附层高度要有限制。所以只能增大吸附层截面，由于立式纯化器吸附层截面的限制，因此能相对增大吸附层截面、可以多装填分子筛量的卧式纯化器应运而生。由于吸附剂床层的层面过于庞大，一般采用弥漫式分布器，能有效分配气流和保持床层的平整、降低气体进气时对分子筛床层的冲击，均匀分布气体。

特点是结构简单、实用，但容器尺寸较大，空气死空间较多，需要额外增加分子筛装填量，纯化器占地面积较大。

3）立式径向流纯化器

为满足分子筛装填量，可以通过卧式纯化器增大吸附层截面来实现。但是，无限制的增大截面是不现实也不可能的。由于占地面积、运输以及气流分布均匀的限制，卧式容器的直径和长度都会有所限制。为了满足生产和运输的要求，出现了一种新型结构型式的纯化器——立式径向流纯化器。立式径向流纯化器，其分子筛床层为筒形，与纯化器轴线同心，气流径向穿过吸附层，通过在进气口处设置球冠形气体分布器、控制分子筛床层孔板上无孔区的位置以及筒体中心设置气体收集导流筒等方式，强制空气由筒体的径向流动穿过吸附床层。

32 大型空分设备采用立式径向流分子筛纯化器的优缺点是什么？

答 分子筛纯化系统在空分设备中起着保障整套装置安全运行的重要作用。目前，国内外空分设备用分子筛纯化器主要分为 3 种：立式轴向流纯化器、卧式径向流纯化器、立式径向流纯化器。随着空分行业的发展和装置规模的扩大，立式径向流纯化器因其独特的优越性开始应用于大型空分设备，发展和应用前景非常广阔。

1）立式径向流纯化器的主要优点

（1）空气处理量大。立式径向流纯化器不受空气加工量的限制，随着空分设备规模的不断扩大，加工空气量也大幅度增加，可通过增加容器高度来解决。

（2）占地面积小。由于采用了圆柱体床层结构，充分利用了空间位置，因而占地面积小，仅为同等级卧式纯化器的四分之一。

（3）节能。立式径向流纯化器为圆柱格栅结构，与常规卧式纯化器相比，床层薄、阻力小，空气流动时的压降小，在同等需求下可以降低空压机的排气压力。与同等级的卧式结构相比，一般可节能10%～20%。立式径向流纯化器同时也降低了运行中再生污氮气压力，使得精馏塔及空压机压力整体降低，节省能耗。

（4）外层壳体无须保温，外壳整体热应力小。由于立式径向流纯化器在加热再生时，再生热气体从中心过滤筒反向进入，气流由内而外流动，充分利用了热量，外筒无需保温，当热气体与外筒壁接触时，已完成加温再生任务，外壳热应力小。

（5）床层稳定性能高。在立式径向流纯化器中，加工空气和再生污氮气都是垂直于格栅流动，吸附剂前后受到格栅的制约，即使偶尔出现压力波动、流速过大时，也不会产生吸附剂流态化现象，从而导致床层薄厚不均匀、产生局部穿透的后果。

2）立式径向流纯化器的缺点

（1）加工装配要求多、制造成本高。立式径向流纯化器内部悬挂有三个多孔圆筒，为使吸附床层各处厚薄均匀，保证三个圆柱体多孔圆筒同心度至关重要。为此，设备制造过程中需配置较多工装模具，且加工和装配的难度较高。尤其是在空分设备大型和特大型化后，径向流纯化器的制造成本问题已经越来越成为制约其发展的重要因素。

（2）由于立式径向流纯化器的床层采用悬挂结构，为防止吸附剂床层下沉而产生气流短路，在床层上部设置有一段气流阻断区，额外增加了吸附剂用量。

（3）维修难度大。

（4）吸附剂的装填和卸料比较麻烦。

（5）若空分设备出现带水操作，径向流纯化器底部空间小，分子筛容易受到液态水浸泡，一旦进水则需活化或更换分子筛，需要工艺操作上配合采取措施。

3）单、双层立式径向流纯化器的对比

立式径向流纯化器有单层床径向流纯化器与双层床径向流纯化器，双层床立式径向流纯化器所使用分子筛与普通卧式纯化器所使用的产品无明显区别，单层床径向流纯化器所使用分子筛相对更独立一点，需要更高的湿磨耗、湿强度及耐粉化能力，相对单价更高，因为单层床径向流纯化器的分子筛易粉化，需要经常停车补充。

相比单层床径向流纯化器，采用活性氧化铝吸附水分，双层床分子筛吸附二氧化碳及碳氢化合物的优点：

（1）节能降耗。活性氧化铝解析水分更容易，可降低再生温度。

（2）延长分子筛的使用寿命。空气中出现二氧化硫等酸性气体的机会较多，尤其是化工厂区，这些酸性气体与水混在一起会形成酸。而这些酸会破坏分子筛晶格，影响分子筛的使用寿命。活性氧化铝的抗酸性，能起到对分子筛的保护作用，节约了因频繁更换吸附剂产生的费用。

（3）节约吸附剂一次投资成本。相比分子筛，活性氧化铝同样拥有良好的吸水性能，但分子筛的价格一般是活性氧化铝的2~5倍。

（4）降低分子筛的粉化率。活性氧化铝在空气饱和状态下的吸附水分能力比分子筛强，强度也比分子筛高近4倍。有其保护，双层床分子筛吸水很少，硬度下降小，不容易粉化。从使用情况看，双层床分子筛的粉化率远比单层床分子筛低，可减少粉尘对阀门、管道、仪表管、机器及设备的堵塞。正是充分考虑了双层床的上述优点，目前以法液空集团、杭氧为代表的空分设备企业均采用了双层床径向流纯化器。

但双层床也有不足之处：从结构上说要比单层床多一层中间多孔圆筒来隔离分子筛和活性氧化铝，增加了设备制造的成本和难度。单层床纯化器的优点是结构简单，分子筛对水分和二氧化碳的吸附性能好，相比活性氧化铝，减少了吸附剂用量，且分子筛孔隙率小，均可以减小设备尺寸。

综上所述，使用单层床吸附，需要从工艺流程上考虑降低纯化器空气进口温度，从而降低饱和空气水含量。水含量降低可减少分子筛的使用量，减小纯化器的尺寸，同时可以降低分子筛解析水的再生能耗。当然吸水部分的分子筛使用寿命还是会受到影响，且降低空气进纯化器的温度会增加冷冻机尺寸和电耗。

选择单层床还是双层床结构，要结合整套空分设备工艺流程综合考虑。如冷冻机、纯化器、吸附剂用量等一次投资成本，以及分子筛纯化系统和冷冻机等设备长期运行能耗。

33 空分设备使用13X分子筛的优势是什么？

答 分子筛是人工合成的硅铝酸盐晶体，其根据硅铝比不同制成各种不同型号分子筛，如A型、X型、Y型等，并经过交换不同的金属阳离子变成同类型、不同类别的分子筛。依据晶体内部孔穴大小吸附或排斥不同的物质分子，同时根据不同物质分子极性或可极化度而决定吸附的次序，达到分离的效果，因而被形象地称为“分子筛”。分子筛的孔径分布是非常均一的，因而分子筛比其他类型吸附剂更具有其独特的优越性。具有极高的干燥分离度，可以有效地避免分离时所产生共吸附现象，提高吸附效果。可以在同一系统中同时完成干燥和物质的纯化。在较高的温度条件下，分子筛同样具有一定的吸附容量。

目前大型内压缩流程的空分设备，分子筛纯化器常用的吸附剂为三氧化二铝和分子筛。活性氧化铝是用碱或用酸从铝盐溶液中沉淀出水合氧化铝，然后经过老化、洗涤、胶溶、干燥和成型得到氢氧化铝，再经脱水而得氧化铝，呈白色，具有较好的化学稳定性和机械强度。分子筛是人工合成泡沸石，是一种硅铝酸盐的晶体，呈白色粉末，加入黏结剂后可挤压成条状、片状和球状。分子筛无毒、无味、无腐蚀性，不溶于水及有机溶剂，但能溶于强酸和强碱。

1）空分设备中分子筛的作用

分子筛应用广泛，类型众多。常见的有 3A 分子筛、4A 分子筛、5A 分子筛、10X 分子筛及 13X 分子筛等。其中，13X 分子筛在空分设备中普遍应用，其主要用于气体的干燥与净化，能够除去空气中的水分、二氧化碳及碳氢化合物，防止换热器通道冻堵，降低主冷碳氢化合物含量，保证空分设备的安全运行。

2）13X 分子筛的先进性

① 吸附力极强，选择性吸附性能也很好。

② 吸附容量大，在低分压状态下，CO_2 吸附性能比传统分子筛高。

③ 具有 3A 分子筛、5A 分子筛的特性，同时还能更好的吸附 CO_2 及碳氢化合物。

④ 同等装置条件下，处理空气量更大。

3）13X 分子筛在空分设备中的应用

在全低压大型空分设备上采用分子筛流程，分子筛纯化器一般采用 13X 分子筛。大型全低压空分设备空压机出口压力一般在 0.5MPa 左右，分压较低会使分子筛对水分、二氧化碳的动吸附容量降低，通常要求空气净化后二氧化碳含量小于 1×10^{-6}，为了降低空气中的杂质含量，延长分子筛使用寿命，同时减少分子筛用量，目前大型低压空分设备分子筛纯化器全部使用 13X 分子筛。

34 高效三型分子筛有何优越性?

答 深冷空分设备专用高效三型分子筛产品是 13X—APG 分子筛的改进型产品，以其在深冷空分设备制氧纯化器脱除二氧化碳方面的特殊优势，可以替代 13X—APG 及Ⅱ型分子筛，其各项技术指标与性能优于其他同类型分子筛。

高效三型分子筛产品性能优异，与 13X—APG 相比具有以下特点：

① 吸附容量在低分压状态下为 2.5mmHg（空气经压缩机压缩后，CO_2 含量的分压相当于 2.5mmHg），CO_2 吸附性能比传统分子筛提高 60%～70%，高压情况下无明

显差别。

② 由于低分压状态下吸附性能的优异，可以处理较高温度的空气（一般 < 25℃），动态吸附性能与 13X—APG 相比变化较小。

③ 同等装置条件下，处理空气能力可以提高 60% 以上。

综上所述，高效三型分子筛具有一定的优越性，对空分设备节能降耗意义重大。

35 大型空分设备纯化系统采用三杆阀的优势是什么？

答 近年来随着煤化工、冶金行业的飞速发展对空分设备的性能要求也不断提高，空分设备的阀门配置也趋向专用化。随着空分设备规模的不断扩大，三杆阀作为空分设备纯化系统专用切换阀，分子筛三杆阀门是三杆式蝶阀的简称，是一种蝶式切断阀，具有切断阀的功能，适用介质为干净的气体介质（如空气、氮气和氧气等）以及含有固体颗粒的不干净气体。三杆阀蝶板运行不是主轴直接驱动，而是利用连杆机构的原理实现阀板的开启和关闭，是由一套连杆机构带动控制阀板动作。林德、法液空等国际空分行业巨头在其装置中均采用三杆阀。

随着空分设备的大型化，阀门及管道的气体流通量越来越大，同时需要尽可能减小阻力，从而降低装置能耗。三杆阀相对于三偏芯阀具有流通量大、流通阻力小的特点，更加适用于大型空分设备纯化系统，能有效地降低装置能耗。

三杆阀利用杠杆作用原理，无论阀门开或闭状态，在气动执行机构动作初始或结束，阀板均保持水平平移运动，从而使其无摩擦脱离或贴合上阀座密封，实现开关过程与阀座无挤压磨损现象，确保阀门在频繁开关状态下实现长周期可靠运行。三杆阀是垂直面密封，密封面弹性受压均匀。同时，由于阀座密封圈布置在阀体之阀座的垂直面，其密封切面上不会存积管道内的杂物，如焊渣等固体颗粒，因此，密封面不易意外损坏，有效延长了使用寿命。

三杆阀是压力密封，在阀的前后压差大于 30kPa 情况下，阀门无法开启。这个特点对于分子筛纯化系统而言，可避免分子筛的床层受到强气流的冲击破坏，恰好起到了安全保护的作用（三偏心蝶阀不具备此安全保护功能）。

三偏心蝶阀（如图 1-14 所示）由阀板线的水平和垂直二位偏心之外，再加上阀板假想锥面中心与阀体中心间的偏心构成了三个偏心，从而实现蝶阀在开关过程，最大限度地减少阀板与阀座密封摩擦，保证阀门寿命运行。三偏心蝶阀有金属密封和非金属（如石墨）片复合金属密封等型式，特别是复合密封结构，非金属夹层受交变压力、温度影响，相对易出现老化碎裂，这样，密封就会出现失效。越是大口径，其阀板锥面加工难度越大，三偏心蝶阀更适合于中小口径。

三杆阀分为 MP 型（如图 1-15 所示）和 MI 型两种型号，按驱动方式分为直行程（如图 1-16 所示）和角行程（如图 1-17 所示）两种方式。其中 MP 型直行程式是早期型号，MI 型 2013 年正式推出，在神华宁煤煤制油十万空分设备首次使用。

因为三杆阀的专用性使用场合只限用于分子筛纯化系统切换阀，目前大型空分设备中 ORBINOX 公司生产的三杆阀应用广泛。

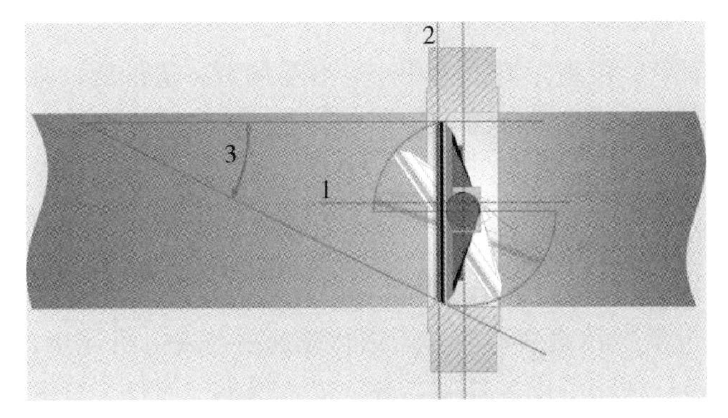

图 1-14　三偏心蝶阀

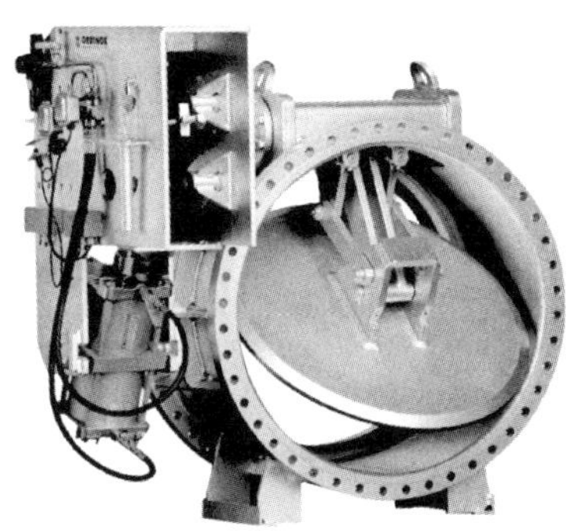

图 1-15　MP 型直行程三杆阀

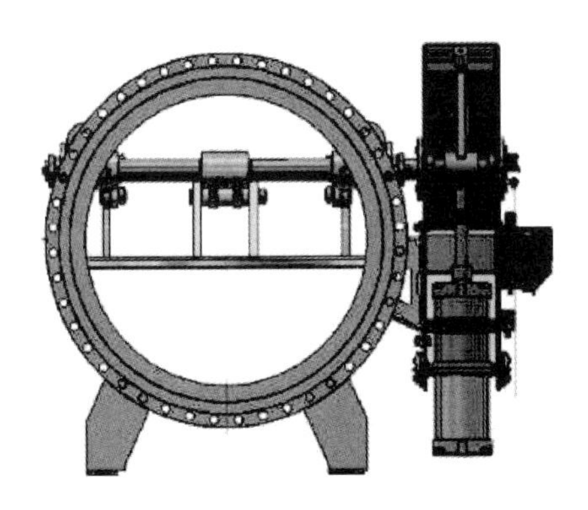

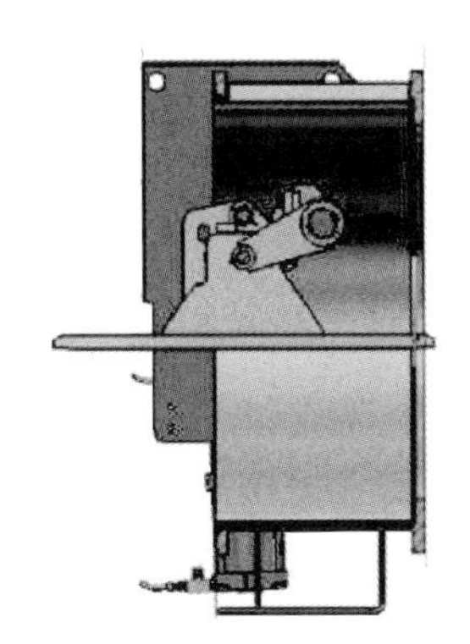

图 1-16　MI 直行程三杆阀

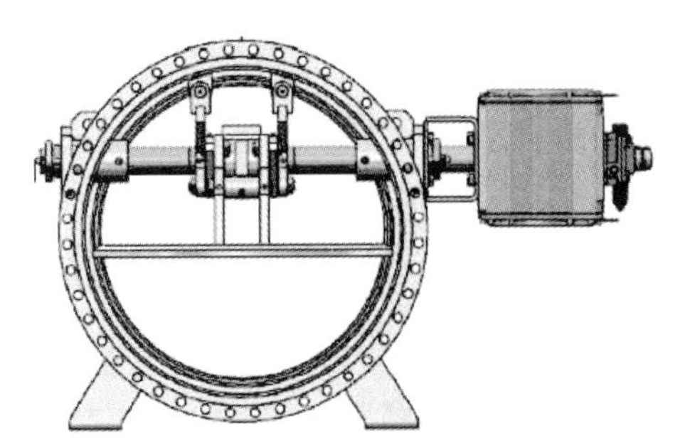

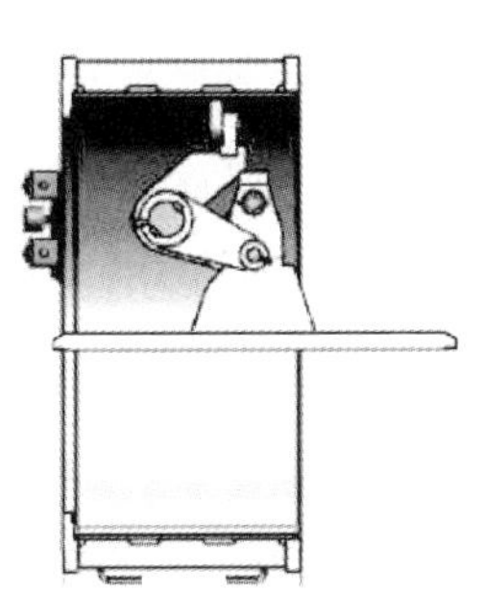

图 1-17　MI 角行程三杆阀

36 透平膨胀机采用风机制动、发电机制动和增压机制动各有什么优缺点?

答 气体通过膨胀机膨胀对外做功，将自身内能转化为膨胀机的机械能从而达到气体压力和温度大幅度降低的目的。在气体内能较大时，膨胀后膨胀机所获得的能量也越大，必须有制动器消耗这部分功。否则膨胀机的转速将失去控制，造成飞车事故。通常，膨胀机的制动设备有风机、发电机和增压机。

（1）风机制动的优点是设备简单，机组紧凑，体积小，容易制造，造价低，维护工作少，操作方便。其缺点是气体所输出的能量将被浪费，而且风机会产生很大的噪声。

（2）发电机制动的优点是回收气体对膨胀机所做的功，并转化为电能。电能可并入电网从而降低空分设备的电耗，降低运行费用。此外，电机制动的噪声也较小。缺点是因膨胀机的转速要比发电机最高转速高得多，需进行减速后与发电机连接，故需加装发电机及减速器，还要设计连接电网的控制系统，成本增加。而且一旦电网发生故障，膨胀机会出现超速甚至飞车事故，造成设备损坏和人员伤亡。

（3）增压机的叶轮装在膨胀机轴的另一端，膨胀空气对膨胀机叶轮做功使之转动，增压机的叶轮也同速转动，将进膨胀机前的膨胀气体增压后再引入膨胀机的工作轮。这样就将透平膨胀机的功回收给膨胀工质本身，提高了膨胀工质进膨胀机的入口压力，从而增加了膨胀机的单位制冷量，相应地减少了膨胀空气量，有利于提高氧的提取率，降低了装置能耗，适用于内压缩空分流程。其缺点是制造成本较高。

37 增压透平膨胀机增压端及膨胀端为什么设置旁路?

答 增压机透平膨胀机的流程如图 1-18 所示，从增压机一段出来的空气，一部分经气体膨胀机增压端增压后通过增压端后冷却器冷却，进入主换热器冷却后，送至气体膨胀机膨胀端膨胀制冷，膨胀后进入压力塔底部参与精馏。增压透平膨胀机设置了增压端回流阀及止回阀，膨胀端设置了旁路阀，在膨胀机停车时使用。

1）增压端回流阀的作用

（1）压力调节：增压透平膨胀机增压端出口压力的高低会影响膨胀机制冷量的大小。出口压力越高，膨胀端进出口压差越大，膨胀机制冷量越大；出口压力越低，膨胀端进出口压差越小，膨胀机制冷量越小。气动调节回流阀的开大或关小，可实现该压力降低或升高。

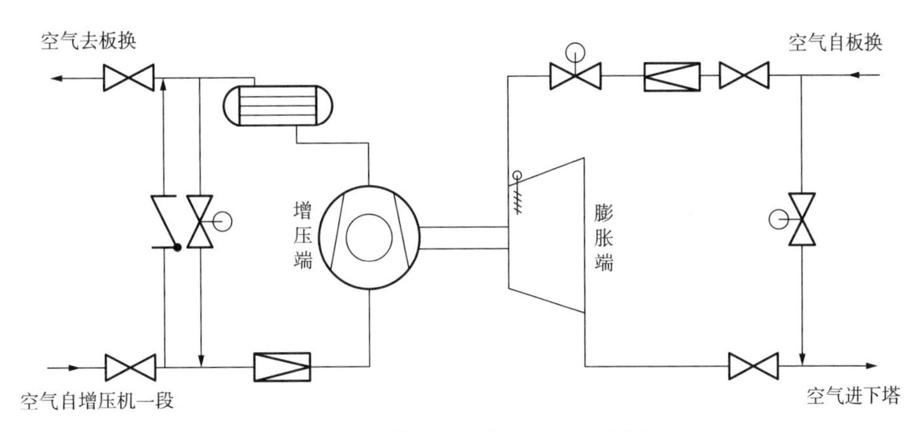

图 1-18　增压透平膨胀机流程简图

（2）防喘振：增压端在一定的进口压力、转速和阀门开度下，出口压力上升到一定数值时，增压透平膨胀机会发生喘振。此时压力会大幅度波动，并发出强烈的"喘气"声和振动，使机器损坏。为防止这种情况的出现，气动调节回流阀在参数达到所设定的保护点时自动控制或全开。

（3）联锁停车：当增压透平膨胀机某一运行参数达到联锁值导致增压透平膨胀机停车时，紧急切断阀自动关闭，与此同时增压端气动调节回流阀迅速全开，以防止增压透平膨胀机发生喘振，并缩短停车时间，使设备得到最好的保护。

2）膨胀端旁路的作用

（1）膨胀端旁路是高压节流阀，其主要作用是控制气体流量，与增压端止逆阀配合使用。增压透平膨胀机启动时，膨胀端旁路的开大或关小，将影响膨胀机负荷的高低。膨胀端旁路开度大，进膨胀机气量减少，制冷量减少；膨胀端旁路开度小，进膨胀机气量增大，制冷量增大。

（2）增压透平膨胀机因某一参数达到联锁值或设备故障导致增压透平膨胀机停车时，增压端气动调节回流阀自动全开，膨胀端旁路阀自动开 75%，保证气路流通，不会影响增压机的运行，平衡板式换热器的温度。

38 空分精馏塔选用填料塔与筛板塔的对比分析？

答 1）筛板塔

筛板塔是板式塔的一种，筛板塔塔板上开有许多均匀分布的筛孔，孔径一般为 2～4mm，筛孔在塔板上做正三角形排列。塔板上设置溢流堰，使板上能维持一定厚度的液层。操作时，上升气流通过筛孔分散成细小的流股，在板上能维持一定厚度的液层。操作时，上升的气流通过筛板分散成细小的流股，在板上液层中鼓泡而出，气、液间密切接触而进行传质。在正常的操作气速下，通过筛孔上升的气流，应能阻止液体经筛孔向下泄漏。

筛板塔的优点是结构简单，造价低廉，气体压降小，板上液面落差也较小，生产能力及板效率均较泡罩塔高。

主要缺点是操作弹性小，筛孔小时容易堵塞。采用大孔径（直径 10 ~ 25mm）筛板可避免堵塞，而且由于气速的提高，生产能力增大。

2）填料塔

填料塔为连续接触式的气、液传质设备。它的结构是在圆筒形塔体的下部，设置一层支承板，支承板上充填一定高度的填料。液体由入口管进入经分布器淋至填料上，在填料的空隙中流过，并润湿填料表面形成流动的液膜，液体流经填料后由排出管排出。液体在填料层中有倾向于塔壁的流动，故填料层较高时，常将其分段，两段之间设置液体再分布器，以利于液体的重新均布。气体在支承板下方入口管进入塔内，在压强差的推动下，通过填料间的空隙由塔的顶部排出管排出。填料层内气、液两相呈逆流流动，相际间的传质通常是在填料表面的液体与气相间的界面上进行，两相的组成沿塔高连续变化。

空分设备精馏塔一般采用规整填料。与板式塔相比，不仅结构简单，而且具有生产能力大（通量大）、分离效率高、持液量小、操作弹性大、压强降低等特点。此外，由于规整填料的应用，提高精馏效率，降低塔体高度，能实现全精馏无氢制氩，与加氢制氩相比，不但提高了空分的安全性，而且也提高了氩的提取率。但是，填料塔的造价通常高于板式塔。

近年来，国内外对填料的研究与开发进展很迅速，新型高效填料的不断出现，使填料塔的应用更加广泛。

39 空分精馏塔采用上、下塔平行布置的优缺点及操作注意事项有哪些？

答 随着空分设备规模的不断扩大，精馏塔高度不断增加，为了满足装置需求，大型、超大型空分设备采用了上塔（低压塔）、下塔（压力塔）平行布置（如图 1-19 所示），相比于上、下塔叠放布置的精馏塔，降低了塔高，但同时需要增加两台循环液氧泵。结合实际应用，对装置存在的区别及操作时的注意事项进行总结。

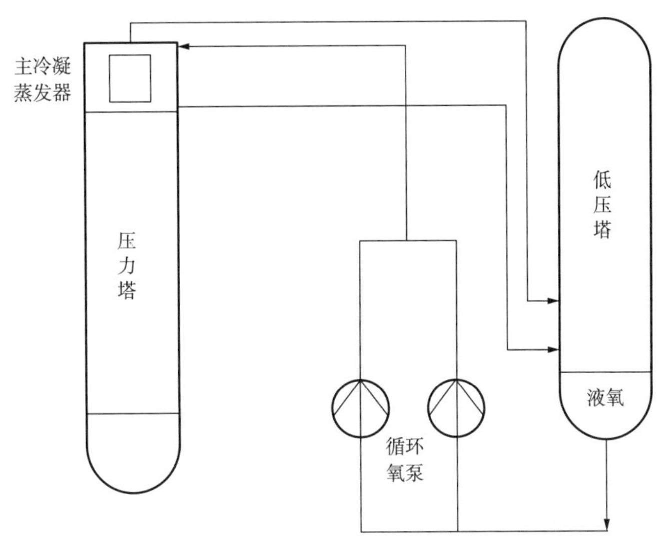

图 1-19　上下塔平行布置简图

1）上、下塔平行布置的优缺点

优点：

（1）上下塔叠放布置的精馏塔，塔身过高时，为保证下塔液体能够顺利进入上塔，需适当提高下塔压力，装置压力提高，能耗增大。采用上下塔叠放布置后，下塔液体能顺利进入上塔，有效地降低了空压机排气压力，装置能耗大幅降低；

（2）降低冷箱高度，降低设备安装难度及安装费用；

（3）降低塔高，减小安全风险，降低巡检难度；

缺点：

（1）上下塔采用平行布置后，主冷凝蒸发器在下塔顶部，主冷高于上塔的底部，为了保证上塔底部的液氧能顺利进入主冷凝蒸发器，需要增加工艺循环氧泵，增加了额外的设备费用、维护费用及电费；

（2）提高操作难度，在装置开停车时需要根据工况需求及时启停循环氧泵；

（3）增加工艺隐患，在装置运行期间需监控好循环氧泵的运行情况，如循环氧泵运行不正常或跳车，会对精馏工况造成较大影响，甚至引起空分设备跳车；

（4）管道布置增加，增加泄漏率。

综合来看，虽然采用上下塔平行布置的精馏塔，需要额外增加循环液氧泵，不过由于其有效地降低了空压机排气压力，节能效果显著，相比于上下塔叠放布置的精馏塔，存在一定优势。

2）操作时的注意事项

（1）启动循环氧泵前，确保主冷凝蒸发器要冷却透彻，防止液体急剧气化

（1Nm^3 液氧气化为 800Nm^3 气氧），造成上塔超压。

（2）主冷浸氧的速度不宜过快，防止下塔氮气急剧液化造成下塔压力瞬间下降（1Nm^3 液氮气化为 640Nm^3 气氮），导致空冷塔出口压力过低联锁空分设备停车，致使空压机卸载，严重时造成分子筛带水事故。

（3）在装置开车时，当上塔积至一定液位时，需及时启动循环液氧泵，将上塔的液体送至主冷凝蒸发器中，同时根据上塔液位及时调整泵的负荷及主冷回上塔的回流阀开度。

（4）在装置运行过程中，要密切监控好循环液氧泵的运行情况，如发生主泵跳车及时确认备泵启动，确保主冷液位及精馏工况稳定。如备泵无法及时启动，及时降低液氧外送量，保证主冷液位。

（5）运行时，确认主冷回上塔的回流阀全开，防止主冷总烃聚集；确认主冷顶部回上塔的回气阀或就地排气阀全开，防止主冷超压。

（6）常见液氧产品由主冷或上塔底部取出，如果产品液氧是从上塔底部取出，由于取出口与泵入口存在高位差偏小现象，应注意上塔保持一定的液位，防止上塔液位过低，使高压液氧泵入口压力过低，发生气蚀跳车。

40 板翅式主冷凝蒸发器的形式有哪几种？

答 主冷凝蒸发器是连接精馏上、下塔，使下塔顶部氮气冷凝、上塔底部液氧蒸发，以提供下塔回流液和上塔上升气的换热设备。主冷凝蒸发器常见的形式有板翅式和管式。其中管式又分长管、短管和盘管。板翅式冷凝蒸发器具有长管式和短管式的优点，不仅具有较大的传热系数，而且结构紧凑。由于板翅式换热器技术已相当成熟，目前已广泛应用于各类空分设备中，成为一种最常用的结构形式。

按主冷中液氧浸液的方式不同，板翅式主冷凝蒸发器分为降膜式主冷和浸浴式主冷。

1）降膜式冷凝蒸发器

降膜式冷凝蒸发器又称溢流式主冷，是一种液氧在换热单元通道中自上而下流动时发生汽化的换热器，液氧通过顶部分配器靠重力输送到换热器通道形成液膜流下，受氮气加热二次汽化，蒸发氧气沿着过量液氧膜从换热器底部向上流动，氮气则被冷凝。

降膜式主冷因主冷中不存在液氧液位，因而传热温差较小，下塔操作压力低，节能效果明显。但其安全性不高，因其自身结构的原因，氧通道内壁更容易生产“干蒸发”现象，使得二氧化碳、氧化亚氮等杂质更容易析出，堵塞氧通道，加快了碳氢化

合物的聚集，带来很大的安全隐患。其次，降膜式主冷液氧膜不均匀，氧蒸发不均匀，液氧膜较薄的地方，液氧蒸发越快，杂质析出越多，威胁主冷的安全运行。

2）浸浴式主冷凝蒸发器

浸浴式主冷凝蒸发器的主冷单元全部浸泡在液氧中，液氧与相邻氮通道内的氮气换热而被蒸发，氮气被冷凝成液氮。浸浴式主冷分为立式和卧式两种。

立式主冷是将主冷布置于上、下塔之间，主冷单元液氧流动方向与筒体长度方向一致。此种布置使得精馏塔结构紧凑，占地面积小，配管简单方便，是目前大型设备常用的方式之一。

卧式主冷则单独布置主冷，用管道将其与上下塔连接，每个主冷单元沿筒体长度方向分一排或两排连接，液氧流动方向与筒体长度方向垂直。这种布置的最大优点是运输方便，而且因上下塔分离布置，安全性更高。但因为要单独布置，使得冷箱占地面积大，配管复杂，影响设备性能的不确定性因素增多。

41 空分设备冷箱呼吸器的作用是什么?

答 呼吸器是用弹簧限位阀板，由正负压力决定呼或者吸，呼吸阀具有泄放正压和负压两方面功能，当容器承受正压时，呼吸阀打开呼出气体泄放正压；当容器承受负压时，呼吸阀开启吸入气体泄放负压，由此保证压力在一定范围内，保证容器安全。

冷箱呼吸器是固定在冷箱顶上的通风装置，是保证冷箱正常呼吸的一种安全设备，维持冷箱气压平衡，防止冷箱内超压或真空，保证冷箱内压力处于正常状态，并确保冷箱在超压或真空时避免冷箱损坏。

冷箱设备启动后处于低温环境，冷箱内的绝热材料内充满了空气。温度降低使得空气体积缩小、冷箱内产生负压，容易使冷箱吸瘪。为了不致使冷箱因受外压而被吸瘪，冷箱充保护氮气保证微正压。但是，当压力过高就会使冷箱壁产生鼓包变形。为了防止冷箱出现变形，安装冷箱呼吸器，便于气体进出，保持冷箱内压力一定。

综上所述冷箱呼吸器的作用为：

（1）防止冷箱因低温产生负压吸瘪冷箱；

（2）防止冷箱内因所充保护气过多或泄漏，导致冷箱内压力过高引起冷箱壁鼓包变形。

42 特大型空分设备液氧泵“两开一备”运行有何优势？

答 两开一备是指两台设备正常运行，另一台设备事故备用，当正常运行的设备出现故障或者检修时，备用设备立即启动投入运行，保证系统运行不中断。

随着空分设备规模越来越大，若液氧泵采用“一开一备”，当出现故障时，单台运行泵跳车，对装置的负荷影响较大。采用“两开一备”，两台运行泵各承载 50% 的外送氧量，当任意一台氧泵发生故障时，装置的工况波动较小。即便两台运行氧泵同时发生故障，备用泵足量外送，主冷定期排液加强监控也能短时间内维持装置低负荷运行，不至于发生停机事故。采用“两开一备”，虽然设备的投资费用较高，但是提高了空分设备运行的稳定性。

43 为什么产品氧气纯度比主冷液氧纯度低？

答 在空分设备中，液氧和产品氧气的纯度经常会存在差异，根据空分设备不同的流程，进行原因分析。

1）外压缩流程的空分设备

① 主冷中液氧和气氧纯度存在差异

因为气氧是从液氧中蒸发出来的，而液氧并不是 100% 的纯氧，其中含有沸点比氧低的氮等物质。液氧被主冷另一侧的气氮加热后蒸发成气体。在液氧面稳定的情况下，流入主冷的液氧量与蒸发的气氧量应相等，由于氮是易挥发组分，在蒸发过程中，氮比氧更容易从液体中蒸发出来，因此导致主冷中液氧的纯度要略高于其表面气氧的纯度。

② 氧压机的密封气泄漏

外压缩流程的空分设备，常设有氧压机，氧压机的密封气一般采用氮气或仪表空气。如果氧压机的密封系统损坏，或者密封气投入较大时，密封气就会漏入设备内部，造成氧气纯度降低。

③ 低压板式换热器泄漏

外压缩流程的空分设备中，低压板式换热器中的氧气压力一般为 30 ~ 40kPa，当板式换热器发生泄漏时，低压空气就会漏入氧气中，造成氧气纯度降低。

2）内压缩流程的空分设备

① 氧泵密封气泄漏

内压缩流程的空分设备常采用高压液氧泵将主冷凝蒸发器中的液氧打入板式换热器中进行复热。高压液氧泵的密封气一般采用氮气或仪表空气，当液氧泵的密封

系统损坏或者密封气投入过大时，就会漏入氧泵内使液氧纯度降低，经板式换热器复热后的气氧纯度就会下降。

② 高压板式换热器泄漏

内压缩流程的空分设备液氧经过液氧泵加压后进入高压板式换热器换热，当板式换热器发生泄漏时，压力较高的增压机末级空气会漏入氧通道内，造成氧气产品纯度降低。

44 如何计算氧提取率?

答 在采用空气分离法制取氧气时，总是希望将加工空气中的氧尽可能多地作为产品分离出来。为了评价分离的完善程度，引入氧提取率这一概念。

氧提取率以产品氧中的总氧量与进塔加工空气中的总氧量之比来表示。即

$$\psi=V_{o_2}\cdot y_{o_2}/(V_k\cdot y_k)\times 100\%$$

式中 ψ——氧的提取率，%；

V_{o_2}、V_k——氧气产量和加工空气量，Nm^3/h；

y_{o_2}、y_k——产品氧和空气中所含氧的体积分数，%。

从上式可以看出，对于一定的地点，空气中的含氧量基本不变。当进塔空气量和产品氧纯度一定时，氧提取率的高低取决于氧产量的多少。而氧产量的多少，对于全低压制氧机在进气量一定的条件下，主要决定于污氮中含氧的高低。现以100500Nm^3/h空分设备为例，当进精馏塔加工空气量为500000Nm^3/h，氧气产量为100500Nm^3/h，纯度为99.6%，污氮气量为加工空气量的56%，污氮气中氧的体积分数为0.5%。计算氧气提取率。

此时氧的提取率为：

$\psi=100500\times 99.6\%/(500000\times 20.9\%)\times 100\%=95.79\%$

同时可以算出随污氮跑掉的氧气量为：$500000\times 56\%\times 0.5\%=1400Nm^3/h$。

如果污氮中含氧增大至0.8%，则随污氮跑掉的氧气量为：

$500000\times 56\%\times 0.8\%=2240Nm^3/h$

由此可见，氧气产量将减少$(2240-1400)Nm^3/h=840Nm^3/h$，即氧产量为$(100500-840)Nm^3/h=99660Nm^3/h$。

此时氧提取率为$\psi=99660\times 99.6\%/(500000\times 20.9\%)\times 100\%=94.99\%$。

所以，应该努力降低污氮中的含氧量，这样可以多产氧，提高氧的提取率。

全低压的精馏塔的氧提取率以前只有80%～85%，现在已提高到90%～95%，最先进的甚至可达99%左右。

45 大型集群化空分设备如何配置应急后备系统？

答 1）氧气后备系统

大型空分设备后备氧系统常配有：常压平底贮槽、三台高压液氧后备泵、水浴式汽化器、氧气缓冲罐。

从冷箱抽出的液氧产品储存在常压平底贮槽中。供整个装置应急使用，一旦空分设备停车，储存的液体可用于保证用户氧气短暂供应。当一套空分设备跳车，冷备的高压液氧后备泵自动启动，将来自液氧贮槽的液氧升压至所需压力，再送往水浴式汽化器中，气化后进入高压氧气管网，确保管网压力不出现大的波动。应急氧气的供应时间，一般在10～15小时左右，能够保证单套空分设备事故停车后恢复正常运行。为保证储罐能够顺利交出检修，通常应配置残液蒸发器。

2）氮气后备系统

大型空分设备后备氮系统常配有：常压平底液氮贮槽、液氮真空储槽、三台低压液氮后备泵、低压氮水浴式汽化器、低压氮空浴式汽化器、三台高压液氮后备泵、高压氮水浴式汽化器、高压氮空浴式汽化器

根据后系统对各种等级氮气的需求量要求，设置高、低压氮气后备供应系统，从冷箱抽出的液氮产品储存在常压平底贮槽中。在装置短时间停车期间，储存在液氮平底贮槽的液氮可为用户短暂供应氮气产品。在装置启动和停车阶段，低压液氮真空储槽中的液氮经低压氮水浴式汽化器气化后，可为装置提供密封气。氮气亦可作为化工装置应急置换需要的保安氮，保证紧急状态下氮气正常供应，维护设备及人员安全。后备氮储槽同样应配置储罐排液系统。

① 高压氮气后备系统

当一套空分设备跳车，冷备的高压液氮后备泵自动启动，将来自液氮贮槽的液氮，升压至所需压力，再送往水浴式汽化器中，气化后进入高压氮气管网。

在停电、停蒸汽的极端情况下，由应急电源供电，高压液氮后备泵自动启动，液氮被加压送至空浴式汽化器气化，供用户短暂使用。如果环境温度过低，电加热器自动启动将氮气加热到预设温度，然后送入管网。

② 低压氮气后备系统

当一套空分设备跳车，冷备的低压液氮后备泵自动启动，将来自液氮贮槽的液氮，升压至所需压力，再送往水浴式汽化器中，气化后进入低压氮气管网。

在低压氮气后备泵启动至满负荷运转的间隙，低压液氮真空储槽向低压氮水浴式汽化器提供低压液氮，气化后补充到低压氮气管网，防止管网压力出现较大波动。

在停电、停蒸汽的极端情况下，由应急电源供电，低压液氮后备泵自动启动，

液氮被加压送至空浴式汽化器气化。如果环境温度过低，电加热器自动启动将氮气加热到预设温度，然后送入管网。

46 大型煤化工项目集群化空分设备各等级蒸汽独立自供有何意义？

答 空分设备根据工艺需求，需要各种等级的蒸汽。蒸汽规格较多，其各等级蒸汽均有不同用途，任意等级的蒸汽中断或品质突变，对空分设备整体运行都有着巨大的影响，甚至引发跳车事故。

空分设备中常用的蒸汽有高压蒸汽、中压过热蒸汽、中压饱和蒸汽及低压饱和蒸汽。除空分设备外，各等级蒸汽在其他上、下游装置中使用较多，用量大，当后系统蒸汽管网出现问题需要交出检修时，会影响到空分设备的正常运行；另外空分设备中任意一种蒸汽中断，都将导致空分设备停车，影响巨大。为避免以上情况发生，可加装减温减压装置，通过减温减压器，将高压蒸汽减温减压至其他温度、压力较低规格的蒸汽。该装置投用后，只要高压蒸汽不发生中断事故，其他任意规格蒸汽中断均不影响空分设备正常运行。

在装置整体大检修后，后系统蒸汽管线检修不会影响空分设备开车，当给空分设备提供高压蒸汽后，其他等级蒸汽可通过减温减压得到，不影响正常开车，作为化工装置的公用工程，空分设备可提前为后系统提供吹扫气及保安氮气，缩短整个化工装置的检修及开车周期，早日产出合格的化工产品。

此外，对集群化空分设备来说，可选择部分空分设备加装减温减压装置，一方面当部分规格蒸汽突然中断时，部分空分设备仍可保持运行，保持保安氮气的供应；为了保证装置运行的稳定性，也可考虑其他蒸汽管线跨接情况，如将中压饱和蒸汽和中压过热蒸汽跨接，可在一种规格蒸汽中断后用另外一种规格蒸汽供应；也可根据蒸汽使用情况，将中压蒸汽减至低压蒸汽，保证装置运行的稳定性。

47 大型空分设备与后备系统无缝连接有何意义？

答 空分设备为整个下游装置提供氧气、氮气，保证整个煤化工项目的正常生产和安全运行。空分设备若发生跳车事件，将会减少氧氮供应量，轻则导致后续系统工况波动，重则引起下游跳车，造成经济损失，严重时造成设备设施损坏等事故。因此大型空分设备配置后备系统就显得尤为重要，后备系统可以起到缓冲应急作用，避免空分设备意外停车带来的整体停车事故。后备系统在短时间内完全可以代替一套空分设备来使用，及时外送下游装置所需要的氧气、氮气。其建设成本较小，但却可以带来较大的经济效益。

1）后备系统的作用

当一套空分设备故障停车时，后备系统可根据所需自动加载，为事故状态下及时外送氧氮产品，保证了下游装置的正常运行。后备低温泵全部为冷态备用。低温泵进出口阀全开，回流阀全开，泵处于液冷状态备用，水浴式汽化器处于满水状态下热备用，蒸汽阀由温度控制。当单套空分设备停车时，后备低温泵自动联锁加载，水浴式汽化器、空浴式汽化器由逻辑控制通用并设置温度后投自动控制。后备系统可以根据后续系统用气情况自动调整送气量，保证氧气、氮气管网的稳定。

2）后备系统的意义

当正常运行的空分设备由于突发事故导致停车，后备系统根据事故情况可分为常规工况液氮后备系统和事故工况液氮后备系统。在常规工况下，当任意一套空分设备意外故障时，常规后备系统要求快速启动以保证氮气（高压、中压）的连续供应。在事故工况（停蒸汽、停电）下，事故后备系统需迅速启动以保证事故氮气（高压、中压）的供应。后备系统与空分设备的无缝连接，其满足一定时间内的供气量，解决了由于空分设备不稳定状态下引起产品氮气和氧气管网异常问题，保证产品管网压力波动≤ 5%。实现空分设备停车，后备系统的快速响应，确保整个煤化工项目的正常生产，减少经济损失。并能在极端工况下快速送出合格的事故氮气，保证后系统各装置稳定安全运行。

48 集群化空分设备多系列氧管线联通的意义及难点是什么？

答 1）集群化空设备氧管线联通的意义

集群化空分设备通常由两个以上系列组成，每个系列对应多套空分设备，氧气供应量较大，受管径和投资费用的影响，一般每个系列氧气管线均配有多条母管，每条母管按其输送氧量大小配备相应的气化炉数目。考虑到生产中存在气化炉备炉现象，对应系列氧气供应富余，无法供应到其他系列氧气管线；或者单套空分设备发生停车情况时，氧气供应不足，对应气化炉则需降负荷运行。

当单系列空分设备有富余氧气时，只能进行放空无法供应到其他系列气化炉使用。氧气放空时会造成氧防爆墙处氧集聚，存在安全隐患。且后备系统高压氧泵需惰转备用，以便单套空分设备停车时及时启动备用。若在该系列空分设备出现问题时，后备系统因惰转无法及时投用，气化炉只能降负荷运行，影响正常生产。

为解决空分设备所产氧气与对应气化炉之间的供需不平衡，提高煤化工项目生产稳定与安全，提出多系列氧气管线联通方案，结合装置氧气产量进行设计，增加

一路联通管线，实现多个系列空分设备氧气互供，满足气化炉各种工况下的氧气用量，增加装置的稳定性，提高经济效益。

2）集群化空设备氧管线联通的优势

① 可通过提高空分设备运行负荷，实现少开一套空分设备的运行目标。停运空分设备节省相应的高压蒸汽、电量及其他等级的蒸汽。后备系统减少启停次数，实现后备高压氧泵冷备模式，节能降耗。

② 氧气管线实现互供互通后可满足后系统气化炉氧气用量，解决气化炉倒炉时受系列限制的运行瓶颈。

③ 单系列氧气有富余时，经联通后管线多个系列的富余氧气合并可多开一两台气化炉，提高产品产量，降低运行成本。

④ 提高装置运行平稳率，增强氧系统抗风险能力。

⑤ 节约装置运行成本。

3）集群化空分设备氧管线联通的难点

① 氧气管线、阀门费用高，在装置生产期间改造困难较大。

② 氧气阀门选型特殊，制造周期长。

③ 氧气管线存在超流速风险，限制联通管线流量。

④ 大口径氧阀制造工艺要求高、难度大，限制联通设计。

⑤ 若原设计未采取联通设计，后期技改施工难度大，吹扫时间长，影响正常生产。

49 增压机代替空压站外供仪表气和工厂气的优势是什么？

答 煤化工装置后系统部分仪表阀门需要较高压力的仪表气驱动，仪表气压力在 0.5 ~ 1.0MPa 之间。目前大型空分设备常见的仪表气和工厂气供应方式有两种，一是配套空压站提供，二是空分设备纯化器后提供。针对空压站在运行状态、部分机组停车状态、检维修状态下提供仪表气和工厂气的能耗和稳定性进行分析，研究从空分设备来供应仪表气及工厂气，分别从其适用性、能耗、稳定性、运行模式、隔离方案等几个方面开展分析：

（1）分析空压站在运行状态、部分装置停车状态、检维修状态下仪表气和工厂气的能耗和管网稳定状态。

（2）分析空分设备增压机减压后空气接入仪表和工厂空气总管后对空分设备负荷的影响。

（3）分析空分设备增压机减压后空气接入仪表和工厂空气总管后，空分设备和空压站之间隔离方案，防止空压站启动后空气窜入空分设备。

（4）分析空分设备增压机减压后空气接入仪表和工厂空气总管后与原空压站供气能耗对比。

（5）研究空分设备增压机减压后空气接入仪表和工厂空气总管的运行模式。

（6）研究空分设备增压机减压后空气接入仪表和工厂空气总管后与空压站供气相互制约和平衡因素。

（7）研究空分设备增压机减压后空气接入仪表和工厂空气总管后空压站联锁方式。

增压机外供仪表气和工厂气的优势：

全厂仪表气与工厂气与全厂各装置关联度非常高，利用空分设备增压机减压后空气接入仪表气和工厂气总管后既能保证仪表和装置空气的供应量，又能达到节能降耗的目的。具体表现在以下方面：

① 空分设备增压机减压后空气中杂质和水含量均优于原空压站空气。

② 空分设备增压机减压后空气可以与空压站空气做到互补，能更进一步安全稳定保证全厂仪表和工厂空气正常供应。

③ 空分设备中大机组为蒸汽驱动，能耗明显优于空压站电机拖动空压机组，空分设备增压机减压后空气作为全厂仪表和工厂空气，可达到节能降耗的目的。

空分设备增压机减压后空气接入仪表和工厂空气与空压站仪表和装置空气自由切换，且空压站在全厂仪表和工厂空气压力波动工况下可以做到联锁启动。在不影响空压站功能的前提下，做到空分设备可以替代空压站提供全厂仪表和工厂空气，增加全厂仪表和工厂空气提供的安全系数，并达到节能降耗的作用。

空分设备增压机外供仪表气、工厂气具有很好的推广应用价值，有利于空分设备稳定运行，节能降耗，节约电力资源。

50 集群化空分设备加温气、密封气并网运行有何意义？

答 1）空分设备加温气的应用

空分设备中，需要使用加温气的设备有：精馏塔、气体膨胀机、液体膨胀机、主板式换热器、低温储罐、循环液氧泵、高压液氧泵、高压液氮泵、后备中压液氮泵、后备高压液氮泵、后备高压液氧泵及后备超高压液氧泵。

2）空分设备加温气的作用

① 空分设备长周期运行过程中，原料空气中含有少量的氧化亚氮、二氧化碳及水分子会凝结成晶状在设备内部及管线中集聚，造成设备及管线运行阻力大，甚至造成管线、阀门、喷嘴、板式换热器堵塞，精馏塔、高压板式换热器主冷凝蒸发器中集聚的乙炔、碳氢化合物，具有爆炸的风险，所以对设备进行加温，将设备内集聚的氧化

亚氮、二氧化碳、水分子、乙炔、碳氢化合物等危险有害物质从设备内吹除。

② 低温设备在预冷前、制冷设备在启动前，均要通入露点合格的加温气，对设备进行加温，赶出设备内的湿空气、铝屑等细微杂质，使设备保持干燥、清洁，防止湿空气中的水分子在管线中冻结。

③ 停运后的低温设备通入加温气，设备由低温状态加温至常温，对设备进行维护、保养及检修工作。

3）集群化空分设备加温气并网的意义

集群化空分设备将各单元加温气并入加温气管网，可实现各单元空分设备之间互联互通及共享的目的。在原始开车或大检修结束后，当任意一套空分设备正常运行，均可满足所有停运空分设备所需加温气的要求，加快空分装置开车进度，缩短整个煤化工项目恢复生产周期，进而产生较大的经济效益。或在部分空分设备停车期间，由加温气总管向任意一套停运空分设备提供所需加温气，实现低温设备保压运行。也可在装置开车前提前对低温设备进行加温，缩短了开车时间，减少蒸汽消耗。由于集群化空分设备数目较多，在正常生产中，各单套空分设备加温气并网后，加温气总管流量大、稳定性较好。

4）空分设备密封气的应用

大型空分设备中，增压机、空压机、氮压机、气体膨胀机、液体膨胀机、循环液氧泵、高压液氧泵、高压液氮泵、后备中压液氮泵、后备高压液氮泵、后备高压液氧泵及后备超高压液氧泵都设计有密封气。

5）空分设备密封气的作用

① 防止设备润滑油渗入机器内部。

② 防止设备内工艺气体、液体泄漏。

6）集群化空分设备密封气并网的意义

集群化空分设备将各单元及后备系统密封气并入密封气管网，可实现各单元空分设备之间互联互通及共享的目的。密封气总管流量大，稳定性好，安全可靠。只要任意一套空分设备或后备系统运行，均可通过密封气总管向其他停运空分设备提供密封气。从而保证各空分设备冷态停运或开停车过程中膨胀机、低温泵及冷箱密封气的供应。

51 保安氮在煤化工装置中有何作用，如何配置？

答 1）保安氮在煤化工装置中的作用

保安氮主要用于煤气化、变换、净化、化工合成、化工产品储存等单元装置突

发停车事故时，作为保安氮气或设备检修时的保护气、置换气、危险化学品机泵的密封气等，保安氮可以保证应急状态下氮气不中断，防止事故发生。

2）保安氮的配置

（1）应配置满足后系统应急所需氮量的低温液体储槽，在正常运行时储槽液位保持在75%以上。

（2）根据后系统所需，配置不同规格的高、低压液氮应急泵，建议设置备用泵。

（3）应配置水浴式汽化器和空浴式汽化器。如出现蒸汽中断或水浴汽化器故障，可以切至空浴式汽化器供应保安氮。在寒冷地区应设计与空浴式汽化器相匹配的电加热器，保障外供保安氮的温度在5℃以上。

（4）配置自动升压系统（液氮真空罐），如出现极端工况时，液氮真空罐可自动向水浴/空浴汽化器输送带压液氮，复温后送至低压氮气管网。液氮真空罐的液位保持在70%以上，提高保安氮的应急能力。

（5）保安氮机泵及加热器应配置应急电源。

（6）配置自动控制系统，装置出现问题时，能快速供应保安氮。

（7）为确保供应安全及时，保安氮应具有独立性。

52 空分设备常用的温度计有哪几种？

答（1）工业内标式玻璃液体温度计。它是利用水银或酒精受热后体积膨胀的原理制成的。适用范围为 -100～600℃，常用量程为0～100℃。优点是结构简单，反应快，准确。缺点是只能就地测量，不能远距离传送，无法实行自动控制。在空分设备中用于空压机、氧压机各级气体测温和冷却水的测温以及加温解冻时的测温。

注意：使用时应把温度计尾部全部插入被测介质中。由于温度计是玻璃制品，要防止断裂和急冷急热。

（2）热电偶温度计。测温元件由两根不同的金属丝组成。一端焊接起来，称为工作端或热端，与被测对象接触。另一端用导线连接至显示仪表，由于两端的温度不同，会同时产生热电势，对于一定材料组成的热电偶，如果冷端温度保持不变，热电势随热端的温度变化，因此，测出热电势就能确定温度高低。

热电偶温度计在工业上可用在测量0～1800℃范围内的液体、气体、蒸汽和固体表面温度，目前还在向低温领域扩大。它具有结构简单、使用方便、准确度高、范围宽的优点，便于远距离传送进行集中检测和自动控制。在空分设备中常用在测量压缩机的气体温度。通常采用镍铬—镍硅（分度号K），0～1300℃；镍铬—康铜（分度号E），0～800℃。一般用于高压蒸汽、纯化器或干燥器的测温和控制。

（3）热电阻温度计。它是由热电阻和与它配套的显示仪表组成的。热电阻元件利用金属（或半导体）的电阻值随温度变化的特性制成，因此，测出电阻的变化就可以测出温度的变化。铂热电阻（分度号为 Pt100）在工业上可用来测量 -200～650℃范围内的温度。它除具有热电偶的优点外，还具有在低温范围内测量精度高的优点，因此在低温领域中应用更为广泛。在空分设备中用在保冷箱内的低温测量。

（4）压力表式温度计。它是利用密封容器内的气体（或蒸汽，液体）压力随温度变化的原理制成的。测温时把温包插入被测介质中。当温度变化时，温包内气体（或蒸汽、液体）的压力发生变化，经毛细管传给弹性压力计，根据压力的变化就能测出温度的变化。它可测量 -100～600℃范围的温度，在空分设备中常用 WTZ-288 型电接点压力式温度计，测量范围为 0～100℃，用来测量润滑油温度。

53 空分设备常用的流量计有哪几种?

答 1）涡街流量计

涡街流量计是应用流体震荡原理来测量流量的，流体在管道中经过涡街流量变送器时，在三角柱的漩涡发生体后上下交替产生正比于流速的两列漩涡，漩涡的释放频率与流过漩涡发生体的流体平均速度及漩涡发生体特征宽度有关。

涡街流量计按频率检出方式可分为：应力式、应变式、电容式、热敏式、振动体式、光电式及超声式等。

涡街流量计是属于最年轻的一类流量计，但其发展迅速，目前已成为通用的一类流量计。

优点：① 结构简单牢固；② 适用流体种类多；③ 精度较高；④ 范围宽；⑤ 压损小。

缺点：① 不适用于低雷诺数丈量；② 需较长直管段；③ 仪表系数较低（与涡轮流量计相比）；④ 仪表在脉动流、多相流中尚缺乏应用经验。

涡街流量计常用于空气管线。

2）电磁流量计

电磁流量计是根据法拉第电磁感应定律制成的一种丈量导电性液体的仪表。电磁流量计有一系列优良特性，可以解决其他流量计不易应用的题目，如脏污流、腐蚀流的丈量。20 世纪 80 年代电磁流量在技术上有重大突破，使之成为应用广泛的一类流量计，在流量仪表中其使用量占比不断上升。

优点：① 丈量通道是段光滑直管，不会阻塞，适用于丈量含固体颗粒的液固两相流体，如纸浆、泥浆、污水等；② 不产生流量检测所造成的压力损失，节能效果好；③ 所测得体积流量实际上不受流体密度、黏度、温度、压力和电导率变化的明显影响；④ 流量范围大，口径范围宽；⑤ 可应用于腐蚀性流体。

缺点：① 不能丈量电导率很低的液体，如石油制品；② 不能丈量气体、蒸汽和含有较大气泡的液体；③ 不能用于较高温度。

电磁流量计通常用于循环水、凝液。

3）超声波流量计

超声流量计是通过检测流体活动对超声束（或超声脉冲）的作用以丈量流量的仪表。根据对信号检测的原理超声流量计可分为传播速度差法（直接时差法、时差法、相位差法和频差法）、波束偏移法、多普勒法、互相关法、空间滤法及噪声法等。超声流量计和电磁流量计一样，因仪表流通通道未设置任何阻碍件，均属无阻碍流量计，是适用于解决流量丈量困难的一类流量计，特别在大口径流量丈量方面有较突出的优点，近年来是发展迅速的一类流量计之一。

优点：① 可做非接触式丈量；② 为无活动阻挠丈量，无压力损失；③ 可丈量非导电性液体，对无阻挠丈量的电磁流量计是一种补充。

缺点：① 传播时差法只能用于清洁液体和气体；而多普勒法只能用于丈量含有一定量悬浮颗粒和气泡的液体；② 多普勒法丈量精度不高。

超声波流量计通常用于循环水、凝液。

4）孔板流量计

孔板流量计是将标准孔板与多参量差压变送器（或差压变送器、温度变送器及压力变送器）配套组成的高量程比差压流量装置，可测量气体、蒸汽、液体及天然气的流量。广泛应用于石油、化工、冶金、电力、供热、供水等领域的过程控制和测量。孔板流量计被广泛应用于煤炭、化工、交通、建筑、轻纺、食品、医药、农业、环境保护及人民日常生活等国民经济各个领域，是发展工农业生产，节约能源，改进产品质量，提高经济效益和管理水平的重要工具，在国民经济中占有重要的地位。在过程自动化仪表与装置中，流量仪表有两大功能：作为过程自动化控制系统的检测仪表和测量物料数量的总量表。

优点：① 标准节流件是全用的，并得到了国际标准组织的认可，无需实流校准，即可投用，在流量传感器中也是唯一的；② 结构易于复制，简单、牢固、性能稳定可靠、价格低廉；③ 应用范围广，包括全部单相流体（液、气、蒸汽）、部分混相流，一般生产过程的管径、工作状态（温度、压力）皆可以测量；④ 检测件和差压显示仪表可分开不同厂家生产，便与专业化规模生产。

缺点：① 测量的重复性、精确度在流量传感器中属于中等水平，由于众多因素的影响错综复杂，精确度难于提高；② 范围度窄，由于流量系数与雷诺数有关，一般范围度仅 3∶1～4∶1；③ 有较长的直管段长度要求，一般难于满足。尤其对较大

管径，问题更加突出；④ 压力损失大；⑤ 孔板以内孔锐角线来保证精度，因此传感器对腐蚀、磨损、结垢、脏污敏感，长期使用精度难以保证，需每年拆下强检一次；⑥ 采用法兰连接，易产生跑、冒、滴、漏问题，大大增加了维护工作量。

孔板流量计通常用于空气、氮气、氧气等气体介质。

5）文丘里流量计

新一代差压式流量测量仪表，其基本测量原理是以能量守恒定律—伯努力方程和流动连续性方程为基础的流量测量方法。内文丘里管由一圆形测量管置入测量管内，并与测量管同轴的特型芯体所构成。特型芯体的径向外表面具有与经典文丘里管内表面相似的几何廓形，并与测量管内表面之间构成一个异径环形过流缝隙。流体流经内文丘里管的节流过程同流体流经经典文丘里管、环形孔板的节流过程基本相似。内文丘里管的这种结构特点，使之在使用过程中不存在类似孔板节流件的锐缘磨蚀与积污问题，并能对节流前管内流体速度分布梯度及可能存在的各种非轴对称速度分布进行有效的流动调整（整流），从而实现了高精确度与高稳定性的流量测量。

优点：如果能完全按照 ASME 标准精确制造，测量精度也可以达到 0.5%，但是国产文丘里由于其制造技术问题，精度很难保证，国内老资格的技术力量雄厚的开封仪表厂也只能保证 4% 测量精度，对于超超临界发电的工况，这种喉管处的均压环在高温高压下使用是一个很危险的环节，不采用均压环，就不符合 ASNE ISO—5167 标准，测量精度就无法保证，这是高压经典式文丘里制造中的一个问题。

缺点：喉管和进口 / 出口一样材质，流体对喉管的冲刷和磨损严重，无法保证长期测量精度。结构长度必须按 ISO—5167 规定制造，否则就达不到所需精度，由于 ISO—5167 对经典文丘里的严格结构规定，使得其流量测量范围最大 / 最小流量比很小，一般在 3 ~ 5 之间，很难满足流量变化幅度大的流量测量。

文丘里管流量计主要用于低温液体，液氧、液氮。

6）浮子流量计

浮子流量计，又称转子流量计，在美国、日本常称作变面积流量计（Variable Area Flowmeter）或面积流量计。浮子流量计是变面积式流量计的一种，在一根由下向上扩大的垂直锥管中，圆形横截面的浮子重力是由液体动力承受的，从而使浮子可以在锥管内自由地上升和下降。

浮子流量计是仅次于差压式流量计应用范围最宽广的一类流量计，特别在小、微流量方面有举足轻重的作用。

特点：

① 浮子流量计适用于小管径和低流速。常用仪表口径 40 ~ 50mm 以下，最小口

径做到1.5～4mm。适用于测量低流速小流量，以液体为例，口径10mm以下玻璃管浮子流量计满足流量的名义管径，流速只在0.2～0.6m/s之间，甚至低于0.1m/s；金属管浮子流量计和口径大于15mm的玻璃管浮子流量计稍高些，流速在0.5～1.5m/s之间。

② 浮子流量计可用于较低雷诺数，选用黏度不敏感形状的浮子，流通环隙处雷诺数只要大于40或500，雷诺数变化流量系数则保持常数，亦即流体黏度变化不影响流量系数。该数值远低于标准孔板等节流差压式仪表最低雷诺数104～105的要求。

③ 大部分浮子流量计没有上游直管段要求，或者说对上游直管段要求不高。

④ 浮子流量计有较宽的流量范围度，一般为10：1，最低为5：1，最高为25：1。流量检测元件的输出接近于线性，压力损失较低。

⑤ 玻璃管浮子流量计结构简单，价格低廉。只要在现场指示流量者使用方便，缺点是有玻璃管易碎的风险，尤其是无导向结构浮子用于气体。

⑥ 金属管浮子流量计无锥管破裂的风险。与玻璃管浮子流量计相比，使用温度和压力范围宽。

⑦ 大部分结构浮子流量计只能用于自下向上垂直流的管道安装。

⑧ 浮子流量计应用局限于中小管径，普通全流型浮子流量计不能用于大管径，玻璃管浮子流量计最大口径100mm，金属管浮子流量计口径为150mm，更大管径只能用分流型仪表。

⑨ 使用流体和出厂标定流体不同时，要做流量示值修正。液体用浮子流量计通常以水标定，气体用空气标定。若实际使用流体密度、黏度与之不同，流量要偏离原分度值，要做换算修正。

浮子流量计主要用于各机泵密封气。

54 常用的控制系统有哪几种?

答 化工项目中央控制室常用DCS系统、CCS系统、SIS系统、TCC系统、ITCC系统、PLC等系统，实现各装置设备的监视、报警、过程控制和安全操作，避免发生重大人身伤害、重大设备损坏及重大经济损失等事故。

DCS：DCS是分布式控制系统的英文缩写，在国内自控行业又称之为集散控制系统，是相对于集中式控制系统而言的一种新型计算机控制系统，它是在集中式控制系统的基础上发展、演变而来的，它是一种由过程控制级和过程监控级组成的，以通信网络为纽带的多级计算机系统，综合了计算机、通信、显示和控制等4C技术，其基本思想是分散控制、集中操作、分级管理、配置灵活以及组态方便。

CCS：CCS的全称是Code Composer Studio，它是美国德州仪器公司出品的代码开发和调试套件，供用户开发和调试DSP和MCU程序的集成开发软件。使机组具有较快的负荷响应能力，并且保证主汽压力不发生较大波动以保证机组的安全稳定运行，采用CCS可使机组获得优良的控制性能，该系统与汽机的DEH配合实现对机组的协调控制。

SIS：SIS是安全仪表系统的简称，又称安全联锁系统。主要为工厂控制系统和检测的结果实施报警动作或调节或停止控制，是工厂企业自动控制中的重要组成部分。它具有覆盖面广、安全性高、有自诊断功能，能够检测并预防潜在的危险，自诊断覆盖率大，工人维修时需要检查的点数比较少，10～50ms左右就能快速响应。容错性的多重冗余系统，SIS一般采用多重冗余结构以提高系统的硬件故障裕度，单一故障不会导致SIS安全功能丧失。安全仪表系统包括传感器、逻辑运算器和最终执行元件，即检测单元、控制单元和执行单元。

TCC：TCC是测试控制中心的简称，它是所有的控制和启动设备集成的场所，调试设备时使用。

ITCC：ITCC是透平压缩机综合控制系统的简称，应用于透平驱动压缩机的控制系统，要求具备透平控制、压缩机控制、压缩机运行控制和过程控制功能。

PLC：PLC是指可编程控制器。它采用一种可编程的存储器，在其内部存储执行逻辑运算、顺序控制、定时、计数、算术运算等操作的指令，通过数字式或模拟式的输入、输出来控制各种类型的机械设备或生产过程。

55 空分设备关键阀门选型难点及注意事项是什么？

答 1）关键阀门选型难点

随着煤化工空分设备规模大型化的发展，空分设备配套阀门不断提出更高的要求。阀门的口径、结构形式合理选用是确保空分设备安全、高效生产的保证。尤其空分设备的关键阀门—分子筛纯化系统三杆阀、冷箱内低温调节阀、高压氧用调节阀，在整体中更为关键，也是阀门选型的难点，调节阀的选型与配置是否合理将直接影响到装置的安全性、稳定性和使用寿命。

2）关键阀门选型注意事项

（1）在阀门形式的选择上：分子筛切换阀采用三杆阀，三杆阀在开启时，阀门机构限定了阀门两侧的最大压差，从而避免分子筛床层受到高压差气流的意外冲击，确保系统安全；用于低温液体介质的调节阀，通过阀内件堆焊硬质合金或选用笼式多级降压结构的阀芯防止闪蒸和汽蚀；产品氧气输送阀首次选用阀体和阀内件全MONEL合金的三偏心硬密封蝶阀，三偏心结构使阀门达到双向Ⅵ级硬密封。

（2）阀门附件的选型除考虑可靠性以外，还充分结合现场使用环境，所有阀门均配置防沙尘保护套，使阀门在年均 5 次以上沙尘暴的恶劣环境下能保证使用寿命；阀门限位开关选用独立于定位器的 NAMUR 接近式开关，输出 4 ~ 20mA 信号加载 HART 协议，

（3）用于高压氧气介质和振动较大的阀门定位器采用分体式安装。对于高压氧气介质，所有高压氧阀，包括产品送出阀、产品放空阀及旁通阀，阀体和阀内件都选用 MONEL 材质。相应的电磁阀、定位器等气动附件全部设计成分体式，安装在防爆墙外面，确保维护检修人员的人身安全。

（4）阀门选型时充分考虑工艺操作及紧急状态下应急要求，建议调节阀均应佩带手轮装置（有联锁切断功能的阀门除外）。

（5）阀门设计选型时，不仅考虑正常工况，还需考虑停车状态下阀门全压差工况，阀门应该设计成承受全部上游压力，不考虑下游压力。防止阀门在非正常工况无法动作或由于介质压差大损坏阀内件。

（6）大口径调节阀（如 GLOBLE、蝶阀），由于阀杆直径大，为防止阀杆与轴套抱死及填料不规则磨损造成泄漏，建议此类阀门宜垂直安装在水平管线上。

（7）不建议使用阀后限流孔板的方式来达到限噪或抗气蚀的目的。

（8）对于特殊阀门应在技术协议中详细要求检验方法，并委托专业公司对阀门的材料检验、制造等重要节点进行全程监造，确保阀门质量可靠。

56 空分设备特殊阀门的操作原理是什么？

答 汽轮机的紧急切断阀、膨胀机紧急切断阀均属于自动调节阀，正常情况下为开，当出现事故的情况时，停车信号会联锁该阀门关闭。

上塔紧急放空阀属于自动调节阀，正常情况下为关，当出现上塔超压事故情况时，信号会联锁该阀门打开。

空压机轴流段防喘振阀门、增压机防喘振阀门是保护机组喘振的自动调节，目的是通过放空或者回流，降低出口压力，增加入口流量，来达到消除喘振的目的。空压机轴流段防喘振阀门唯一不同的是在空压机开车时阀门为开，当加载负荷时逐渐关闭。

分子筛三杆阀门是三杆式蝶阀的简称，是一种蝶式切断阀，具有切断阀的功能，国外已广泛使用，主要用在热力系统、发电厂、钢厂和空分装置等。适用介质为干净的气体介质（如空气、氮气和氧气等）以及含有固体颗粒的不干净气体。三杆阀蝶板运行不是主轴直接驱动，而是利用连杆机构的原理实现阀板的开启和关闭，是

由一套连杆机构带动控制阀板动作。

空压机出口止逆阀，属于自动调节阀，液压驱动，操作方便，安全可靠。

储槽顶部安装呼吸阀，当罐内介质的压力在呼吸阀的控制操作压力范围之内时，呼吸阀不工作，保持储槽的密闭性；当往罐内补充介质，使罐内上部气体空间的压力升高，达到呼吸阀的操作正压时，压力阀被顶开，气体从呼吸阀逸出，罐内压力不再继续增高；当向罐外抽出介质，罐内上部气体空间的压力下降，达到呼吸阀的操作负压时，罐外的大气将顶开呼吸阀的负压阀盘，使外界气体进入罐内，使罐内压力不再继续下降，保持罐内与罐外压力平衡。

注意事项：这些特殊阀门属于事故状态时的紧急切断或快开阀门，因此必须做好日常维护和检查工作，确认阀门的仪表气正常、配件必须齐全，能够在紧急情况下顺利完成开关。

57 如何正确选择电动阀门?

答 电动阀简单地说就是用电动执行器控制阀门，从而实现阀门的开和关。其可分为上下两部分，上半部分为电动执行器，下半部分为阀门。也可叫空调阀。电动阀是自控阀门中的高端产品，它不仅可以实现开关作用，调节型电动阀还可以实现阀位调节功能。

电动执行器的行程可分为 90° 角行程和直行程两种，特殊要求还可以满足 180°、270°、360° 全行程。由角行程的电动执行器配合角行程的阀使用，实现阀门 90° 以内旋控制管道流体通断；直行程的电动执行器配合直行程的阀使用，实现阀板上下动作控制管道流体通断。

技术原理：电动阀通常由电动执行机构和阀门连接起来，经过安装调试后成为电动阀。电动阀使用电能作为动力来接通电动执行机构驱动阀门，实现阀门的开关、调节动作。从而达到对管道介质的开关或是调节目的。电动阀的驱动一般是用电机，开或关动作完成需要一定的时间模拟量，可以做调节，比较耐电压冲击。电磁阀是快开和快关的，一般用在小流量和小压力，要求开关频率大的地方；电动阀反之。电动阀的阀门开度可以控制，状态有开、关、半开半关，可以控制管道中介质的流量，而电磁阀达不到这个要求。三线制电动阀有 F/R/N 三条线，F 代表正向动作（或者 open 动作）控制线，R 代表反向动作（或者 close 动作）控制线，N 代表地线。电磁阀是电动阀的一个种类，是利用电磁线圈产生的磁场来拉动阀芯，从而改变阀体的通断，线圈断电，阀芯就依靠弹簧的压力退回。

电动阀门种类：

（1）电动阀按阀位功能可分为：开关型电动阀和调节型电动阀；

（2）按阀门形式可分为：电动球阀和电动蝶阀；

（3）按阀体形状还可以分为：普通电动阀和微型电动阀；

（4）电动阀常规为开关型和调节型；

（5）按接线可分三线和两线制，大口径大多是三线制的，小口径的会有两线和三线制两种。

电动阀门的工作环境：

电动阀门除应注意管道参数外，尚应特别注意其工作的环境条件，因为电动阀门中的电动装置是一机电设备，其工作情况受其工作环境影响很大。通常情况下，电动阀门所处工作环境有以下几种：

（1）室内安装或有防护措施的户外使用；

（2）户外露天安装，有风、沙、雨露、阳光等侵蚀；

（3）具有易燃、易爆气体或粉尘环境；

（4）湿热带、干热带地区环境；

（5）管道介质温度高达480℃以上；

（6）环境温度低于−20℃以下；

（7）易遭水淹或浸水中；

（8）具有放射性物质（核电站及放射性物质试验装置）环境；

（9）舰船上或船坞码头（有盐雾、霉菌、潮湿）的环境；

（10）具有剧烈振动的场合；

（11）易于发生火灾的场合；

对于上述环境中的电动阀门，其电动装置结构、材料和防护措施皆不同。因此，应依据上述工作环境选择相应的阀门电动装置。

电动阀门功能要求：

根据工程控制要求，对电动阀门来讲，其控制功能是由电动装置来完成的。使用电动阀门的目的，就是对阀门的开、闭以及调节联动实现非人工的电气控制或计算机控制。目前的电动装置使用已不只是为了节省人力。由于不同厂家产品的功能和质量差异较大，因此，选择电动装置和选择所配阀门对工程同等重要。

阀门电动装置是实现阀门程控、自控和遥控不可缺少的设备，其运动过程可由行程、转矩或轴向推力的大小来控制。由于阀门电动装置的工作特性和利用率取决于阀门的种类、装置工作规范及阀门在管线或设备上的位置，因此，正确选择阀门电动装置，对防止出现超负荷现象（工作转矩高于控制转矩）至关重要。

选择电动阀门应注意以下几点：

（1）操作力矩是选择阀门电动装置的最主要参数，电动装置输出力矩应为阀门操作最大力矩的1.2~1.5倍；

（2）操作推力阀门电动装置的主机结构有两种：一种是不配置推力盘，直接输出力矩；另一种是配置推力盘，输出力矩通过推力盘中的阀杆螺母转换为输出推力；

（3）输出轴转动圈数阀门电动装置输出轴转动圈数的多少与阀门的公称通径、阀杆螺距、螺纹头数有关，要按 $M = H/ZS$ 计算（M 为电动装置应满足的总转动圈数，H 为阀门开启高度，S 为阀杆传动螺纹螺距，Z 为阀杆螺纹头数）；

（4）阀杆直径对多回转类明杆阀门，如果电动装置允许通过的最大阀杆直径不能通过所配阀门的阀杆，便不能组装成电动阀门。因此，电动装置空心输出轴的内径必须大于明杆阀门的阀杆外径。对部分回转阀门以及多回转阀门中的暗杆阀门，虽不用考虑阀杆直径的通过问题，但在选配时亦应充分考虑阀杆直径与键槽的尺寸，使组装后能正常工作；

（5）输出转速阀门的启闭速度若过快，易产生水击现象。因此，应根据不同使用条件，选择恰当的启闭速度；

（6）阀门电动装置有其特殊要求，即必须能够限定转矩或轴向力。通常阀门电动装置采用限制转矩的联轴器。当电动装置规格确定之后，其控制转矩也就确定了。

第二章

生产准备与试车

58 空分设备试车做哪些生产准备工作?

答 空分设备生产准备工作主要有以下方面:

1)组织准备

根据设计要求和工程建设进展情况，按照现代化管理体制的要求，建设单位要适时地组建生产准备机构。管理机构和生产指挥系统要逐步充实、完善，以适应各阶段工作需要。原则：科学规范、标准化，精干高效、扁平化，分工明确、专业化。

2)人员准备

在总体设计批复确定的项目定员基础上，编制具体定员方案、人员配置总体计划和分年度计划，适时配备人员，组织开展人员入厂、培训、上岗取证等工作。

3)技术准备

编制各种试车方案、试车统筹、工艺技术资料、工艺技术规程、岗位操作法、管理制度、绘制工艺流程图等，使生产人员掌握各装置的生产和维护技术，达到能独立指导和处理各种技术问题的要求。

4)物资准备

按照试车方案的要求，编制试车所需原料、“三剂”、备品备件、润滑油（脂）、工器具等计划并落实品种、数量（含一次装填量、试车投用量、储备量），与供货单位签订供货协议或合同。

5)安全准备

在系统单元和试车装置中交前，建立健全消防系统，编制各种安全技术规程和资料、消气防器材及装备和劳保用品等计划，并落实品种、数量，与供货单位签订供货协议或合同。

6)资金准备

测算各项生产准备费用和负荷联合试车费用净支出，根据下达的年度投资计划及工程实施进度，建设单位应编制生产准备费用和试车费用资金使用计划。

7)营销准备

建立产品销售网络和售后服务机构，开展市场调查，收集分析市场信息，制定营销策略。投料试车前1年做好产品预销售，落实产品流向，与用户签订销售意向协议或合同，同时要编印好产品说明书。

8)外部条件准备

根据与外部签订的供水、供汽、供电、通讯和厂外运输、防水排洪等协议，并按照总体试车方案要求，落实开通时间、使用数量、技术参数和劳动安全、消防、环保、工业卫生等各项措施，办理必要的审批手续。

59 空分设备试车前如何开展人员培训?

答 为了满足空分设备的试车要求，应提前做好人员准备工作。

在人员准备方面要求在装置中交前人员全部到位，试车前操作工的培训全部完成。新招录的操作人员按照空分设备中交节点与开车顺序，建议在中交前 12 个月入场。招聘的熟练工建议提前 9 个月入场，配套电气、仪表、公用工程、分析化验、检维修人员在中交前 3 个月入场。各科室的职能人员应较操作人员提前 6 个月入场，负责编制各类技术资料及文件，并负责组织开展操作人员培训工作。

以空分设备中交节点为主线，结合实际情况，坚持内部培训为主、外出培训为辅，分岗位、分层次、分阶段开展生产准备人员培训，确保人员素质满足空分设备试车要求。生产准备人员的培训工作主要由人员准备组负责组织实施，应严格按照培训方案完成培训的相关工作。

1）培训目标

生产准备人员参加各阶段培训后，特种作业取证率 100%、上岗合格率 100%。通过培训提高生产准备人员六种能力（思维能力、协调组织能力、操作和作业能力、反事故能力、自我防护能力、自我约束能力），达到熟悉空分流程、建立系统概念，掌握上下岗位之间、前后工序之间、装置内外之间的相互影响关系。

2）培训划分

（1）全员培训：安全警示教育、消气防器材实操培训、安全管理体系、管理制度等专项培训。

（2）操作人员培训原则上分八个阶段进行培训：

第一阶段：安全、企业文化及基本知识培训。

第二阶段：空分设备工艺原理、流程、设备、仪表、电气知识培训。

第三阶段：目标工厂空分岗位实习培训、取特种作业证。

第四阶段：目标工厂空分岗位上岗实际操作、取安全上岗操作证。

第五阶段：空分设备 PID 流程、预试车方案（吹扫、气密等）、OTS 仿真等培训。

第六阶段：空分设备开停车方案、操作规程、事故预案、应急演练等培训。

第七阶段：参与“三查四定”、吹扫清洗、单机试车等现场练兵活动。

第八阶段：模拟开停车等岗位练兵活动。

（3）技术人员、管理人员培训

根据空分厂（车间）培训需求和计划组织相关人员培训；定期举行各类技术人员素质提升培训。

（4）各类取证培训

特种设备操作人员培训、取证、复训（如压力容器证，液体充装证等）。

（5）外委培训

建议空分设备操作人员第三、第四阶段的培训与外单位联合开展，外单位设备及流程最好与新建设装置一致，外委培训时间应不小于3个月。

3）培训实施

（1）第一阶段，空分设备安全基础知识培训

该阶段培训过程共计0.5个月（120学时），主要开展化工安全、企业文化及基本知识的培训，了解及掌握相关课程知识，为操作人员的安全生产工作提供相关基础理论。

（2）第二阶段，工艺相关知识培训

该阶段培训过程共计1个月（240学时），主要学习空分设备工艺原理、流程、设备、仪表、电气知识，为后续培训提供相应的理论知识。

（3）第三阶段，岗位实习理论培训

本阶段培训过程共计2个月（480学时），培训人员包括新毕业学生、其他单位划转及招录人员，主要开展同岗位实习理论培训和特种作业取证。同岗位理论实习是为了更好的理解所学的知识，特种作业取证为确保操作人员具备操作资质。与外委公司签订培训协议，实习人员分到实习车间后，由实习车间统一分配到班组进行跟班实习，所有跟班实习人员由实习车间（带队班长）进行管理。实习人员需与所在实习班组人员签订师徒协议，经过4个月（含第四阶段）实习期后，我方将以考试的形式对实习人员进行考评，合格后应向师傅发放相应的培训费用（徒弟每次考试以90分及格为标准）。

第三阶段开始空分厂（车间）管理人员及技术员自主学习本装置的工艺流程、主要工艺参数等知识，空分厂（车间）将对管理人员和技术人员的学习情况进行考评。

（4）第四阶段，岗位实习实践培训

本阶段培训过程共计2个月（480学时），培训人员包括新毕业学生、其他单位划转及招录人员，主要开展上岗实际操作并取得安全上岗操作证。同岗位实际操作是为了更好地运用所学的知识，提高操作能力。上岗证作为操作人员具备操作资格的证明。本阶段培训管理方式与第三阶段相同。

第四阶段开始空分厂管理人员及技术员自主学习本装置的仪表管道流程图、操作规程等，空分厂将对管理人员和技术人员的学习情况进行考评。

（5）第五阶段，流程、OTS（现场挂牌模拟）培训

本阶段培训过程共计1.5个月（360个学时），培训人员包括新毕业学生、其他

单位划转及招录人员、内部划转人员，主要开展装置PID流程、预试车方案（吹扫、气密等）、OTS仿真等培训。本阶段培训使操作人员能更好地运用所学的知识，提高操作能力，为预试车和试车做准备。

（6）第六阶段，开、停车程序，应急培训

培训时间1.5个月（360个学时），围绕空分设备开停车方案、操作规程、事故预案、应急演练等开展培训。培训人员包括新毕业学生、其他单位划转及招录人员、内部划转人员，主要开展装置开停车方案、操作规程、事故预案、应急演练等培训。本阶段培训使操作人员能熟悉现场和开停车方案，为预试车和试车做准备。

现场与理论培训相结合，上午在培训教室理论培训，下午要进入现场培训（进入现场的人员要根据班次轮流进入现场），现场培训主要是熟悉装置相关操作要点和应急预案。本阶段培训将在装置现场进行，参培人员分装置开展培训，空分厂负责管理。

由空分厂（车间）培训领导小组组织管理人员及技术人员到相应的实习单位进行管理、工艺方面的学习（外出培训时间为0.5个月）。

空分厂（车间）管理人员及技术员围绕装置开停车方案、操作规程、事故预案、应急演练等内容展开培训，空分厂（车间）将对管理人员和技术人员的学习情况进行考评。

（7）第七阶段，“三查四定”实践培训

本阶段培训过程共计1.5个月（360个学时），围绕“三查四定”、吹扫清洗、单机试车、现场练兵等开展培训。培训人员包括管理人员、技术人员及所有操作人员。

本阶段培训，按运行模式实施管理，期间会邀请设备制造商，设备专家、机组专家等在培训教室进行专业培训，现场培训主要是对现场的“三查四定”、清洗吹扫、单机试车方面进行跟踪培训。

（8）第八阶段，装置模拟开停车培训

该阶段培训时间从中交至投料试车，主要围绕空分设备的模拟开停车等开展岗位练兵活动。培训人员包括管理人员、技术人员、所有操作人员。本阶段培训在装置现场进行，参培人模拟开停车操作。

60 空分设备试车前应做哪些技术准备？

答 为保证试车进度与试车安全高效进行，在空分设备试车前应提前编制各种试车方案、生产技术资料、管理制度等，使生产人员掌握空分设备的生产和维护技术，

达到能独立指导和处理各种技术问题的要求。

1）技术准备总体计划

根据煤化工项目进度控制计划，在空分设备中交前编制完成各种技术资料及文件，总体编制计划是：

（1）在人员入场前，完成培训教材编制工作。

（2）在详细设计完成前，完成生产技术资料和综合性资料的编制工作。

（3）中交前，完成各种试车方案编制工作。

本计划所列工作完成时间将根据各装置详细设计、中交节点的变化进行相应调整。

2）培训教材编写

培训教材的编制主要由生产准备领导小组督导，技术准备组负责组织实施，由空分设备专业技术工程师编制，项目部生产准备领导小组统一组织校审后，报指挥部审批。

根据技术准备总体计划，对培训教材进行编制，并制定编写计划表。

3）生产技术资料编写

生产技术资料的编制主要由生产准备领导小组总体把控，技术准备组负责实施，生产技术资料编制工作分编制、校审、审批、印刷。由空分设备专业技术工程师编制，项目部统一组织校审后，报指挥部审批。

根据技术准备总体计划，空分设备的生产技术资料应在详细设计结束前完成。结合工作实际，编制生产技术资料。

4）综合性技术资料编写

综合性技术资料的编制主要由生产准备领导小组技术准备组负责组织实施。综合性技术资料编制工作分为编制、校审、审批和印刷。由空分设备专业技术工程师编制，项目部统一组织校审后，报指挥部审批。

5）试车方案编写

试车方案的编制主要由生产准备领导小组技术准备组负责组织实施。试车方案编制工作分为编制、校审、审批和印刷。由相关装置、专业技术工程师编制，项目部统一组织校审后，报指挥部审批。根据技术准备总体计划，试车方案应在中交前完成。

6）危化品安全技术说明书、安全标签名目与编写计划

根据上级生产准备部门计划，危化品安全技术说明书、安全标签编制由安全环保部组织编写，项目部生产准备领导小组综合组负责具体实施。项目部配合完成安全技术说明书的编制工作。

7）产品标准、分析检验标准名目与编写计划

根据生产准备部发布的《项目建设生产准备与试车手册》，产品标准、分析检验

标准由技术管理部组织编写，项目部生产准备领导小组综合组负责具体实施。

8）管理制度名目与编写计划

为保证空分设备从试车到正常生产运行，生产技术、设备、安全等各项管理工作有序开展，高效完成。项目部计划在指挥部各项安全生产管理制度的框架下，根据空分设备安全生产工作需要编制厂（车间）安全生产管理制度。厂（车间）安全生产管理制度由项目部生产准备领导小组综合组负责组织编制。

61 空分设备总体试车方案的编写要求是什么？

答 1）试车方案的编制原则

（1）试车方案应切实可行，具有指导作用。

（2）试车方案应明确试车各步骤、需要达到的标准及检查程序。坚持“单体试车要早、气密吹扫要严、联动试车要全、投料试车要稳、试车成本要低、经济效益要好”的原则。

（3）坚持科学的试车程序，先公用工程，后主体工程；做好工程扫尾与试车的衔接；公用工程试车与生产装置试车的衔接；单体试车、联动试车与投料试车的衔接。

（4）要从技术、经济、安全等方面进行多方案的比较、优化，选择最节省、稳妥、可行的试车方案。

（5）要做到“八个说清楚”，即：试车程序及每个程序的要点与要达到的指标要说清楚；试车前及试车期间的进度及步骤之间的衔接要说清楚；物料平衡要说清楚；试车时的关键技术和操作问题要说清楚；安全及紧急事故处理要说清楚；试车主要矛盾要说清楚；对必须保证的公用工程等外部条件要说清楚；确保一次试车成功的措施要说清楚。

2）总体试车方案编制提纲

总体试车方案编写首要工作是编制提纲。首先对整体煤化工项目工程概况有总体把控，对生产装置、公用工程的规模及建设情况有详细了解，清楚原料供应及产品流向；空分设备的试车方案编写要与整个煤化工项目总体试车做好相互衔接，供需平衡；总体试车的指导思想应具备大局意识和符合实际情况。

空分设备试车方案提纲包括试车具备的条件，如工程完成情况、人员准备情况、物资准备情况、资金准备情况、外部条件准备情况。建立试车的组织与指挥系统，对应试车组织机构明确试车组织机构管理职责。规划试车进度，首先确定试车进度的安排原则，根据试车进度计算投入原料与产出合格产品时间，有明确的试车进度控制点，合理安排试车统筹进度。核算物料平衡，进而确定投料试车的负荷，对比主要原料消耗计划指标与设计值；做出物料平衡表、主要产品产量汇总表、主要原料消耗指标表、投料试车运行状态表等。估算循环水、电、蒸汽、仪表风、氮气计划用量，平衡各单耗合理优化装置总体能耗；注意环境保护，做好“三废”处理工作，符合环境监测。建立安全设施、工业卫生、消防系统。对试车过程存在的风险、重大危险源进行识别，并制定相应的控制措施。最后对整体试车产生的费用进行估算，分析节能降耗的措施，减少试车费用，提高经济效益。

62 空分设备工艺技术规程的编写要求是什么？

答（1）空分设备概况说明。主要包含空分设备技术来源，主要原料、产品与用途，空分设备的主要构成（按装置单元进行简述），装置的主要技术经济指标。

（2）梳理工艺路线。简述各单元装置的基本原理、工艺特点、流程概况，衡算物料平衡。

（3）主要原材料的性质、控制项目及控制指标。原料质量指标的变化对产品质量的影响及工艺调节原理与方法。

（4）所有产品、副产品的性质及控制指标。产品主要质量指标，其影响因素及工艺调节原理和控制方法。

（5）三剂及化学药品物理、化学性质及其控制指标。主要包括吸附剂管理，特殊三剂管理，三剂的报废与更换。

（6）主要工艺控制指标。工艺条件、物料流程控制指标，工艺控制过程，生产控制及分析。

（7）联锁控制及自动仪表。绘制控制联锁一览表，联锁系统的试验方法、程度和规定，各引起联锁动作的原因及联锁动作后的处理，并附自控仪表一览表，特殊阀的操作原理与注意事项。

（8）DCS控制。主要工艺操作仪表逻辑控制说明，空分设备联锁投用及解除规程及说明，操作员键盘面，功能键的组态方法，DCS流程图画面及操作，过程报警画面操作及历史信息，联锁系统画面操作趋势记录仪及其操作分析。

（9）主要原材料、辅助原材料单耗及公用工程单耗。

（10）主要设备概况。包括汽轮机、空压机、增压机、泵、冷冻机、塔类设备、管式换热器、冷却器、加热器、空冷器、再生器、容器、罐类一览表。一览表的主要内容有设备位号、名称、规格、操作参数、设计参数等。还应包括关键设备的流程简图。

（11）三废治理、综合利用一览表。

（12）安全生产基本原则。主要包括一般安全规定、主要设备安全规定，人身安全与急救，紧急事故的处理原则及要求。

（13）各类图纸。

63 空分设备岗位操作法的编写要求是什么？

答（1）明确岗位任务、岗位职责、岗位权限，该岗位与其他岗位的关系。

（2）对空分设备的工艺流程进行详细介绍并附有工艺流程图。

（3）编写开车步骤。包括开车前的检查和准备（包括开车前的清洗、置换、气密、试压、对内外联系，各设备、工艺、仪表等应处的状态及标准），开车步骤，并附有开车操作票，开车过程中出现的异常及事故处理程序。

（4）编写停车步骤。包括停车前的检查和准备，停车步骤，并附有停车操作票，停车过程中出现的异常及事故处理程序，非计划停车及事故处理。

（5）编写空分设备运行维护期间的正常操作。主要包括生产提（降）负荷程序，岗位局部循环程序，各种生产方案变更程序，设备的切换程序，各类异常现象及事故原因的判断及处理程序，原材料、产品各项质量指标波动的控制、纠正及调节程序。

（6）编写 DCS 的操作程序。主要有 DCS 系统概述，主要工艺操作仪表逻辑控制说明，空分设备联锁投用及解除规程说明。

（7）空分设备系统故障、紧急情况的处理程序。主要包括影响装置安全运行的问题，如停风、电、蒸汽，原材料中断，重点机组停运，着火、爆炸、地震、影响到安全的泄漏等。应说明如何判别现象及事故种类，处理步骤及标准，联系汇报步骤等。

（8）冬季防冻。明确注意事项，防冻点的检查，防冻措施等。

（9）劳动安全及职业卫生。

64 如何控制空分设备试车进度？

答 1）试车进度的安排原则

按照总体试车方案的编制依据与编制原则，制定试车进度时，还必须遵循以下几点：

（1）根据公司相关要求，兼顾工程建设的实际进度，考虑上下游装置物料的供需衔接关系，安排和制定试车进度。

（2）坚持“安全第一”的原则，安全环保设施与工艺装置同步试车，做到试车步步都有安全环保措施，事事都有安全环保检查。

（3）试车进度的制定考虑经济性原则，统筹安排试车顺序和进度，使全装置试车的成本符合经济性原则。

（4）遵循“先易后难，先公用工程和辅助工程后主体装置”的原则，在编制和执行项目工程进度计划时提前安排公用工程和辅助设施的竣工和试车，为主装置试车创造条件，缩短打通全流程的时间。

（5）试车安排要充分考虑气候对操作的影响，做好冬季联动试车和化工投料试车的防冻、防凝措施。

（6）试车工作要遵循“单机试车要早，吹扫气密要严，联动试车要全，投料试车要稳，经济效益要好”的原则，各装置本着早动手、细安排、高标准、严要求的态度，精心组织投料前的各项检查和准备工作，并力争一次投料试车成功。

2）试车进度

在工艺装置投料前，公用工程系统全部试车完成并运行良好，为实现试车目标，将试车进度分为两个阶段：

第一阶段：预试车阶段

预试车的目的是全面考核单一装置整个系统的设备、自控仪表、联锁、管道、阀门、供电等性能与质量，以及施工是否符合设计与标准规范要求。

预试车包括全系统气密、干燥、置换、三剂装填。

第二阶段：投料试车阶段

此阶段完成投料试车与试生产工作，并进行装置全面考核，要做到高标准、高水平、高质量、安全稳妥、环境友好、一次成功。要制定装置投料试车和产品合格时间节点，即汽轮机单体试车至产品合格外送的时间。然后划分装置试车进度节点，一般装置试车节点划分如下：

汽轮机单体试车、汽轮机试车—空压机联动、空压机—汽轮机—增压机联机试车、空分冷箱裸冷、空分系统启动及循环液氧泵调试、低温泵调试及产品外送、液体膨胀机调试。

3）试车程序

试车程序按照总体试车进度的关键路线进行。试车程序流程图如图2–1所示：

在汽轮机单体试车前，必须完成蒸汽系统的管网吹扫。汽轮机单体试车、汽轮机空压机联动试车完成后即可进行低压系统吹扫、分子筛及预冷系统填料等装填。增压机—空压机—汽轮机联动试车完成后，进行膨胀机试车及裸冷查漏。后进入空分设备启动，低温泵、氮压机试车，最后产出合格产品。

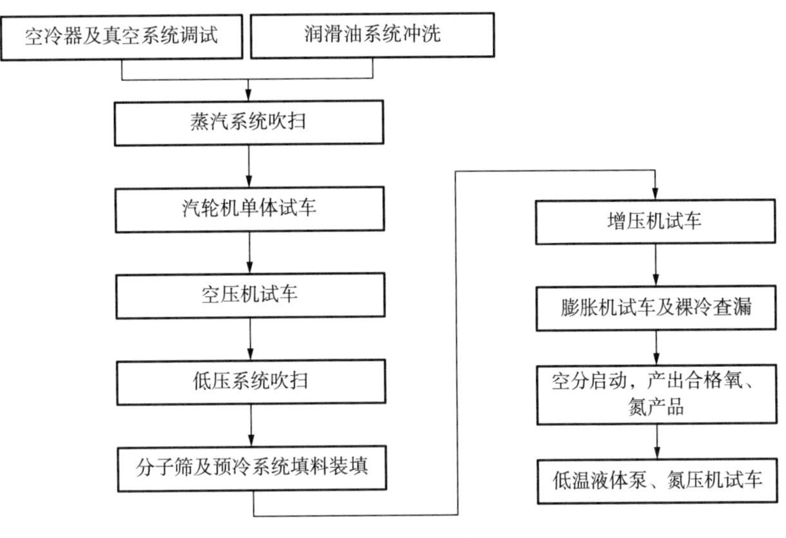

图 2–1　试车程序流程图

4）试车标准

（1）在规定的试车期限内，打通生产流程，生产出合格产品。

（2）与试车相关的各生产装置应统筹兼顾，首尾衔接，同步试车。

（3）在打通生产流程，生产出第一批合格的产品时即视为试车完成。

65 加快集群化空分设备试车进度的措施有哪些？

答 1）试车统筹部署

统筹部署的主要目的，就是统一装置试车的指导思想、工作方针，明确总体目标，重点是结合上游装置情况，对集群化空分设备的试车工作做出安排和部署，对生产准备、单体试车、联动试车、投料试车等提出原则性要求或指导性意见，从而实现多套空分设备完整性、连续性试车的统筹部署。

统筹部署，是要对人员、安全、质量、进度等要素进行统一管控部署，同时，统筹部署应该体现出整体性、宏观性、指导性和原则性，对于大型空分设备特别是集群化空分设备有着极其重要的作用。

2）采用爆破吹扫

对预冷系统、纯化系统、冷箱及冷箱外管线进行爆破吹扫。爆破吹扫首先对各系统设备、管线内部清洁度进行检查，主要检查设备、管线内部有无杂物、焊渣焊瘤、氧化皮等，以及焊缝质量是否达标，验收合格后以空冷塔作为储气蓄能器，根据先主管后支管的原则设置吹扫口，在吹扫口处加装爆破板，爆破压力为0.2～0.3MPa，为确保爆破吹扫过程中人员、设备设施不受损坏，吹扫区域设置警戒区，严禁人员靠近。

爆破吹扫：选用露点＜－40℃、干净无油的压缩空气为气源对系统进行充压，密切监控管线内部压力，防止超压，当压力超过爆破板所承受的压力时爆破板破裂，管线内部储存的大量气体瞬间从吹扫口泄放，同时将系统内部浮锈、焊渣焊瘤等杂质一并带出。当压力超过爆破板所承受的压力时爆破板不破裂，应采取系统完全泄压，严禁带压情况下检查未爆破原因，待检查确认消除后。再利用此方法进行吹扫，直至吹扫口靶板合格。

爆破吹扫与传统的稳压吹扫相比，传统稳压吹扫需空压机调试完成后方可进行，在吹扫过程中，由于系统切换空压机启停次数较多，能耗较高，员工的劳动强度大。爆破吹扫限制条件较少，只要保证仪表空气供应，无需空压机组运行，减少空压机组开停车次数从而缩短试车周期。同时降低了空压机组启动后吹扫时所需的能耗，方法简单快捷、高效、经济效益好、科学合理。

3）冷箱不裸冷

在设计过程中应做好应力风险及模型审查，施工过程中严把施工质量，做到百分之百焊口探伤。冷箱安装完成后组织各专业技术人员对技术资料及冷箱内设备设施进行检查评估，对存在的问题进行逐一整改，通过各专业技术人员风险评估后，满足冷箱不裸冷条件。方可执行冷箱不裸冷的试车方案，通过冷箱不裸冷，可提前拆除安装冷箱时搭设的脚手架，提前装填保冷材料。冷箱不裸冷可缩短试车周期20～25天，降低试车费用。

4）先装分子筛纯化器和空冷塔填料

开展此项工作，首先在施工过程中应严格控制设备管线的施工质量和清洁度，施工完成后，在装置调试的同时对预冷系统、纯化系统的设备管线进行人工清理和爆破吹扫，吹扫完成后装填空冷塔、氮水预冷塔填料及分子筛纯化器吸附剂，这样可缩短整个试车周期10～15天。

5）空压机—汽轮机—增压机三机联试

开展空压机—汽轮机—增压机三机联试之前，首先应完成装填空冷塔、氮水预冷塔及分子筛纯化器填料，并对系统完成清理。对汽轮机机组进行单体超速实验完成后，可同时连接空压机、增压机对机组整体性能、联锁动作进行静态测试完成；各辅助设备设施调试完成，通过各专业技术人员风险评估后，方可采取空压机—汽轮机—增压机三机联试。可缩短试车周期10～20天。

6）制定合理的蒸汽管网的吹扫方案

集群化空分设备蒸汽管网复杂，吹扫难度大。蒸汽管道吹扫时，根据管网的设

计和布置，制定合理的吹扫方案，利用母、支管同步吹扫和支管交叉吹扫，加快吹扫进度，缩短试车周期。

66 蒸汽管线化学清洗的方法及要求是什么？

答 蒸汽管道、管件在制造、安装及焊接过程中，不仅有杂物遗留在管道内，而且管内壁会附着金属氧化物、焊渣等。虽然汽轮机速关阀前设有过滤器，但汽轮机投入使用后，尺寸小于滤网孔隙的固体颗粒随高速流动的蒸汽进入汽轮机通流部分，损坏动、静叶片及汽封。为保证设备的安全运行，汽轮机在投用前建议进行蒸汽管线的酸洗、吹扫。

蒸汽管道的吹扫是利用蒸汽压力产生高速气流的冲刷力将附着在管路内的杂物冲走。利用不同物质热膨胀系数的差异，降低腐蚀产物与管道表面的结合强度，使这些杂质在高温气流的冲刷下，从管道内壁剥落下来，排出管外，以保证汽轮机安全、平稳运行。暖管时的恒温可使管道得到充分舒展，以便检查管道的膨胀方向，热位移情况以及各类支吊架的受力情况，同时对暴露出来的问题应采取相应的措施整改并消除。

蒸汽管道需多次变温吹扫，才能将附着在管壁上的焊渣、焊瘤及氧化皮清除干净。致使吹扫时间过长，蒸汽消耗量大，试车费用较高。为降低试车费用，加快整体试车进度，最好在吹扫前进行化学清洗。

化学清洗应遵循以下过程：

水冲洗试压 → 碱洗除油 → 碱洗后水冲洗 → 酸洗除锈 → 酸洗后水冲洗 → 漂洗、钝化 → 气体干燥

1）水冲洗试压

水冲洗及试压的目的是除去系统中的积灰、泥沙、脱落的金属氧化物等，并对临时接管处泄漏情况进行检查。

冲洗时，高位注满、低点排放，以便排净清洗系统杂物，控制进出水平衡，分回路切换控制，必要时进行正、反向冲洗。冲洗速度控制为 0.2 ~ 0.5m/s。冲洗终点以出水达到清澈无杂物为合格。

水压检漏试验时，将系统注满水，调节回水阀门，控制回水压力至 1.0MPa，检查系统中焊缝、法兰、阀门、短管连接处泄漏情况并及时处理。

水洗结束的标志一般为冲洗到排出水清澈透明时结束，浊度≤20NTU，水冲洗合格。

2）碱洗除油

碱洗的目的是通过高温碱液在表面活性剂的配合下去除系统中的机油、石墨、

防锈油、悬浮的泥沙等污垢，使得后续的酸洗过程更加彻底、有效。一般情况下，预处理剂由碱性物质、表面活性剂等组成，总碱度在0.5%～2%之间。碱洗除油工序随着清洗液温度的升高效果会增强，清洗时间会缩短。

水冲洗结束后，保持管道内清洗液的循环状态，打开清洗泵站的加热系统加热，待系统温度上升至70℃，即可将渗透剂、氢氧化钠和磷酸三钠混合液加入配液槽内，并使整个系统中药剂浓度均匀的达到表面活性剂为0.5%～1%，氢氧化钠为0.5%～1%，磷酸三钠为0.5%。碱洗期间，应定期取样分析，当系统内碱度连续两次测定浓度差≤0.1%，即可视为该步骤结束。

碱洗时应每间隔60min开启一次排空和导淋，以防止管道内产生气阻及清洗下来的污物堵塞导淋阀门。

3）碱洗后水冲洗

碱洗后的水冲洗目的是清除残留在系统内的碱洗液，降低系统内的pH，冲洗至pH≤9，系统排水清澈透明时为止。清洗方式采用顶排法。首先将清洗泵站配液槽的碱液排至废液储存容器，向配液槽内加入清水，启动清洗泵将清水不断输入系统，顶出系统内的碱液。然后打开清洗系统回液与排污连接的阀门，将碱洗液排至废液储存容器。定期检测系统回液的pH及浊度。当pH<9时，关闭系统回水与排污连接的阀门，转入下一道酸洗除锈工序。

4）酸洗及检测

酸洗的目的是利用酸洗液与铁锈（FeO、Fe_2O、Fe_3O_4等）进行化学反应和柠檬酸铵络合，生成可溶性物质以除去锈层及氧化皮。酸洗是整个化学清洗过程的关键步骤。

根据清洗系统材质特殊性，采用柠檬酸为主的清洗剂。为了避免管线在酸洗时受到氢离子和三价铁离子的腐蚀，在酸洗系统中投加一定量的还原剂和缓蚀剂。

水冲洗结束后，排尽冲洗水，用热水注入系统，然后将配制好的酸洗液缓慢注入系统循环，当酸液浓度达到5%～6%时，酸洗液的温度控制在55～60℃，酸洗时每2小时进行高点排空及低点排污。清洗除锈工序每30min分析一次酸度、Fe^{3+}浓度。两次分析酸度差< 0.1，总铁离子浓度30min没有变化即可结束酸洗工序。

酸洗时，若清洗液中Fe^{3+}浓度≥ 1000mg/L时，应适当加入还原剂；酸洗期间，若酸浓度低于5%时应补加酸及缓蚀剂。一般从酸液达到预定浓度起开始计算清洗时间，原则不超过8h。

酸洗按质量验收标准验收合格后进行退液，酸液处理依据污水处理方法进行处理后排放到业主指定的地点。

酸洗结束后，用空气将残液吹出，进行水冲洗，以除去残留的酸液及洗落的部分锈渣。当出水口pH值接近6即可结束。

5）漂洗及检测

酸洗后的金属表面处于较高活性状态，极易发生二次浮锈，通过漂洗的方法，可以避免二次浮锈的生成。漂洗是采用稀柠檬酸铵溶液与残留在系统中的铁离子络合，以除去水冲洗过程中金属表面可能生成的浮锈，为钝化打好基础。

将系统充满水并加热，维持温度 40～50℃，加入漂洗药剂进行漂洗。当铁离子浓度达到 350×10^{-6} 时，漂洗液浓度保持平衡，在半小时内基本不变时，即可结束漂洗。

6）中和、钝化及检测

漂洗结束时，若溶液中铁离子含量小于 350×10^{-6}，用氢氧化钠调节漂洗液 pH 值至 10～11 后投入专用钝化药剂，直接进行中和、钝化。若溶液中铁离子含量大于 350×10^{-6} 时，应加入还原剂，使溶液中的铁离子含量小于 350×10^{-6} 后再加入专用钝化药剂，钝化液要充满系统，钝化过程中也应定时排气及排污，循环 6～8h 结束。

7）气体干燥

清洗结束后，装置接空气管线进行吹扫，深度清理游离水。尤其在冬季，必须将管道内的水分吹干，否则造成管道冻堵，影响试车进度。

67 集群化空分设备高压蒸汽管线吹扫的方法及标准是什么？

答 集群化空分设备多，蒸汽管网庞大，一般为多条 600mm 左右的母管，且每一条母管为多套空分设备机组提供汽源。蒸汽管线吹扫难度较大，时间较长，试车费用昂贵。为解决这些难题，在吹扫前根据管网流程，制定合理可行的吹扫流程及方法。

以两条母管带动六套空分设备，每条母管各带三套正常耗汽量为 208T/h 高压蒸汽的汽轮机为例，每条支管管径为 350mm。两条母管分别为 1# 母管和 2# 母管，1# 母管所供空分设备为 1# 空分、2# 空分和 3# 空分。两条高压蒸汽母管相互独立，吹扫方式相同，互不影响。

为保证母管及支管的吹扫系数，先关闭 3# 空分高压蒸汽管线蒸汽隔离阀及旁通阀，且上锁挂签，隔离阀前疏水导淋打开，暂时不进行高压蒸汽管线吹扫，只对 1# 蒸汽母管和 1#、2# 空分高压蒸汽管线进行同时吹扫，吹扫系数 $K>1.2$。

（1）吹扫采用稳压变温式吹扫方式，吹扫蒸汽压力 1.0MPa，温度大于 300℃，流量大于 260t/h，吹扫系数 $K>1.2$，吹扫分多次进行，吹扫次数视管道清洁状况而定。

（2）暖管：检查 1# 蒸汽母管各排气烟道疏水是否通畅，缓慢全开 1#、2# 空分高压蒸汽管线第一道蒸汽隔离大阀，检查各排气烟道疏水是否通畅，待排气烟道导淋无大量凝结水流出后，缓慢全开 1#、2# 空分高压蒸汽管线第二道蒸汽隔离大阀及吹扫临时电动阀。暖管过程中按照升温、升压曲线，控制升温速率即3～5℃/min、升压速率即0.05～0.1MPa/min，临时吹扫电动阀前温度 $T_L \geqslant 300$℃，动力厂蒸汽母管压力 P_L 达到1.0MPa，各疏水导淋无水滴流出时暖管结束，同时关小或关闭各疏水导淋。

（3）吹扫：暖管结束后，联系调度，动力厂输送蒸汽温度＞300℃，压力达到1.2MPa，流量 F>260t/h，吹扫系数 K>1.2，进行稳压吹扫。

2#空分第二道蒸汽隔离和临时吹扫电动阀保持打开，关闭1#空分第二道蒸汽隔离，打开高压轴封蒸汽吹扫手阀，吹扫1h后，打开1#空分第二道蒸汽隔离，恢复主管道吹扫。

1#空分第二道蒸汽隔离和临时吹扫电动阀保持打开，关闭2#空分第二道蒸汽隔离，打开高压轴封蒸汽吹扫手阀，吹扫1h后，打开2#空分第二道蒸汽隔离，继续吹扫。

（4）降温：吹扫完毕后，通知调度并联系动力站关闭送出隔离阀，缓慢打开疏水导淋充分疏水，然后开始降温，动力厂高压蒸汽母管温度降至＜80℃，将管道所有阀门恢复到暖管前状态。

（5）打靶：重复上述暖管、吹扫、降温操作步骤，蒸汽管线吹扫2次后，待蒸汽母管线温度值降至＜80℃，安装靶板。确认靶板安装完成后，联系调度蒸汽管线开始暖管，适度打开蒸汽母管各疏水导淋，按照升温、升压步骤，温度 T_L 达到300℃，压力 P_L 达到1.0MPa，吹扫1h后，联系调度及动力厂关闭送出隔离阀，切断电机电源并上锁挂签，关闭第二道蒸汽隔离大阀，切断电机电源并上锁挂签，取出靶板，依据验收标准进行检验。若不合格则继续对这段管道进行吹扫，直至合格。为保证吹扫的有效性，吹扫时蒸汽对管道的冲刷力应大于额定工况下蒸汽对管道的冲刷力。为此，用动量系数 K 来确定、控制吹扫参数，动量系数是吹洗工况下蒸汽动量 m_1c_1 与额定工况下蒸汽动量 m_0c_0 的比值，即：

$$K=m_1c_1/m_0c_0=m_1^2v_1/m_0^2v_0 \tag{1}$$

式中 m_1——吹扫蒸汽流量，t/h；

m_0——额定工况蒸汽流量，t/h；

v_1——吹扫蒸汽比容，m³/kg；

v_0——额定工况蒸汽比容，m³/kg。

1#蒸汽母（DN600mm）管吹扫蒸汽流量 m_1 为260t/h，压力为1.0MPa，温度为300℃，根据过热蒸汽比容查表得：v_1=0.25793m³/kg。

根据单套汽轮机蒸汽设计流量 m_2 是208t/h，所以1#蒸汽母管（DN600mm）额定蒸汽量 m_0 为624t/h，额定工况下蒸汽压力为11.5MPa，温度为525℃，根据过热蒸汽比容查表得：v_0=0.029428m³/kg。

将 v_0、v_1、m_0、m_1 等参数代入公式 1 得 1# 蒸汽母管（*DN*600mm）吹扫系数 K：

$$K=\frac{m_1^2 v_1}{m_0^2 v_0}=\frac{260^2\times 0.25793}{624^2\times 0.029428}=1.52$$

综上所述，1# 蒸汽母管（*DN*600mm）吹扫系数 $1.2<K=1.52<1.7$。

取单套空分蒸汽管线（*DN*350mm）吹扫蒸汽流量 m_3 为 86.6t/h，压力为 1.0MPa，温度为 300℃；结合以上数据和公式 1 可得单套空分蒸汽管线（*DN*350mm）吹扫系数 K_1。

$$K_1=\frac{m_3^2 v_1}{m_2^2 v_0}=\frac{86.6^2\times 0.25793}{208^2\times 0.029428}=1.52$$

通过计算可知，当 m_3=77t/h 时，K_1=1.20115

综上所述，单套空分蒸汽管线（*DN*350mm）吹扫蒸汽（1.0MPa，300℃）流量大于 77t/h 时，吹扫系数 $K_1>1.2$。对管线进行吹扫 2 次后，通知调度并联系动力站，关闭送出隔离阀，切断电机电源并上锁挂签，打开各疏水导淋及临时电动阀，待蒸汽母管温度值<80℃。在吹扫口安装铝制靶板（如图 2–2 所示），待靶板安装完成后，联系调度，空分设备开始暖管，适度打开蒸汽母管各疏水导淋，动力站对隔离阀进行解锁，按照升温、升压步骤。当吹扫阀前温度达到 300℃，动力厂蒸汽母管压力达到 1.0MPa 时，吹扫 1h 后，联系调度及动力厂关闭送出隔离阀，切断电机电源并上锁挂签，关闭空分设备第二道蒸汽隔离大阀，切断电机电源并上锁挂签，取出靶板，依据验收标准进行检验。若不合格则继续对这段管道进行吹扫，直至合格。靶板采用标准铝靶板，靶片选用 δ=5mm 的铝板，光洁度▽ 13 ~ 14，宽度为吹扫管径的 6% ~ 8%，长度等于吹扫的管径，装设方向垂直于汽流冲击的方向。排汽管管口应朝上倾斜（约 30°）排空；排汽管应具有牢固的支撑，以承受排汽的反作用力。

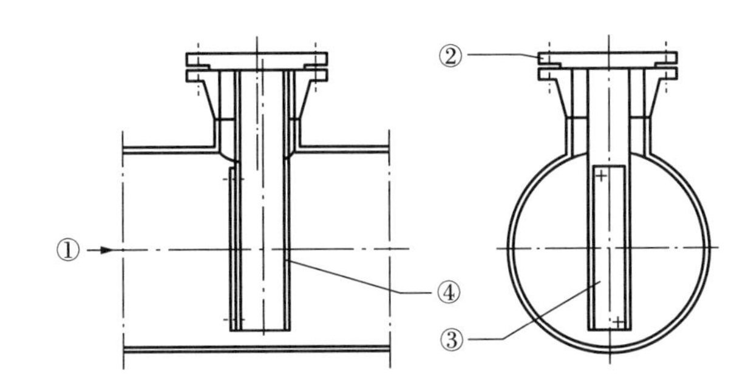

图 2–2　高压蒸汽管线靶板安装剖面图

注：①—吹扫蒸汽的流向；②—盖板；③—测试板；④—工字梁

根据《电力建设施工与验收技术规范》（锅炉机组篇）DL/T 5047—95 的规定，在被吹洗管末端的临时排汽管内（或排汽口处）装设靶板，其宽度约为排汽管内径的8%、长度纵贯管子内径；在保证吹扫系数（大于1）前提下，连续三次更换靶板检查。靶板检查具有一定的标准，以德国曼透平机组为例，其标准是在靶板上任何一个40×40mm的光滑表面内大于1mm冲击痕迹无，大于0.5mm的冲击痕迹少于4个，大于0.2mm的冲击痕迹少于10个。

68 蒸汽动量系数如何计算？

答 蒸汽吹扫是利用蒸汽在管道内的高速流动，产生较强的冲刷力将施工遗留的杂物带走；同时，因氧化皮、焊渣等杂质与管道母材金属的热膨胀系数存在差异，利用管道温度升降的方法，使其产生相对位移而脱落，并被蒸汽吹出管外。

冲刷力的大小取决于吹扫蒸汽的能量，即蒸汽动量，吹扫过程中蒸汽的动量越大，吹扫效果越好。影响蒸汽动量的因素有：压力、温度、流量、管道的水力特性及阀门开度的大小等。

为保证吹扫的有效性，吹扫时蒸汽对管道的冲刷力应大于额定工况下蒸汽对管道的冲刷力。为此，用动量系数K来确定吹扫参数，动量系数是指吹扫工况下蒸汽动量与额定工况下蒸汽动量的比值，即：

$$K=\frac{m_1c_1}{m_0c_0}=\frac{m_1^2v_1}{m_0^2v_0}$$

式中 m_1——吹扫蒸汽流量，t/h；

m_0——额定工况蒸汽流量，t/h；

v_1——吹扫蒸汽比容，m^3/kg；

v_0——额定工况蒸汽比容，m^3/kg。

一般，高压蒸汽管线吹扫动量系数K在1.2～1.7之间。

69 蒸汽管线吹扫安全注意事项有哪些？

答 蒸汽管线吹扫由于介质有高温、高压、高汽量、高噪声等危险因素存在，因此吹扫期间的安全问题不容忽视。

（1）吹扫口的朝向：高压蒸汽管线吹扫口应倾斜向上，放散区域严禁设置在人群通行处，活动区域严禁正对设备设施。吹扫区域应设置警戒区（拉设警戒线及安全警示牌），并专人看守。

（2）防烫措施：蒸汽管线（包括吹扫临时管线）应设置临时的防烫措施，设置防烫警示标语，参加吹扫人员应了解安全注意事项并穿戴好必要的劳保用品。

（3）防火措施：蒸汽管线周围严禁堆放易燃易爆物品、油脂、木材及电线电缆，在蒸汽管线附近准备必要的消防措施。

（4）保护设备及管线：做好各设备进口的隔离措施，严禁蒸汽进入设备，吹扫前暖管要彻底，防止管线造成水击。

（5）靶板固定：要固牢靶板，防止靶板移动、脱落。

（6）吹扫气流参数的控制：吹扫效果主要取决于吹扫蒸汽的速度和质量，吹扫时的蒸汽流动量要比额定工况下高出20%～50%，以保证吹扫效果。应该强调的是，比在变温吹扫时，注意温度降低后蒸汽流量也随之降低，其流量按放空管流量为标准计算。控制暖管升温速率，防止水击，损坏管线及支、拖架。

（7）设置管道疏水点：吹扫管道之前要先暖管并向外排水，以防止发生水击现象。在吹扫管道过程中要间断打开疏水阀排出污水，防止疏水管线堵塞发生水击现象。

（8）排放蒸汽应注意的问题：蒸汽吹扫时会排放大量的蒸汽，在北方的冬季，吹扫口吹出的蒸汽四处飘散。蒸汽在接触到外界寒冷的物体时，迅速凝华成冰，使厂房室外挂上厚厚的冰层，会给其他工序的施工带来不便，也会增加操作人员的安全隐患。因此，在北方的厂房应避免在冬季吹扫。

（9）蒸汽吹扫时管架错位问题：随着吹扫时蒸汽压力和温度的升高，管道会由于热胀冷缩而产生位移。在吹扫工作开始前，需要确认支架原始位置，吹扫过程中要时刻注意支架的位移，做好位移记录。

（10）控制好吹扫阀门：对蒸汽阀门要进行充分检查，保证阀门质量。吹扫管道时，管道内会有许多废渣排出，甚至有螺钉、小工具等。蒸汽阀门价格较昂贵，且多用焊接安装，要注意保护阀门，尽量采用临时阀门。

70 循环水预膜的原则和步骤是什么？

答 预膜是水处理的一种基础处理。在清洗结束后，设备金属表面处于活泼状态，预膜处理就是在整个系统的运行初期，向水中投加高浓度的缓蚀阻垢剂，使金属表面迅速生成一种化学保护膜，以阻止介质对设备的侵蚀，从而起到缓蚀阻垢作用。为日常维护保养奠定了良好的基础。因此清洗后必须立即预膜。预膜处理一般在常温下进行24小时以上。

需要注意的是，预膜处理会对铜管设备造成一定的腐蚀，需要将铜管换热器进出口加盲板隔离，上回水联通阀打通，以保护铜管换热器不被损坏。

系统的预膜是为了在管道的金属表面上迅速地形成一层致密的防腐薄膜。其优点主要表现在：

① 形成的保护膜致密牢固，能有效地防止金属表面腐蚀，杜绝生产隐患，延长设备使用寿命。

② 由于清洗预膜后设备及管道有一层光滑的保护膜，使得正常运行时水处理药剂的补膜过程更易完成，使之最大限度地发挥水质稳定剂的作用，达到既节省药剂，又提高水稳效果的目的。

清洗预膜的操作步骤为：

杀菌及黏泥剥离（脱脂）→ 水质置换 → 清洗除垢（锈）→ 水质置换 → 预膜 → 水质置换 → 药剂基础投加（水处理药剂）→ 转入正常运行

作为空分设备主要是配合循环水场进行预膜，做好空分界区内循环水的流通，尽可能使所有管线得到预膜。但对于CuNi材料的换热器，严禁预膜过程中循环水通过，进换热器前必须增加盲板隔离，并采取换热器前跨接流通方式。同时预膜过程严禁循环水泄漏，操作人员必须穿戴好胶皮手套、护目镜等劳动防护用品。

循环水管线投水过程必须注意各高点排气，防止气阻。循环水退水过程注意打开高点排气导淋，防止退水过程形成负压造成设备及管线损坏。

（1）用腐蚀指示试片现场测量的金属腐蚀速度的平均值碳钢应小于3g/(m^2·h)，不锈钢、铜小于0.3g/(m^2·h)，挂片悬挂于循环水池中；

（2）被清洗的金属表面应清洁，表面无明显金属粗晶析出的过洗现象，不允许有镀铜现象；

（3）清洗表面应形成良好的预膜保护膜，无点蚀；

（4）固定设备上的阀门等不应受到损伤。

71 如何做好空压机组润滑油系统冲洗？

答 空压机组是空分设备的关键设备，其润滑油系统冲洗是压缩机安装试车过程中非常关键的一个环节，润滑油系统都是一个闭路循环系统。空压机组的润滑油系统主要由油箱，两台电机驱动的主、辅助油泵，两台油冷却器，两台油过滤器，一台高位油箱及其他部件组成。润滑油自油箱经主油泵加压，然后经油冷却器冷却，过滤器过滤后，按要求的压力和温度送到各用油点。油冲洗时，采用一台辅助油泵进行油冲洗。

1）油循环目的

为了清除管道及油系统内残存的水、杂质等，保证机组设备、调速系统、保安系统能够正常运行。在油运过程中，由于比较接近正常运行工况，进一步对控制阀、

液位计、流量计等计量仪表、控制回路进行调校，确保各仪表在设备运转时好用。同时对容易泄漏的法兰进行热紧，保证设备的密封性良好，清除设备里残存的杂质，模拟正常工况下润滑油的运行状态。

2）润滑油管路冲洗要具备以下条件

（1）油系统冲洗前，管道应安装、试压、空气吹扫完备，并检验合格，临时法兰连接处，均加装 2~3mm 聚四氟乙烯垫片，法兰等处螺栓连接紧固，管支架完善油冷却器的冷却水管投入使用，制定冲洗方案。

（2）润滑油泵电机单体试运合格、油箱电加热器调试完成。

（3）油系统管道上的压力表、温度计、液位计等安装完成。

（4）脱开轴承箱处的连接法兰，将轴承箱进油口和出油口用盲板封闭（或第三阶段进油口装上滤网），用不锈钢临时配管将轴承箱进出口管道临时连接，构成循环回路，回油总管进油箱加滤网（目数从小到大替换）。

（5）给油箱加注试车用的透平油，在加注新的透平油时，油箱内部应进行人工清理，清洗干净，最后用无毛棉布擦干，并用面粉团（用油调制）把赃物粘掉，同时对高位油箱进行清理，保证内部清洁，向系统加油时，用滤油机将透平油（T46）从油桶内抽出，经油箱上部带有滤网的加油管口打入。油位应保持在正常操作液位。

（6）油过滤器的滤芯随机带的数量不多，因此油运前拆掉正式滤芯，而用 2 层以上 100 目不锈钢丝网包临时代替。

（7）应使每一个管段的管内壁全部都能够接触冲洗油，构成若干个并联的冲洗回路，各回路管道管径应接近，冲洗回路中的死角管段，应另成回路冲洗。

（8）提供的润滑油必须是优质润滑油，不含水分，并且搅拌时，极少乳化或起泡沫，且高度抗腐蚀，抗氧化性，并且生成沉渣、漆状沉积及形成胶质的倾向极少。

（9）冷却水等公用工程系统应具备使用条件。

（10）成立试车小组，由负责人统一指挥，参加人员分工明确，责任到人，准备好必要的工机具和备品、备件。

3）油系统冲洗方案

（1）单机试泵工作结束，即可进行油冲洗，油冲洗时在回油总管上加设过滤网，对没有旁路的如调速器、速关阀等需要接临时管线（耐油胶管）绕过（或调节油系统各进口加滤网）。油冲洗分三遍进行：第一遍，油系统管路循环，加 80~100 目过滤网检查；第二遍，油系统管路循环，加 150 目过滤网检查；第三遍，进轴承循环，在轴承入口处加 180~200 目滤布循环冲洗，直到合格。拆轴承箱进口滤网前，主副油泵应同时油运完毕。

（2）油冲洗合格标准：在第三遍油冲洗时，轴承入口处加 180~200 目过滤网，经油运4h，滤网上每平方厘米可见软质颗粒不超过2点，不得有任何硬质颗粒，但允许有少量纤维体，即为合格。

（3）油冲洗中每隔3h，应将油温交替提高或降低，使温度在35～65℃，这样交替进行有利油管上的杂质剥离，升降温时间越快越好，一般用1～2h的时间。压缩机油压在0.20～0.45MPa，控制阀后在0.8～0.9MPa范围内运行，同时用橡胶锤或木锤击打油管线和死角处加强冲洗效果。每冲洗4～8h，停泵检查装于回油总管上的滤网，记录被拦截下的杂质数量和性质，检查后，清洗滤网再装回，直至合格为止，当滤网上无颗粒硬杂质和软杂质为合格。

（4）高位油箱及其回油管也应同时投入冲洗，以保证在油泵停止时，能及时供应润滑油直至机械装置完全停车。

（5）油运结束后，先打开油泵出口管上旁通阀泄压，再切断电源停止泵。停泵后注意观察油是否能全部回至油箱，并记录高位油箱停车供油时间。

（6）当回油全部回到油箱，应拆除临时配管，将限流孔板按要求位置加好，恢复正常的油路。

（7）重新更换透平油至油位限。

4）验收标准

（1）滤网经供应商、工艺、设备人员共同检查确认肉眼无颗粒物杂质。在第三个循环周期后，清洁滤网时，凭目测和手感，在滤网上未发现明显的硬质颗粒物杂质，并符合以下标准（见表2-1）：

表2-1　杂质颗粒尺寸标准

杂质颗粒尺寸（mm）	数量（颗）
>0.25	无
0.13～0.25	≤5

（2）油质取样分析机械杂质≤0.05%。

5）安全注意事项

（1）厂房周围环境清洁，道路畅通；

（2）油系统循环时要准备木屑等吸油物，以清除漏油；

（3）试车现场应划定作业区，试车无关人员不得入内，杜绝试车现场火种出现；

（4）对高位油箱、油箱及油过滤器应进行内部清洁程度的详细检查，清理干净，经专职检查人员及有关负责人共同检查确认；

（5）油箱装透平油，应通过滤油机入口管插入油箱的方法，吸油口不应插到桶底，防止加油过程中带入杂物；

（6）油系统的试车和冲洗应有专人负责，24h不间断冲洗，并做好交接记录，分工明确，工作人员不得擅自脱离岗位；

（7）试车现场应配足够的安全消防器材，试验现场应有专人管理，非试车人员不得进入试车区域；

（8）认真做好试车记录，保证真实性和完好。

72 如何调试空压机组润滑油系统及控制油系统?

答 油系统的调试基本可分为性能测试及逻辑测试两大部分。

1）润滑油系统的性能测试

① 检查管路安装正常，检查各管道支架安装正常，管道无安装问题，各法兰间无盲板，各垫片符合安装要求。

② 检查油泵安装正常，地脚螺栓安装正常，基础灌浆正常。

③ 检查安全阀的选型符合要求，安全阀的安装符合规范，电气接线正常，现场仪表安装正常，根部阀打开，排污阀关闭。

④ 检查油雾风机安装正常，表计根部阀打开，电机接线正常，风机出口阀打开，旁路阀关闭。

⑤ 检查油泵进出口阀打开，灌泵已结束，将自力式调节阀暂关闭，将自力式调节阀旁路阀打开。

⑥ 启动油雾风机，检查油雾风机完好。

⑦ 启动润滑油泵，先点试转向，转向正常后启动润滑油泵，并进行测振测温。

⑧ 分别开展油系统内、机组油系统外循环、轴承箱内循环。

⑨ 油系统冲洗合格后，将润滑油自力式调节阀投用，通过调整自力式调节阀，使自力式调节阀旁路全关后，油压升至机组运行所需压力。

2）润滑油系统逻辑测试

① 启动润滑油泵，检查油雾风机是否会自启。

② 检查空压机密封气、增压机密封气中断对润滑油泵的影响。

③ 在润滑油站正常运行时，强制油箱油位故障信号，备泵自启（此时没有油系统允许停止信号）。

④ 检查油系统相关启动联锁，强制油箱油位低，润滑油泵是否跳车。

⑤ 在润滑油站正常运行时，将主泵运行反馈强制，并断电，观察备泵自启油压的变化。

⑥ 将双泵启动，停其中一台泵，观察油压的变化。

3）控制油系统的性能测试

① 检查管路安装正常，检查各管道支架安装正常，管道无安装问题，各法兰间无盲板，各垫片符合安装要求。

② 检查油泵安装正常。

③ 检查安全阀的选型符合要求，安全阀的安装符合规范，电气接线正常，现场仪表安装正常，根部阀打开，排污阀关闭。

④ 检查油泵进出口阀打开，灌泵已结束，将自力式调节阀暂关闭，将自力式调节阀旁路阀打开。

⑤ 启动控制油泵，先点试转向，转向正常后启动控制油泵，并进行测振测温。

⑥ 分别开展油系统内、机组油系统外循环，油循环合格后复位速关组合键及高调阀油路。

⑦ 油系统冲洗合格后，将控制油自力式调节阀投用，通过调整自力式调节阀，使自力式调节阀旁路全关后，油压升至机组运行所需压力。

4）控制油系统逻辑测试

① 逐个旁掉允许启动条件，观察控制油泵是否能够启动。

② 逐个旁除允许停止信号，观察控制油泵是否能停。

③ 逻辑内强制速关阀打开，双泵运行停一台泵观察油压的变化及速关阀情况。

④ 逻辑内强制速关阀打开，将其中一台泵启动并停止，观察油压的变化及速关阀情况。

⑤ 测试急停按钮对油泵的影响。

73 试车前空压机组调试内容有哪些?

答（1）所有蒸汽管道吹扫结束，打靶合格，临时管道、假键拆除完毕，正式附件复位完毕。

（2）机器部分安装完毕（包括所有的列管，LP 蒸汽和 HP 蒸汽需要最终的连接完毕和支架保持完好，所有都在最佳的状态）。

（3）仪表回路检查完毕。

（4）仪表逻辑检查完毕。

（5）超速保护系统冷态检查完毕。

（6）所有的阀门均已检查（包括速关阀，调速阀，喷嘴，密封蒸汽控制阀、空压机、增压机防喘振阀）。

（7）油冲洗已结束（包括控制油和润滑油）。

（8）汽机保温工作结束。

（9）高、低压蒸汽品质达标、各辅助系统管道设备安装正常，调试正常（设备送电、仪表气、冷却水、凝液系统、真空系统）。

（10）确认油泵运行正常（润滑油泵、控制油泵、顶轴油泵），逻辑功能测试正常。

（11）向汽机轴承供油并冲洗汽机、空压机顶轴，冲洗合格后调整顶轴油压，逻辑内做顶轴油泵逻辑测试。

（12）确认盘车电机的转向并启动盘车电机，开展盘车电机的逻辑功能测试。

（13）速关组合键功能测试，速关阀功能测试。

（14）启动密封蒸汽系统、调整密封蒸汽控制模块、开展逻辑功能测试。

（15）建立真空，并进行真空破坏试验。

（16）根据跳车联锁清单，进行跳车试验。

（17）根据联锁清单，开展启动联锁试验。

（18）开展汽机 OVS 超速试验。

74 空分设备在试车初期，空冷系统如何进行气密实验？

答 为了检验空冷系统管道系统的严密性，在管道安装工作完成后，必须对管道系统进行严密性试验。

1）正压泄漏试验

（1）在汽轮机排汽管道内部焊接一块拼接盲板。

（2）在汽轮机疏水系统进疏水膨胀箱处加盲板。

（3）大气安全阀阀前加盲板。

（4）疏水罐出口法兰加盲板。

（5）疏水泵出口至冷凝液罐法兰加盲板。

（6）关闭冷凝液泵 A/B 进口阀，阀后分别加盲板。

（7）冷凝液回流至冷凝液罐法兰加盲板。

（8）轴封抽气冷凝器疏水管线至冷凝液罐法兰加盲板。

（9）抽气冷凝器疏水管线至冷凝液罐法兰加盲板。

（10）抽气器空气管线加盲板。

（11）关闭真空破坏阀。

（12）乏汽管线防爆板处加盲板（两块）。

（13）关闭凝结水箱脱盐水补水阀。

（14）防冻蒸汽减压阀关闭，阀后加盲板。

（15）减温水进减温减压器前法兰加盲板。

（16）通过疏水膨胀箱底部导淋接入正压仪表空气，临时管道上增加正压就地压力表（量程 100kPa，精度 2.0）一块，压力达到 50kPa（G）后，关闭充气阀。

（17）用肥皂水喷淋空冷系统各连接法兰，确认有无泄漏点。

（18）真空系统保压 2h，确认升压速率不大于 0.1kPa/min。

2）负压泄漏试验

（1）正压泄漏试验合格后，缓慢打开真空破坏阀泄压。

（2）拆除两个爆破板处的盲板。

（3）拆除抽气器空气管线盲板，关闭主抽气器空气阀门。

（4）确认 2.2MPa 蒸汽暖管至抽气器前。

（5）投用启动抽气器，当压力达到 25kPa（A）后关闭启动抽气器空气阀。

（6）为了避免其他因素影响，记录试验前的参数，当确认影响因素消除后，停启动抽气器。

（7）记录数据开始时间应从停止启动抽气器后 5min 开始，每分钟记录一次数据。

（8）对所有处在测试压力下的部件进行全面的检查，看是否存在裂纹、泄漏、变形。试验过程中发现任何泄漏，必须立即停止抽真空，并破坏真空，进行缺陷处理，再次进行试验。试验持续时间不小于 24h。

（9）确认系统的降压速率不得高于 0.1kPa/min。真空系统保压 24h，增压率不大于 5% 为合格。增压率按如下公式计算：

$$\Delta P=\frac{P_2-P_1}{P_1}\times 100\%$$

式中 ΔP——24h 的增压率，%；

P_1——试验初始压力（表压），kPa；

P_2——试验结束压力（表压），kPa。

（10）负压泄漏试验合格后，缓慢打开真空破坏阀破坏真空。

（11）拆除汽轮机排汽管道内的盲板，拆除汽轮机疏水管道上的盲板。

（12）投用汽轮机润滑油系统、顶轴油泵、盘车电机。

（13）投用汽轮机轴封蒸汽系统。

（14）投用启动抽气器，当压力达到 25kPa（A）后关闭启动抽气器空气阀。

（15）真空系统保压 24h，增压率不大于 5% 为合格（扣除环境温度的变化）。

（16）真空严密性指标小于等于 0.15kPa/min 为合格。

75 如何计算气体残留率？

答 空分设备开车前，要进行气密性试验，通过气体的残留率来检验安装是否合格；已知充压时所用气体的初始压力为0.512MPa，温度为20℃，4h后发现气体压力为0.486MPa，温度为22℃，求气体的残留率，设备气密性是否合格？

气体残留率A=（最终压力P_2×初始温度T_1）/（初始压力P_1×最终温度T_2）×100%=（0.486+0.1）×（20+273.16）/［（0.512+0.1）×（22+273.16）］×100%=95.1%

因为气体残留率的合格率为95%，而95.1%＞95%，所以气密性合格。

计算公式：泄漏率$S=(1-P_2t_1/P_1t_2)\times100\%$

公式中：P_1为试验开始时系统压力，MPa；P_2为试验结束时系统压力，MPa；t_1为试验开始时系统温度，K；t_2为试验结束时系统温度，K。

如果空分冰箱阀门、流量孔板为法兰连接，要求保压24h，气体残留率≥98%为合格；如果为焊接连接，要求保压24h，气体残留率一般要求≥99.5%为合格。冷箱内的设备管线等，除做气密试验外，还需进行详细的系统查漏。

76 汽轮机单机试车前需要做哪些准备工作？

答 目前大型低温法空分设备压缩机组多采用“一拖二”形式，即蒸汽汽轮机提供动力，通过联轴器驱动空压机和增压机，为空分设备提供压缩空气。因此，空压机组试车应包括汽轮机单机试车、汽轮机—空压机联动试车、汽轮机—空压机—增压机三机联动试车。汽轮机单试成功是后续工作的保障，在汽轮机单试时需要做以下准备工作：

（1）试车方案、操作规程已经批准，试车申请已批复，试车记录表格已印刷并配发到岗位。

（2）压缩机厂房内所有土建、设备、管道、仪表、电气、防腐保温都已完工。施工脚手架已全部拆除，各楼层梯子与栏杆完好，沟道及孔洞的盖板齐全，现场整洁，无杂物乱堆乱放。

（3）人员具备条件，试车组织已经建立，试车操作人员经过学习，考试合格，持证上岗，熟悉试车方案和操作方法，能正确操作。

（4）生产调度系统已经建立并正常运转，对讲机、岗位电话、扩音对讲等通信设备安装完毕，可以使用。

（5）蒸汽管道吹扫合格，吹扫完管道、支架位移检查完成。试车所需电气、蒸汽、仪表空气、冷却水、脱盐水、密封气等具备条件，润滑油管线冲洗、循环水管线冲洗、密封气管线吹扫、蒸汽管线吹扫、脱盐水及冷凝液管线冲洗等工作已完成且合格。

（6）油系统油运合格、油泵联锁试验完成，机组静态试验调试完成。

（7）机组安全确认到位，试车区域实行准入管理。试车区域内安全、消气防设施和照明设施完好，给排水系统通畅。

（8）压缩机组各辅助系统调试完成并正常投用、机组试车平衡盘安装完成。

（9）开车用工具（如测温仪、测振仪、听针等）、物资等准备充分。

（10）事故应急电源可靠，完好备用。

（11）联锁逻辑确认到位，各种联锁报警系统调试合格，动作无误。

（12）应急措施到位，已编制同类型事故预案，并进行培训，员工人人掌握。

（13）设置盲板，使试车系统与其他系统隔离。

（14）试车区域内设备、管道、阀门等标识正确、清楚。

（15）在寒冷气候下进行试验的现场，应做好厂房封闭和防冻措施，室内温度应保持在 +5℃以上。

（16）试车前期现场“三查四定”项全部整改完成。

77 汽轮机速关阀的作用及工作原理是什么？

答 1）汽轮机速关阀作用

速关阀也称为主汽门，它是主蒸汽管路与汽轮机之间的主要关闭机构，在紧急状态时能立即截断汽轮机的进汽，使机组快速停机。

2）速关阀工作原理

速关阀末开启时新蒸汽经蒸汽滤网通至主阀碟前的腔室，阀碟在蒸汽力及油缸弹簧关闭力作用下被紧压在阀座上，新蒸汽进入汽轮机通流部分的通路被切断。主阀碟中装有卸载阀，由于在速关阀的开启过程中调节汽阀处于关闭状态，所以随着卸载阀的提升，主阀碟前后的压力很快趋于平衡，使得主阀碟开启的提升力大为减小。

在速关阀开启过程中或速关阀关闭后（隔离阀未关）有一部分蒸汽沿着阀杆与导向套筒及汽封套筒之间的间隙向外泄漏，漏汽从接口引出。而当速关阀全开后，主阀碟与导向套筒的密封面紧密贴合，阀杆漏汽被阻断。速关阀的油缸部分主要由油缸、活塞、弹簧、活塞盘及密封件等构成，油缸用螺栓固定在阀盖上。基于油缸装、拆操作的安全性，在油缸端面装有 3 只专用长螺栓，在螺栓旋入处配有钢丝螺纹套。油缸部分是速关阀开启和关闭的执行机构。在通过启动调节器操作开启速关

阀时，油缸部分相应如下动作：启动油通至活塞右端，活塞在油压作用下克服弹簧力被压向活塞盘，使活塞与活塞盘的密封面相接触，之后速关油通入活塞盘左侧，随着活塞盘后速关油压的建立，启动油开始有控制的泄放，于是活塞盘和活塞如同一个整体构件在两侧油压差作用下，持续向右移动直至被试验活塞限位，由于阀杆右端是与活塞盘连接在一起，所以在活塞盘移动的同时速关阀也就随之开启。速关阀的关闭由保安系统操纵，如果保安系统中任何一个环节发生速关动作，都会使速关油失压，在弹簧力作用下，活塞与活塞盘脱开，活塞盘左侧的速关油从 T1 排出，活塞盘连同阀杆、阀碟即刻被推至关闭位置。油缸部分还装有试验活塞，由试验活塞，试验阀及压力表等构成速关阀试验机构，其作用是在机组运行期间检验速关阀动作的可靠性。

78 如何调试汽轮机速关阀及调速阀?

答 1）速关阀如何调试

① 正常建立润滑油系统、顶轴油泵、盘车电机。

② 启动控制油泵，并提压至正常，确认系统无漏点。

③ 将速关阀启动逻辑不满足部分 DCS、TCC 内打假值。

④ 将速关阀油缸端盖拆下，将速关阀阀杆和仪表接近开关露出。

⑤ 对关闭状态阀杆长度进行测量，若不在要求范围内，将关反馈接近开关进行调整。

⑥ 对速关组合键电磁阀三选二失电关闭速关阀进行测试，测试为排列组合测试，既要测试任意一个电磁阀失电不会导致速关阀关闭，也要测试任意两个电磁阀失电会导致速关阀关闭。

⑦ 现场测量速关阀打开状态阀杆长度，若不在要求范围内，将开反馈接近开关进行调整。

⑧ 测量接近开关与阀杆头间的间隙，并调整至 2 ~ 4mm。

⑨ 强制自动测试系统动作，并记录速关阀由全开位置至速关阀达试验接近开关位置的时间，同时调节速关组合键处回油电磁阀管线上限流阀门。

⑩ 反复进行步骤 ⑨，并最终调整至速关阀测试（此时速关阀自动关至 90%）时间控制在 20s 左右。

⑪ 调整完毕后，用内六角扳手锁死所有接近开关及底座；锁死速关组合键处测试油回油管线上限流阀门。

⑫ 恢复强制联锁，现场复位速关阀油缸端盖。

⑬ 停止控制油泵，顺控停止盘车电机，待盘车电机惰走结束后，停止顶轴油泵、润滑油泵。

2）调速阀如何调试

① 启动控制油泵，并提压至正常，检查系统无漏点。

② 通过现场电液转换器下旋钮，开关（全开全关）调速阀，观看现场刻度盘行程是否能满足需求，并对现场刻度进行重新调整。

③ 拆下接近开关进行调整，调整至接近开关与调速阀开关指示间隙小于 3mm。

④ 通过调整电液转换器上 4 个电位器，调整所需要的零点、满点，调速阀开关时的动作快慢。其中零点时电流信号为 4mA，满点时电流信号为 20mA。

⑤ 反复开关调速阀，看调速阀的动作情况。

⑥ 按相同的步骤调整电液转换器 B。

⑦ 调试结束，将控制油泵降压，停控制油泵。

79 如何进行汽轮机超速保护实验？

答 1）汽轮机超速保护的作用

汽轮机超速保护是指防止由于汽机调速系统故障不能使汽机调速阀迅速关小至零负荷位置，造成机组的转速超过规定的最高值。在机组转速过高时，转动部件上的零件将会受到较大离心力的作用而损坏，造成重大事故，它是机组的一种安全保护措施。

2）汽轮机超速保护的分类

汽轮机超速保护共有电超速、机械超速两种。其中电超速有独立测量保护回路，在汽机轴端轴承箱内设置六个测速探头，其中三个探头经三取二后送往布朗系统。当汽机转速达到额定转速的 110% 左右后，便会发出故障信号，发往布朗系统，布朗系统确定汽机 110% 超速后，直接发出跳机信号，快速打开控制油回油阀门将控制油压卸掉，造成速关阀迅速关闭，同时二次油压也会卸掉，调速阀也会关闭。此外有些汽轮机还设置了机械超速，机械超速设置的飞锤会因离心力而飞出，击打超速滑阀的杠杆机构，杠杆带动滑阀动作，快速下移，通过机械超速系统打开隔膜阀，将控制油卸掉，同样起到快速跳车的目的。

3）汽轮机超速保护实验的前提条件

① 汽轮机与空压机、增压机间连轴节断开，安装汽机单试盘，回装联轴节护罩。

② 汽轮机跳车实验已结束。

③ 润滑油系统、控制油系统启动正常，事故油泵正常备用。

④ 顶轴油泵、盘车电机已启动正常。

⑤ 冷凝液系统、疏水系统启动正常，或处于正常备用状态。

⑥ 汽机所需各等级蒸汽暖管合格。

⑦ 轴封系统已投用，真空维持在较低的水平。

⑧ 机组逻辑内将汽机内部设置的冷热态汽机启动条件进行修改。

⑨ 机组逻辑内将汽机升速模式切至超速模式。

4）汽轮机超速保护实验的内容

① 确认打开速关阀逻辑条件已满足，并打开速关阀。

② 确认汽机升速条件已满足，并点击升速按钮。

③ 升速过程中检查顶轴油泵、盘车电机在设定转速下正常停止。

④ 避开临界转速后，短时间适当停止升速（约 2 ~ 3min）。

⑤ 直接升速至额定转速的 110%，达到电转速跳车。

⑥ 将电跳车从逻辑内旁除。

⑦ 重新准备启机条件后，再次启机，观察转速达到机械跳车转速后正常跳车，否则现场进行紧急拍停。

⑧ 观察顶轴油泵、盘车电机在规定转速下启动，并记录现场猫爪位移量。

80 大型空分设备“一拖二”机组如何做到三机联试?

答 按正常开车程序，汽轮机单试结束后，空压机与增压机试车需分开进行。空压机联动试车结束后，需要对预冷、纯化系统进行稳压吹扫，然后对分子筛进行装填、活化和再生，之后方可进行汽轮机、空压机、增压机三机联试。

使用“一拖二”机组三机联试，在汽轮机单试后，空压机与增压机同步试车，可大大节省试车时间，使原本一个多月的机组试车周期缩短至 15 天左右，产生较大的经济效益。

大型机组三机联试虽可节约大量试车时间，但其对整个试车要求较为严格，具体如下：

（1）预冷系统及纯化系统均使用爆破吹扫方法，使用空压站仪表空气压缩机压缩空气作为气源，在吹扫前应提前做好配管等相关工作，确认好预冷、纯化系统的洁净度。

（2）现代大型、特大型空分设备分子筛纯化器多采用立式径向流结构。该结构纯化器筒体内部设有分隔板，可防止分子筛吹翻后发生混床现象。但其分子筛内部为丝网结构，无法承受爆破的冲击力，所以分子筛吹扫时不允许经过纯化器筒体爆破吹扫。可采用跨接爆破吹扫和人工清理相结合的方式进行吹扫。

（3）采用大型机组三机联试时，为了防止分子筛粉末进入板式换热器，纯化系统分子筛在未进行活化再生时，应将纯化器进出口阀关掉，将吸附剂隔离。在增压机入口管线设置增压机补气阀，通过补气阀在试车前给增压机系统充压。

（4）对设备、管线安装较为严格，在试车之前应做好充分检查，确保管线对接无应力。

（5）对机组整体性能、联锁动作进行静态测试完成。各辅助设备设施调试完成，通过各专业技术人员风险评估后，方可采取空压机—汽轮机—增压机三机联试。

“一拖二”机组三机联试试车方法建议可在集群化空分设备中推广使用。当首套空分设备汽轮机—空压机联试、汽轮机—空压机—增压机联试过程中，需对空压机、增压机进行喘振试验，绘制防喘振曲线，保证机组运行安全。绘制好的喘振曲线可用于其他各套同型号的机组。不仅加快整个试车周期还能保证空分设备安全。

81 大型透平空压机组启动前有哪些准备工作和注意事项?

答 1）透平压缩机组启动条件

（1）检查空压机入口过滤器完好性、清洁程度，发现过滤器滤筒、滤板等破损，应及时更换，防止杂物进入空压机内。确认条件满足后，投用自洁式过滤器。

（2）投用空压机和增压机密封气。确认密封气压力、流量均大于设备运行要求的最低值，防止设备运行后密封不好导致润滑油漏入蜗壳内。若采用氮气密封，必须将密封气排放口引至室外，排放口需安装防雨帽或其他隔水措施，防止有水进入密封气排放管。

（3）机组各换热循环水投用。各换热器投用时一般先投用循环水回水，排气完成后，投用上水。

（4）启动机组油系统。缓慢对润滑油升压，在升压过程中检查油系统有无泄漏，若发现漏点及时消除，防止跑油事故发生。当高位油箱回油视镜有回油后，高位油箱已充满。投用润滑油油蓄能器，并启动盘车装置。油系统运行正常后，做润滑油、控制油油压联锁试验及速关阀、调速阀静态试验。

（5）建立凝液系统。建立之前确认凝液罐和疏水罐液位在正常值，凝液泵和疏水泵试车正常。若装置长期停车或首次开车，透平机组启动后，因乏汽管道铁锈、杂质被凝液冲洗至疏水罐和凝液罐内，易使水泵入口滤网堵塞，造成疏水罐和凝液罐液位上涨不易控制，所以应提前对水泵进行清理滤网，做好防范工作。

（6）各等级蒸汽暖管。暖管原则：先主管、后支管，先升温、后升压，管道升温速率≤5℃/min，升压速率≤0.2MPa/min。暖管注意事项：在暖管过程中，注意观察管道的膨胀量、支架位移变化，倾听管道声音，是否发生水击现象，如有异常应及时联系调度关小动力送出蒸汽阀门，降低暖管速率，严重时应联系调度停止送蒸汽，处理完毕后再次进行暖管。在暖管过程中，随着管道温度、压力的升高，应密切观察管道、阀门是否有泄漏，如有泄漏应联系调度停止送蒸汽，并疏散操作人员，处理完毕后再次进行暖管。

（7）建立真空系统。先投汽轮机轴封蒸汽，若有轴封抽气器则先投轴封抽气器，建立轴封，再抽真空。抽真空之前，确认大气安全阀投用，真空破坏阀关闭。如果是空冷系统，一般设计有防冻蒸汽，投用防冻蒸汽可以加快真空系统建立。

（8）选择一台分子筛纯化器处于吸附状态，检查系统阀门所处的状态与程序控制器所处的步进状态一致，阀门仪表气投用正常，防止切换期间因阀门未能正常开关导致透平压缩机出口压力大幅度波动。若增压机入口设有充气管线，吸附罐未均压前，应关闭纯化吸附罐进出口阀，通过旁路阀进行均压，阀门前后压差小于5kPa，打开吸附罐进出口阀门。

（9）确认空压机或增压机防喘振阀、空压机出口止逆阀开关反馈信号指示正常，启动逻辑条件满足，启动压缩机组。

2）注意事项

（1）开始建立真空后，检查检修部位法兰气密性，避免出现漏点造成真空上涨，影响机组开车和运行。

（2）冬季开车若投用防冻蒸汽，关闭空冷器隔离阀，保持一列冷凝管束处于投用状态，根据空冷器凝结水温度启动风机，防止管束冻堵。若设置表冷器，根据风机运行负荷和汽轮机排气压力，适当投用表冷器循环水。

（3）机组在临界转速区时，振动值会出现大幅度波动，可采取延长暖机时间减小汽轮机缸体温差，调节润滑油温度等措施，降低机组振值，避免机组振值高保护停车。

（4）机组启动过程中及时调整油温。

82 空压机试车前空冷塔先装填料对空分设备试车有什么意义，如何实现？

答 空压机试车前空冷塔先装填料对空分设备的意义：传统上空分设备空冷塔填料装填在空压机试车后进行，吹扫后开始装填填料，方可进行增压机试车。现在汽轮机调试的同时空冷塔与纯化器利用爆破吹扫法进行吹扫，吹扫打靶合格后进行装填填料，装填结束后进行空压机单试。这种方法比传统空压机试车要节省近15天时间。不仅加快试车进度，实现空压机、汽轮机、增压机三机联试，而且缩短整个装置试车周期，节省试车费用。

实现的方法：空冷塔、纯化器利用爆破吹扫法进行吹扫。

爆破吹扫：首先对系统管线内部清洁度进行检查，主要检查管线内部有无杂物、焊渣焊瘤、氧化皮等杂物以及焊缝质量是否达标，验收合格后以空气水冷塔作为一个储存气体的容器，在管线吹扫口加装石棉板，吹扫区域设置警戒区，用露点<-70℃，干净无油的压缩空气为气源对系统管线进行充压，密切监控管线内部压力，防止超压，当压力超过石棉板所承受的压力时石棉板破裂，空气冷却塔及管线内部储存的大量气体瞬间以极高的流速喷出，将管线内部杂物等带出。同时，在石棉板破碎的同时管线产生振动，黏附在管线上的铁屑、焊渣等被振落下来，并被高速气流排出管外。利用此方法进行作业，直至吹扫口靶板合格。

爆破吹扫前注意对预冷水泵及管道提前进行冲洗。

83 立式径向流分子筛纯化器如何进行爆破吹扫?

答 现代大型空分设备分子筛纯化器多采用立式径向流结构。纯化器筒体内部设有分隔板，防止分子筛吹翻后发生混床现象。分子筛内部为丝网结构，无法承受爆破的冲击力，所以分子筛吹扫时不允许经过纯化器筒体爆破吹扫。某厂采用跨接爆破吹扫和人工清理相结合的方式进行吹扫，给立式径向流分子筛吹扫提供了新的思路。分子筛纯化系统流程如图 2-3 所示。

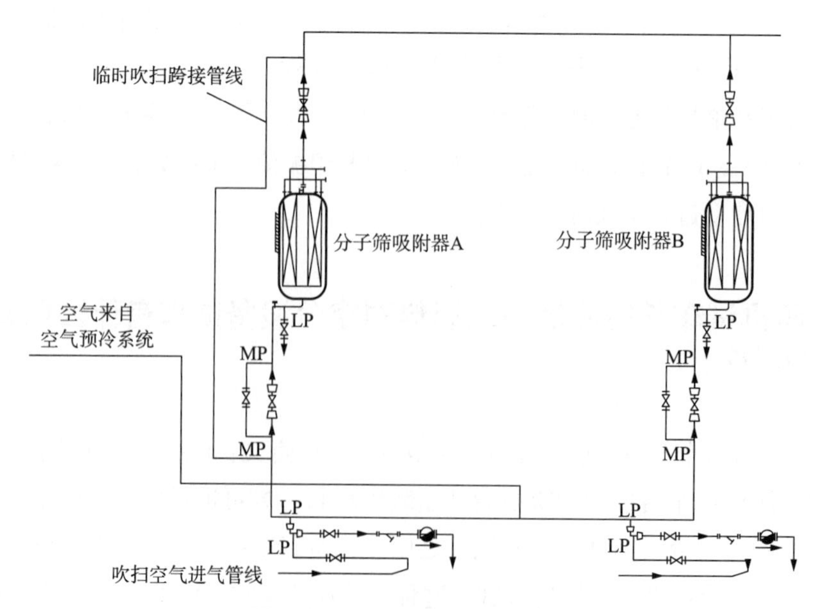

图 2-3　分子筛纯化系统流程图

确认空冷塔临时充压管线及分子筛纯化器入口至出口跨接线已配制完毕，按以下步骤进行吹扫：

增压机入口短节及过滤器下线（1# 吹扫口），管道侧加装 5mm 厚爆破片（划十字），设备侧加挡板，分子筛纯化系统入口阀、入口旁路阀、出口阀、开工空气阀（分子筛纯化器后空气去污氮管线阀）、低压空气至板翅式换热器阀、增压机一段回流阀和增压机补气阀均关闭，相应管路上分析、压力、压差、流量等测量管线根部阀关闭隔离；现场打开临时充压阀，对分子筛纯化器出口管线至增压机入口管线进行爆破吹扫，合格后关闭临时充压阀，1# 吹扫口加装盲法兰。通过临时压力表密切注意管道内压力，控制压力小于 0.25MPa，严禁超压。

增压机 1# 吹扫口已加装盲法兰，低压空气进板翅式换热器前短节拆除，管道侧为 2# 吹扫口加 5mm 爆破片（划十字），设备侧加挡板，换热器所有入口短节法兰加盲板，分子筛纯化系统入口阀、入口旁路阀、出口阀、开工空气阀、增压机一段回流阀和增压机补气阀均关闭，打开低压空气至板翅式换热器阀，相应管路上分析压力、压差、流量等测量管线根部阀关闭隔离；现场打开临时充压阀，对分子筛纯化器出口至板翅式换热器入口管线进行爆破吹扫，合格后关闭临时充压阀，2# 吹扫口处短节复位并加装盲板。根据此方法依次对低压空气至板翅式换热器所有入口管线进行吹扫。

增压机 1# 吹扫口已加装盲法兰，污氮气出板翅式换热器法兰断开，管道侧为 14# 吹扫口，加 3mm 爆破片（必要时划十字），设备侧加挡板，换热器所有出口法兰加盲板，分子筛纯化器入口阀、入口旁路阀、出口阀、低压空气至板翅式换热器阀、污氮气至冷箱密封气阀、污氮气至水冷塔阀、污氮气放空阀、冷吹阀、污氮气进加热器阀和污氮气放空阀均关闭，开工空气阀均打开，相应管路上分析压力、压差、流量等测量管线根部阀关闭隔离；现场打开临时充压阀，对板翅式换热器污氮气出口至分子筛纯化系统管线进行爆破吹扫，合格后关闭临时充压阀，14# 吹扫口法兰复位并加装盲板。根据此方法依次对板翅式换热器所有污氮气出口至分子筛纯化系统管线进行吹扫。该管线爆破吹扫时压力控制在小于 0.15MPa，严禁超压。爆破吹扫采用石棉板作为爆破板，按照上述压力进行充压爆破，为了爆破板有效，爆破片建议划十字。

通过增加跨线的方法进行吹扫，保证吹扫气不进入分子筛纯化器内。这种吹扫方式，大大缩短了分子筛纯化器出口管线的处理时间，单套空分设备可节约试车时间 15 天。单套节约试车资金 300 万元，经济效益良好，具有很好的推广价值。

84 冷箱内管线、设备吹扫的注意事项及遵循原则是什么？

答 1）冷箱内管线、设备吹扫注意事项

① 冷箱内吹扫的首要条件是冷箱外所有进冷箱的管道必须吹扫打靶合格。

② 吹扫前注意检验管道、支吊架、吹扫口的牢固程度。

③ 待纯化器出口 CO_2 含量≤1×10^{-6}，可向冷箱缓慢导气进行吹扫。用露点仪检查各吹除阀出口气体的含水量，当各吹除阀出口气体的露点≤-65℃时，才能关闭吹除阀。

④ 在吹除各流路过程中，要先开进塔空气旁路阀门均压，然后逐渐开大主路阀门，同时，要适当关小空压机放空阀或者开大空压机入口导叶，保持空压机出口压力恒定，既要避免压力下降又要保证有足够量的吹扫气量。

⑤ 严格控制主冷及上、下塔压力。

⑥ 在进行吹扫时，必须先开吹除阀，再开进气阀。停止吹扫时应先关进气阀，再关吹除阀。

⑦ 在吹扫过程中，空压机应手动操作，尽量不投自动控制。

⑧ 在吹扫过程中，可考虑相应的办法或措施以保证彻底吹扫，如增加辅助阀门、管道等。

⑨ 要确保每一条管线都进行吹扫，吹扫结束后及时进行封塔。

2）冷箱内管线、设备吹扫应遵循的原则

① 向冷箱导气应该缓慢。

② 按正常生产路线吹除，先主要管线后附属管线。

③ 不同压力等级的管道设备吹扫时，压力不应高于设计压力，应该切断与低压系统连接的阀门，低压必须通大气。

④ 不得用吹除阀的开度大小控制压力。

85 空分设备冷箱裸冷的目的及注意事项是什么？

答 1）裸冷的目的

（1）检查设计及安装施工是否存在问题；

（2）检查管道焊缝及法兰连接处是否有漏点；

（3）检验空分设备及管道、阀门在低温状态下冷变形情况及补偿能力，在低温下进一步拧紧对接法兰螺钉，确保低温下不泄漏；

（4）检验设备和管路是否畅通，支吊架及管线设备固定是否完好；

（5）在低温状态下对冷箱测点进行校对；

（6）冷箱相关的机械、设备、管道、阀门、仪表等在冷态下的状态，是对冷箱相关的设计、设备材料及施工质量的综合验证；

（7）裸冷时对气体膨胀机进行试车，检查膨胀机的性能。

2）注意事项

（1）裸冷前，应对精馏塔进行全面加温；

（2）冷却过程中要注意合理分配冷量，使塔内各部温度均匀下降，避免管道产生较大热应力产生变形或泄漏；

（3）裸冷时应依次把精馏塔、主冷凝蒸发器等主要设备及管道冷却到最低温度，直至达到平衡温度，使所有设备管道表面都结上白霜，并保持 3～4 小时；

（4）考虑到北方气候干燥，为便于设备快速挂霜，可预备接临时低压蒸汽管线，必要时向内吹入少量低压蒸汽，有利于设备的快速挂霜。

（5）冷箱内作业应搭设专门的脚手架。操作人员要采取可靠的防护措施，防止被低温管道冻伤。

（6）冷箱四角应设爬梯，保证人身安全的同时，保证管线不被踩伤。在冷箱内查漏作业时，严禁踩踏 *DN*50mm 以下的管线。

（7）裸冷过程中，应注意检查并记录泄漏部位和阀门有无卡涩及活动；

（8）整体裸冷一次，根据试验时的泄漏和处理情况，决定是否需要再次裸冷。

（9）在冷箱内裸冷查漏时，作业人员无禁忌症，需穿戴防冻及防滑劳动保护用品，建议作业时间不宜超过半小时。

86 如何做到空分冷箱不裸冷？其优缺点有哪些？

答 1）如何做到不裸冷

冷箱不裸冷即对空分冷箱不采取裸冷检查，直接装填珠光砂进行装置试车。

对裸冷方案进行设计，考察该空分设备承包商设计是否有成功不裸冷案例，成功案例的空分设备规模应尽可能与自己装置相近，流程相似。确认承包商的设计技术力量可靠、经验丰富。

专家确认、对不裸冷的空分冷箱设备、设计、流程及施工进行检查确认，确认具备不裸冷条件。采取不裸冷需达成一致意见，明确业主和成套商、施工方等各方责任，并留存备忘录、会议纪要等。

多套空分设备的项目，建议首套空分设备进行裸冷，验证该类型空分设备设计及施工是否满足不裸冷条件，并对首套空分设备裸冷过程发现的问题提前全部进行整改，首套裸冷空分设备若未发现较大问题，确认不裸冷空分设备的施工标准、设备材料与首套裸冷空分设备相同或优于首套。

严格控制施工过程，冷箱施工过程中及施工结束后分别组织经验丰富的各专业人员（管道、工艺、设备、仪表、监理、安全等专业）对冷箱进行细致检查，确保冷箱施工质量达到设计要求，对检查出的问题制定五定表，确保所有影响冷箱不裸冷的问题整改验收合格。重点检查以下事项：

① 冷箱的试压查漏方案及结果数据；试压过程盲板的安装及移除记录；

② 冷箱内设备材料；

③ 管道支吊架螺栓紧固；

④ 低温液体泵法兰螺栓紧固；

⑤ 仪表管线复查；

⑥ 高、低压板式换热器保温棉包裹情况；

⑦ 阀门筒体保温棉装填；

⑧ 冷箱内隐蔽工程验收；

⑨ 冷箱内的低温温度探头提前经过冷态检查；

⑩ 做好冷箱脚手架拆除过程的质量控制，防止损坏冷箱内管线及设备。

2）不裸冷优缺点

优点：冷箱不裸冷，可在气密合格后，进行脚手架拆除，并填装珠光砂。整体缩短试车周期23～27天左右，减少试车费用。

缺点：由于安装及设计存在一定的泄漏风险，造成二次扒砂可能，中断整个工艺生产，造成严重经济损失，至少2个月以上时间。由于不裸冷，就没有冷紧，在低温状态下由于冷收缩可能产生泄漏。

87 空分冷箱裸冷后的检查项目及注意事项有哪些？

答 裸冷是空分管路、阀门及设备，全部安装完毕、并进行全面加温吹除后进行的，是对空分冷箱在未装填珠光砂前进行的低温考核，检查冷箱系统设计及施工安装质量的重要手段。

1）裸冷应该做好以下几项工作

（1）裸冷后系统查漏

此环节是裸冷工作的中心，一定要细致、全面，派遣有经验的技术人员、施工人员进行查漏，做好分工，有规律，分批次去检查，以免破坏结霜现象，对在裸冷中查出的泄漏点做好记录，裸冷结束后进行修复。

（2）裸冷后对设备管道进行检查

虽然裸冷温度并未达到设计工况温度，但部分设备、管道的变形较大，因此裸冷后要注意检查设备、管道变形情况，对超出规范及说明书要求的必须与设计单位及时沟通，根据情况做好分析工作，及时处理。

（3）裸冷后对系统支、吊架进行全面检查

由于设计或施工原因，裸冷完后部分支、吊架可能发生变形、脱落。因此在裸冷后应进行检查，对焊接不够牢固的进行加固，对支、吊架变形的要考虑增加变形量，并进行修改，对需要增加支、吊架的部位及时进行增加。

（4）低温紧固

低温紧固工作很容易被忽视，在查漏时未发现泄漏，便未进行冷紧。由于紧固是在常温下进行的，而运行工况温度很低，考虑到热胀冷缩，温差越大，运行时越容易发生泄漏，所以建议在裸冷后低温下100%进行紧固件紧固，提高运行的安全可靠性。

（5）是否进行二次裸冷

当整个系统裸冷检查结束后，根据泄漏点多少，修改量的大小，决定采用无损检测、试压或者二次裸冷，确保安装质量。

（6）注意裸冷后拆架安全

裸冷结束后，拆除脚手架时一定要注意安全，一方面是人的安全，另一方面是架子管在拆时不能碰坏设备、管道、阀门，此道工序应在系统保压下进行，一旦有发生损坏可及时发现修复。

2）注意事项

（1）全开分子筛进口导淋，检查出空冷塔空气是否夹带水分。随着加工空气量的增加要控制出空冷塔的空气温度在控制范围内。确保出纯化系统空气露点及二氧化碳含量在控制指标内。

（2）随着进分馏塔空气温度的逐步降低，进塔的气量将逐步增加，要根据工况的变化及时调节机组负荷。

（3）裸冷要彻底，确保裸冷效果，保证一定的结霜厚度，不能随意缩短裸冷时间。尽量避开干燥、高温季节，由于空气干燥或温度高时，系统不易结霜（特别是氩系统），影响效果。遇到类似情况，可通过喷射湿蒸汽适当增湿，提高裸冷效果。巡检时发现有不正常跑冷现象及时处理。

（4）操作人员要采取可靠的防护措施，防止被低温管道冻伤。冷箱内作业人员应使用安全照明灯具，穿戴好安全带，以防高空滑落而造成的意外伤害。

（5）在查漏过程中，冷箱外应设专人对冷箱内人员进行监护。底部人孔旁应备应急通风，保障安全。

（6）冷箱四角应设爬梯，保证人身安全的同时，保证管线不被踩伤，在冷箱内查漏作业时，严禁踩踏 *DN*50mm 以下的管线。

88 集群化空分设备高压氧系统管网如何吹扫？

答 氧气具有较强的氧化性和助燃性，可燃物在氧气中的燃点会降低，因此氧气管道对安全的要求较高。如果氧气管道中存在铁锈、焊渣或其他杂物，在气流的带动下与管壁、弯管等发生摩擦，极易产生高温而燃烧，甚至爆炸。因此，安全规程中明确规定新建、改建或重新投运的氧气管道必须进行吹扫，且必须验收合格。

1）吹扫气源选择

集群化空分设备氧气管网庞大，吹扫难度大、时间长。因空压站提供的空气压力不足，且可能带油，不能作为高压氧气管网吹扫的气源，故高压氧气吹扫源必须选择经纯化系统分子筛吸附过的干燥、无油的空气。同时，因管网庞大，吹除口多且分散，不可考虑使用氮气进行吹扫，具有一定的安全隐患。为节约吹扫时间，且不影响其他装置试车，在设计时考虑吹扫气源，预留吹扫气源口。可根据装置情况，选择一至两套空分，在增压机一段出口或者气体膨胀机进口处设置吹扫气源口，对整个氧气管网进行吹扫。

2）吹扫原则

① 吹扫及清理必须在管线安装完毕，强度试压完成，管线清洗合格以后进行。

② 管线吹扫时，必须保证吹扫介质的流动动能大于正常时介质的流动动能。

③ 管道吹扫应有足够流速，用空气吹扫流速一般不小于 20m/s。

④ 吹扫清理时，先主管后支管最后排放管的吹扫模式，只有将上游管线吹扫干净确认合格后，才允许吹扫下一段管线。吹扫出的脏物不得进入已合格的管道及设备。吹扫主管时，在线阀门要全部打开，其余支管、排放管阀门及仪表根部阀关闭。主管吹扫合格后，逐步吹扫支管，吹扫哪根管线打开哪个阀门，吹扫完应关闭阀门，然后逐步一根一根吹扫支管。

⑤ 吹扫时以木锤或橡胶锤连续敲击管道，特别是对焊缝和死角等部位应重点敲击，但不得损伤管道，直至吹扫合格为止。

⑥ 管线上的限流孔板、压力表、仪表元件、孔板流量计、止逆阀、调节阀、滤网、除沫网、节流阀及止逆阀和疏水器的阀芯必须拆除，仪表管在主管道吹扫合格后必须打开进行吹扫。

⑦ 吹扫时，严格落实警戒区隔离措施，尤其是对朝向地面、行人的吹扫口处确

定警戒区域，拉设警戒线，由专人负责，严禁行人、车辆通行，防止人员伤亡或设备损坏。

⑧ 吹扫前应检验管道支、吊架、吹扫口的牢固程度，必要时应予以加固；吹扫管口架高距地面高于 2.2m，吹扫管口斜向上 30°，并确保管口上方 30 米无其他管线、构筑物。吹扫口设置在安全位置，临时固定措施应牢固可靠。（如果吹扫口周围空间受限，则根据吹扫口的实际情况进行吹扫，周围必须进行警戒。平吹时要求吹扫口处进行挡板隔挡。）

⑨ 对所拆掉的短管与设备法兰连接口用挡板或盲板挡住，防止异物进入。

⑩ 吹扫完毕后严格落实质量验收标准，管道机械连接处必须按规定的标准无应力对中。

⑪ 管线吹扫时，应提醒、要求进入界区所有人员佩戴耳塞，并对相关人员进行安全风险教育，无关人员严禁进入工作界区。

⑫ 管线吹扫时，所有的操作应严格遵循统一指挥，专人操作，无关人员严禁非法操作，严防多头指挥，无序操作，造成压缩机出口流量减小发生喘振的事故及伤亡事故。架设、取出盲板、靶板作业或管路需要检修时，应严格落实上锁挂签制度。

⑬ 管线吹扫时，操作人员开关阀门时，应缓慢操作，禁止野蛮操作；做好自我防护，禁止正对阀门、管线吹扫口操作。

⑭ 系统吹扫过程中，应按流程图要求进行隔离。吹扫结束后，应进行全系统的复位，对所有拆除的限流孔板、压力表、仪表元件、孔板流量计、止逆阀、调节阀及其他阀门等进行恢复。复位前必须进行除锈、脱脂，经验收合格后方可回装。

⑮ 对未参加吹扫的管段采用人工清理，恢复系统时注意不能掉入杂物。吹扫合格后的管道应注意保护，不得有任何污染。不得进行影响管道内部清洁的作业。

⑯ 吹扫气必须是洁净无油，露点小于 −65℃的空气。压力不得大于 2.0MPa。

⑰ 吹扫期间的作业，所用的工具、吊具、手套、工作服、棉布、扳手、四氟板、盲板、螺栓、垫片等严禁沾染油脂。

⑱ 作业过程中，注意保护法兰面，不得损伤。

⑲ 设备连接法兰必须脱开，有效隔离，做好设备的保护。

⑳ 吹扫合格标准：吹扫时，目测排气口无烟尘时，应使用表面洁净光滑的四氟板在管道排气口处进行检查，15min 后板上无杂质、颗粒物、尘土或其他脏物为合格。

㉑ 吹扫时及时填写管道吹扫记录，避免遗漏管道、死角。吹扫图应标注各管道的吹扫日期及进行情况，并保留存档。

㉒ 氧管线吹扫需要下线的阀门、止逆阀、流量计、调节阀等，应在酸洗前下线，以便对短节和其他管段进行酸洗。

3）吹扫前具备的条件

① 管道工程的施工质量符合设计要求；系统管道机械安装已经结束，管道走向已按单线图或管道布置图的要求经再次确认无误，安装质量已符合规定要求。

② 管道所有限位支、吊架已安装调整完毕，符合设计及安全要求。

③ 对阀门、仪表、设备已采取有效的隔离保护措施：流量计、温度测点、压力变送器等均已拆除或关闭，关闭所有导淋，吹扫合格后按要求复位。

④ 氧管线酸洗合格，三大机组单试、联试完毕，具备运行送气条件，增压机一段出口至气体膨胀机管线已吹扫合格。

⑤ 吹扫需用的脱脂剂、临时盲板、临时垫片、挡板、短节和工器具（耳塞、扳手、棉布、手套、木锤、安全带）及检测靶板等物资材料准备充分。

⑥ 临时气源管线已施工完毕，阀门已安装，各固定点已固定。施工现场打扫干净，清除杂物，被吹扫管道检查不受影响。

⑦ 由各相关单位及部门进行吹扫前的“三查四定”工作结束，同时所有必须整改的项目都已整改完毕。

⑧ 吹扫方案已经过审查并得到批准，并对所有参加吹扫的人员进行全面的吹扫技术交底和专项安全培训。参加吹扫的人员必须熟悉吹扫方案，并已取得上岗证。

⑨ 下列资料已经过相关部门、监理、总包、安装单位共同复查通过：

a. 管道、管件等材料证明书；

b. 管道、管件、阀门设备等的检验或试验记录；

c. 管子焊接、安装记录；

d. 焊接检验记录及热处理记录、报告文件；

e. 管道试压记录；

f. 设计修改及材料代用文件；

g. 氧气管线管道施工图。

⑩ 生产调度系统已建立并正常运行，厂试车机构已建立；临时吹扫口必须设置在空旷、无施工的位置，防止对施工人员造成伤害或对周围设备造成损坏。

⑪ 吹扫记录报表、日志、吹扫流程图、一单五卡、应急预案、能量隔离锁具已下发至岗位。

⑫ 整个吹扫区域做出明显的警示标志并设警戒区，派专人监护，无关人员严禁进入。

⑬ 通信设施已具备吹扫条件；照明设施已具备吹扫条件；员工劳动防护用品已配发齐全。

4）质量验收标准

用空气吹扫时，在吹除出口用四氟板或涂白漆的靶板检查，如 15 分钟内其上无铁锈、尘土、水分及其他脏物为合格。

89 高压氧气管网常用的化学脱脂方法及步骤是什么？

答 氧管线脱脂可以选择管道安装前脱脂，也可在施工后进行脱脂。

1）作业前准备

通过勘察施工现场，对脱脂系统进行较详细考察，并结合工艺技术参数，确定清洗方式，粗脱脂液选取 1%～2% 的 Na_2CO_3 为主剂，辅以 1%～2% 的 NaOH 配成综合浓度约 3% 的脱脂液，精脱脂液选取 1%～1.5% 的 NaOH 为主剂，辅以 0.5%～1% 的 Na_2CO_3 配成综合浓度约 2% 的脱脂液，并且制定有效的安全措施和应急预案。

关闭并隔离与清洗系统无关的阀门、管线，必要时加装盲板，以防止脱脂液外漏或窜入其他系统中对其造成不必要的危害。

2）作业流程

见图 2–4。

水冲洗及系统试漏
粗脱脂
粗脱脂监测
N
Y
水冲洗
精脱脂
精脱脂监测
N
Y
水冲洗
清洗质量检查与验收

图 2–4 高压氧气管网化学脱脂作业流程图

（1）水冲洗及系统试漏

水冲洗及试压的目的是除去系统中的积灰、泥沙、脱落的金属氧化物等。水冲洗试压前，临时管线的配置及流程设计无死角、漏项，需监理确认后，方可施工。

进行水压试验时，将系统注满水，调节出口回水阀门，控制泵压至 0.2～0.6MPa，检查系统中法兰、短管连接处及临时管线接口处的泄漏情况，并及时处理，以保证脱脂过程的正常进行。系统试压合格后，得到相关部门的确认，再进行水冲洗。

水洗结束：冲洗到系统排液口的水与循环泵进水口浊度一致且维持不变时即可结束水冲洗。

（2）粗脱脂

粗脱脂的目的是清除设备在制造及安装过程中附着的油污、灰尘等附着物，且可除去有机物等物理阻碍物。

粗脱脂综合配方浓度控制在 3%左右。当碱洗过程中清洗液的综合碱度小于 1%时，应适当补加脱脂药剂。脱脂过程中温度控制在 60 ~ 70℃。

根据清洗现场实际情况，在碱洗结束半小时前，业主、施工方、监理共同确认。当系统脱脂液的泵出口和系统回流液的脱脂溶液浓度达到平衡且脱脂溶液浓度连续分析 3 次偏差在 ±0.1% 时，即可结束粗脱脂。

碱液排放时，需用酸中和使 pH 值达到 7 ~ 8.5，同时要测定中和废液的 COD 含量（取样点：清洗槽排污口）；确认达标后方可排放到指定地点。

（3）水冲洗

粗脱脂后系统用清水冲洗，其目的是去除系统内脱脂残液。脱脂液排净后，充水进行冲洗。当进出口水浊度一致且基本平衡时，pH 值到 8.5 即可结束水冲洗。

（4）精脱脂

精脱脂的目的是在粗脱脂的基础上深层脱脂，通过精脱脂去除残留在氧气管道上的顽固油脂。

碱洗综合浓度配方综合控制为 2%左右。当碱洗过程中清洗液的综合浓度小于 2%时，应适当补加碱洗药剂。脱脂过程中温度控制在 60 ~ 70℃。

根据清洗现场实际情况，当系统脱脂液的泵出口和系统回流口的脱脂溶液浓度达到平衡且连续分析 3 次偏差在 ±0.1% 时，即可结束精脱脂。

脱脂液排放时，需用酸中和后 pH 值达到 7 ~ 8.5 时，同时测 COD 含量（取样点：清洗槽排污口），经确认后方可排放到指定地点。

（5）水冲洗

精脱脂结束后系统用脱盐水冲洗，其目的是去除系统内精脱脂残液。

精脱脂液排净后，充脱盐水进行冲洗。当进、出口水浊度值接近时，pH 值接近 7 ~ 8 时方可结束水冲洗，系统脱脂结束。

（6）化学监督

化学清洗必须加强化学原材料、清洗过程监测；

① 粗脱脂监测

测试项目：

碱度：1 次 /30 分钟；碱度不低于 1%

温度：1 次 /30 分钟；60 ~ 70℃

② 精脱脂监测

测试项目：

碱度：1 次 /30 分钟；碱度不低于 1.5%

温度：1 次 /30 分钟；60 ~ 70℃

（7）清洗质量检查与验收

检验的方法：

通过强光灯或紫光灯检查，用波长 320～380nm 的紫外光检查脱脂件表面，无油脂萤光为合格；

四氯化碳法测油含量指标：用脱脂棉蘸取四氯化碳擦拭规定面积的被清洗金属表面，其油含量应不大于 125mg/m^2。

注：对于提出的以上两种检测方法，要同时进行检测，相互验证合格后方可。

90 常压平底低温液体储槽吹除加温时注意哪些事项？

答（1）保证吹扫气源为无油且干燥的常温压缩空气（液氮储槽可选用氮气）。

（2）吹扫时严格控制吹扫压力，不能大于储罐压力设计值，以免储槽超压，损坏设备。

（3）测定吹除出气口水分露点，使露点不高于 -60℃为合格，否则应继续吹除。

（4）吹除过程中，低温液体储槽和外界相连管道均保持排气状态，以避免管道阀门中有残存的潮湿空气及机械杂质。

（5）吹扫合格后，关闭临时吹扫阀门，对储槽测点，阀门等进行复位。

（6）空气吹除合格后，若储存介质为液氮，应用干燥的氮气进行吹除置换，同时保证联通管道处于排气状态，直至纯度大于等于 99%；如存储介质为液氧等其他介质，则应用该气态介质继续吹除置换，直至纯度达到要求，吹除加温才算合格。

91 集群化空分设备试车结束后应做哪些工作？

答 1）试车总结

试车结束后应做好试车各阶段原始数据的记录和积累，在对原始记录整理、归纳、分析的基础上，写出装置的试车总结，并留存备案。试车总结重点包括：各项生产准备工作；试车实际步骤与进度；开停车事故统计分析；安全设施的稳定性、有效性和存在问题及其处理措施；试车成本分析；试车的经验与教训；改进意见及建议。

2）稳定运行考核

投料试车结束后，装置进入提高生产负荷和产品质量、考验长周期运行的安全稳定性能阶段。组织员工逐步加大系统负荷、提高装置产能、降低产品消耗、优化工艺操作指标，对各项安全设施进行长周期运行的考验，发现和整改存在的问题，以实现装置安全平稳运行、产品优质高产、工艺指标最佳、操作调节定量、现场环境舒适、经济效益最大的目标。

3）性能考核

性能考核是对装置的生产能力、安全性能、工艺指标、环保指标、产品质量、设备性能、自控水平、消耗定额等是否达到设计要求进行的全面考核，包括对配套的公用工程和辅助设施的能力进行全面鉴定。

投料试车已经完成；在满负荷试车条件下暴露出的问题已经解决，各项工艺指标调整后处于稳定状态；装置处于满负荷、稳定运行状态；

考核项目包括产品质量；产品日产能力；单位产品的能耗或消耗定额；产品成本；主要工艺指标；自动控制仪表、联锁投用率；噪音；各项安全保护措施达到设计文件规定。

性能考核应达到下列标准：100% 负荷运行 72h 或 72h 以上，105% 负荷运行 24h 或 24h 以上。如首次考核未能达到标准，必须另定时间重新考核，但不宜超过 3 次；生产考核完毕，签署生产考核确认书及考核报告，报上级单位备案，作为竣工验收的重要依据之一。

第三章

工艺操作与维护

92 大型空分设备空压机组开车有哪些步骤?

答（1）确认机组密封气投用正常，仪表气投用正常。

（2）单套空分设备循环水正常投用，空压机、增压机级间冷却器正常投用并排气，油冷器正常投用。

（3）机组油系统正常投用，润滑油、控制油油压正常，顶轴油泵、盘车电机启动正常。

（4）机组冷凝液泵启动正常，出口手阀打开，疏水泵备用正常。

（5）蒸汽暖管合格，轴封蒸汽正常投用。

（6）真空抽至所需值。

（7）确认速关阀前及阀腔暖管合格，启动空冷风机。

（8）确认缸体导淋全开。

（9）确认水冷塔开工空气阀手阀关闭，纯化开工空气阀手阀关闭。

（10）确认空压机导叶在0%，防喘振阀全开，空压机出口止逆阀全关。

（11）增压机一段导叶在10%、二段导叶在10%，确认防喘振阀全开确认一段放空阀全关。

（12）确认增压机已补至正常压力，若设计为启机前空压机增压机为通路，则不需补气。

（13）查看SIS画面“CCS允许升速”“TCC允许升速”“工艺准备”条件满足。

（14）确认CCS画面内首出报警页面，点击“首出复位”，复位首出报警信息。

（15）联系调度并得到同意后，点击“开/继续升速”按钮，在弹出的二次确认窗口点击“确认”按钮，启动汽轮机。

（16）确认汽机已升速，盘车电机、顶轴油泵在特定设计转速下停止。

（17）升速过程中监控汽轮机后汽缸排气温度，并根据真空情况调整空冷风机负荷。

（18）升速过程中注意监控机组的轴承温度、轴振动、轴位移等变化情况，仔细倾听机组运行声音是否正常，检查法兰、密封是否有泄漏，如有异常按程序汇报并处理。

（19）升速过程中注意监控机组油系统、空冷系统、冷凝液系统、疏水系统、工艺系统等工艺参数变化情况，如有异常按程序汇报并处理。

（20）根据润滑油温度及时通过调整油冷器循环水回水阀开度将油温控制在42～48℃。

（21）汽机升至额定转速后，关闭速关阀前暖管放空阀，并投用自洁式过滤器。

（22）将抽气器切至主抽运行，待汽机缸体温度升至250℃后，关闭汽轮机缸体导淋。

93 油质劣化对机组运行有什么危害?

答 机组在运行过程中，由于制造检修及油品质量的原因，油质受到污染，发生物理或者化学变化，最终导致油质劣化。油质劣化的主要特征是酸值急剧上升，而酸值升高后会使油质进一步劣化，缩短油质的使用寿命，油质劣化给机组带来严重的危害，主要表现在以下几个方面：

（1）进水乳化。油中进水，导致油质乳化，会加速油质的老化及润滑油黏度降低；同时会与油中添加剂作用，促使其分解，导致设备锈蚀。油中含有水分（游离水和溶解水）和高浓度的金属微粒，该物质的存在使机组调节系统的滑阀及铜套等部件严重腐蚀，造成滑阀卡涩，降低调节系统的灵敏度，导致调节系统和保护装置动作失灵，严重影响机组的安全运行。

（2）油质变坏使润滑油的性能和油膜发生变化，使润滑性降低，划伤轴承及轴瓦表面、造成轴承和轴径磨损，严重时使轴瓦乌金熔化损坏等现象。

（3）酸值超标。酸值超标一般有两方面的原因，一是油质差，就是运行油的抗氧化能力下降甚至丧失，导致油的酸值急剧上升；二是用油系统存在过热或局部过热现象，导致酸值的逐渐升高。酸值升高说明汽轮机油发生了劣化，产生了酸性物质。酸值越高，其升高的速度也就越快。油中劣化生成的酸性产物会不同程度的影响油的破乳化度、颗粒度、泡沫和空气释放值等性能。同时高酸值的油对金属部件有腐蚀作用，运行中油的酸值应控制在0.2mgKOH/g（加防锈剂的汽轮机油酸值应控制在0.3mgKOH/g）以内。

（4）润滑油碳化。温度过高，高温容易导致润滑油碳化。运行中的汽轮机油不断在系统内循环流动，油温将不断升高，其主要原因首先是轴承内油品的内摩擦产生热量，其次，由于油与轴颈相接触，被汽轮机转子传来的热量所加热，高温容易导致油质碳化。润滑油碳化，润滑油性能降低导致机组轴瓦结焦，甚至造成烧瓦。

（5）机械杂质超标。对机组油的污染颗粒分析表明，固体颗粒有金属屑、金属氧化物、灰尘、纤维和油泥，其中油泥来源于运行油自身劣化变质的产物，金属屑来源于油泵等部件的磨损。机组润滑油中的机械杂质超标，可能会堵塞系统滤网，而且其中的硬质颗粒会引起轴颈轴瓦的严重磨损，甚至划出很深的沟槽。金属颗粒对油质劣化有催化作用。

94 空压机组润滑油带水现象及处理措施有哪些?

答 空压机组润滑油的主要监测指标有：黏度、颗粒度、液相锈蚀、水分、酸值、破乳化度、闪点等。其水分是最重要指标，同时也是运行中空压机组润滑油最容易超标的成分。空压机组润滑油一旦严重带水，不但使油的润滑性能变差，降低调速和冷却效果，还会造成润滑油系统部件生锈，影响轴承润滑效果，而且运行中的滤油费用也较高。危及机组安全稳定运行，严重时引起烧瓦事故。

1）带水现象

（1）润滑油带水较多时油质严重乳化，失去润滑效果，使油膜质量恶化，不能及时迅速地带走轴系传来的热量，使轴瓦温度升高，甚至造成烧瓦，造成机组轴系振动加剧危及机组安全。

（2）当油含有少量水分时，则油的黏度降低，油的润滑性能恶化，在轴承中不能形成连续的油膜，降低了轴承的承载能力，甚至发生机械摩擦，使轴瓦、油温升高，油质加速恶化，轴瓦损坏。当油中有水时，则油的氧化物会与水化合，形成酸类，会对金属造成腐蚀，增加油中杂质，又进一步加速油质的恶化。

（3）机组调节保安系统各错油门、活塞、滑阀等部件的间隙十分精细，控制油带水将会使之锈蚀，产生错油门、滑阀或活塞卡涩，滑振动系列现象，造成调节保安系统拒动。

（4）当油中有细小的水滴后，水分不易自油中分离出来，很容易产生泡沫，与回油相混的同时，进入油箱的空气也不易分出，影响润滑油的润滑作用。

2）处理措施

（1）保持油冷却器油压大于冷却水压，严格执行操作规范，避免冷却水压瞬间升高。定期检查和分析冷却器后水中油情况，异常时要立即检查处理。

（2）经常检查油箱液位，异常升高或降低时及时检查处理。

（3）定期做润滑油分析，取样时取样瓶底部有水或油质有乳化等异常情况应立即检查处理，带水轻微时可使用专用滤油机过滤。

（4）合理调整轴封供汽压力，避免轴封汽压力过高，防止蒸汽进入润滑油系统。

95 蒸汽管道振动的原因及处理措施有哪些?

答 1）引起蒸汽管道振动的主要原因

（1）*蒸汽管线冷凝液引起*

由于蒸汽的冷却而形成冷凝液，特别是在天气寒冷的时候，管道的保温层损坏

严重、管道疏水阀门损坏等，造成管道内冷凝水积聚，蒸汽在管道中流速较大，高速流动的气体，当遇有液体时，由于液体受到冲击而不断向四周快速扩散，使液体不规律的打击设备、管道的内表面，而使设备剧烈振动的现象。

（2）蒸汽管道布置不合理

蒸汽管道弯头和阀门较多，造成管道截面突然扩大或缩小现象，在蒸汽输送过程中会形成流体的相互碰撞和涡流导致管道的振动。

（3）支吊架设计不合理

管道支吊架的设置不合理，没有充分考虑到管道的受热膨胀和必要的限制作用，甚至有些支吊架与管道焊死，限制了管道的位移，也就没有起到限位和减振作用，有些支吊架已经脱落、锈死等，从而加剧了管道的振动。

（4）操作不当

投用蒸汽管线时，阀门开启过快、开度过大，升温升压速率过快，疏水不畅（疏水阀没有及时开启或开启过小），暖管不充分，造成蒸汽管线水击。

2）预防蒸汽管道振动的措施

（1）严格执行蒸汽管道的管理制度，定期对蒸汽管道实施检查，例如蒸汽管道保温层是否完好，蒸汽管道系统上疏水器是否灵敏可靠，各管道阀门是否存在异常情况，各支吊架是否牢固等，发现问题的要及时整改落实。

（2）对蒸汽管道进行合理设计，管道的布置应当力求简洁，尽量减少不必要的弯头、大小头等。另外在管道转弯处宜采用大曲率半径弯管替代弯头；宜用斜面连接替代直角连接；宜用顺向连接替代对向连接；宜用顺向分支替代死端直角连接。蒸汽管系的支撑位置和支撑刚度要进行分析设计，使管道固有频率避开激发频率，以避免机械共振的发生。另外，支承应“落地生根”，不可生根在墙平台或栏杆上，尽量用深埋坚固的管墩作为独立支撑。

（3）确保蒸汽参数相对稳定，防止阀门的突然开启和关闭造成管道内的压强迅速的上升或下降。运行期间监控蒸汽参数的变化，尤其是对蒸汽温度的监视，发现异常降温，及时做出调整。

（4）蒸汽管道投用时严格按照升温升压曲线进行操作，暖管期间升温速率控制在2~5℃/min，升压速率控制在0.1~0.2MPa/min，保持管道疏水畅通，并根据疏水情况及时调整疏水阀，防止管道发生水击，造成管道振动或位移，损坏蒸汽管道支吊架等设施。蒸汽管道停运后应排尽管内积水，防止冬季冻坏管线及附件，或再次投用时造成水击现象。

96 高压蒸汽工艺指标不合格对汽轮机运行有何影响?

答 高压蒸汽温度、压力变化对汽轮机运行的影响：

1）高压蒸汽压力过高

（1）进入汽轮机的高压蒸汽温度以及其他条件不变，高压蒸汽压力升高后汽轮机内产生的焓降增加，所以流经汽轮机的总汽耗量将会减少。

（2）高压蒸汽压力的升高若在运行规程允许的范围内，则在较高压力下保持原来负荷运行。由于蒸汽流量的减少，汽轮机的蒸汽消耗率降低，汽轮机运行的经济性较好。

（3）高压蒸汽压力过高时，高压蒸汽管道及管道上的阀门、调速阀门的蒸汽室和叶片等过负荷运行，严重时会引起各部件的损坏。另外，进汽压力过高使汽轮机末级蒸汽工作温度增加，造成末级叶片恶化，机组过负荷；隔板、动叶片过负荷及机组轴向位移大、推力轴承故障。汽轮机最后几级的蒸汽湿度增大，汽轮机的热力过程将向湿度增大的方向移动，排汽湿度增加，汽轮机末级叶片会遭到冲蚀。

2）高压蒸汽压力过低

（1）当汽轮机的高压蒸汽压力降低时，若调节阀最大开度不变，则流量减小，总的焓降也将变小，因而汽轮机内各级的流量和焓降都将变小，不会影响汽轮机的安全运行。

（2）高压蒸汽压力降低时各级内压差变小，使得轴向推力变小，不会影响汽轮机的安全运行。

（3）高压蒸汽压力降低时末级的湿度将有所降低，但一般不会变到过热区，对排汽管不会形成温度过高，不会影响汽轮机的安全运行。

（4）当高压蒸汽压力过低时，将使汽轮机的效率降低，在同一负荷下所需的蒸汽量增加，引起轴向推力增加。同时，使后面几级叶片所承受的应力增加，严重时会使叶片变形。另外，进汽压力过低将使喷嘴达到阻塞状态，使汽轮机功率达不到额定数值。

3）高压蒸汽温度升高

（1）高压蒸汽温度升高从经济性角度来看对机组是有利的，它不仅提高了循环热效率，而且减少了汽轮机的排汽湿度。但从安全角度来看，高压蒸汽温度的上升会引起金属材料性能恶化，缩短某些部件的使用寿命，如高压汽阀、调节阀、轴封、法兰、螺栓以及高压管道等。

（2）对于超高参数机组，即使高压蒸汽温度上升不多也可能引起金属急剧的蠕变，使许用应力大幅度的降低。因此绝大多数情况下不允许升高初温运行的。

4）高压蒸汽温度降低

（1）在机组额定负荷下高压蒸汽温度下降将会引起蒸汽流量增大，各监视段压力上升。此时调节级是安全的，但是非调节级尤其是最末几级焓降和高压蒸汽流量同时增大将产生过负荷，是比较危险的。

（2）蒸汽温度下降会引起末几级叶片湿度的增加，增大了湿汽损失，同时也加剧了末几级叶片的冲蚀作用，直接威胁到汽轮机的安全运行。因此，在高压蒸汽温度降低的同时应降低压力，使汽轮机热力过程线尽量与设计工况下的热力过程线重合，以提高机组排汽干度。因此机组的功率限制较大，必要时应申请减负荷运行。

5）高压蒸汽品质降低

过热蒸汽在汽轮机膨胀做功后，压力下降，容盐能力下降，原来溶于蒸汽中的盐分会在喷嘴、叶片等通流部分沉积下来，使汽轮机效率、出力下降，轴向推力增大，不均匀的结垢还会破坏转子动平衡。盐分在阀门处沉积，还会影响阀门的严密性及动作的灵活性。由上述可知，蒸汽品质不良，对汽轮机的经济性、安全性均有不利影响。

97 汽轮机启动前向轴封送汽应注意哪些事项？

答 1）汽封的作用

汽轮机工作时，转子高速旋转而静止部分不动，动、静部分之间必须留有一定的间隙避免相互碰撞或摩擦。而间隙两侧一般都存在压差，这样就会有部分蒸汽通过间隙泄漏，不仅造成能量的损失，也造成工质的损失，使汽轮机的效率降低。为了减少漏汽损失，在汽轮机的相应部位设置了汽封。

根据汽封在汽轮机上装设位置的不同，汽封可分为轴端汽封、隔板汽封和通流部分汽封。在汽轮机主轴穿出汽缸两端处的汽封叫轴端汽封，轴端汽封又分为高压轴封和低压轴封。高压轴封主要用来防止蒸汽漏出汽缸而造成能量损失及恶化运行环境；低压轴封用来防止空气漏入汽缸使凝汽器的真空降低而减小蒸汽的做功能力。

投用注意事项：

（1）轴封投用前高、低压蒸汽暖管合格。

（2）轴封投用前机组盘车投用正常。

（3）轴封投用前汽轮机缸体导淋打开。

（4）若有轴封抽气器，在投用轴封前确认轴封抽气器投用。

（5）若机组热态启动时，需先投轴封后抽真空。

3）机组热态启动时，先投轴封后抽真空的原因

因为汽轮机处于热态时，轴封处转子及轴封片温度都很高，此时，若不先送轴封就抽真空，必然会使大量的冷空气顺轴封处被吸进汽缸内，引起轴封段转子的急剧收缩，一是会在转子上引起较大的热应力及热冲击，二是会引起前几级叶片组轴向动静部分间隙减小，严重时导致动静部分摩擦。所以汽轮机在热态启动时一定要先送轴封后抽真空。

4）轴封蒸汽压力高低对汽轮机的影响

轴封蒸汽压力过高：高压缸轴封蒸汽窜入轴承箱致使润滑油中进水，润滑油乳化，润滑油性能下降，造成机械损坏；另外导致蒸汽浪费，经济损失较大。

轴封蒸汽压力过低：部分空气会从轴封处漏入低压缸，破坏真空。

98 汽轮机冲转的安全注意事项有哪些?

答 1）冲转前注意事项

（1）冲转前必须确认自洁式过滤器、空冷系统、预冷系统以及其他容器内的人员已全部撤出。

（2）如在汽轮机组启动过程中危及人身及设备安全时，应立即停止启动工作，必要时停止机组运行，分析原因，提出解决措施。

（3）如在调试过程中发现异常情况，应及时调整，采取相应措施，并立即汇报领导。

（4）全过程均应有各专业人员在岗，以确保设备运行的安全。

（5）冲转前时对运行设备的旋转部分不得进行清扫、擦拭或润滑。擦拭机器的转动部分时，不得把棉纱、抹布缠在手上。

（6）不得在仪表气管线、栏杆、防护罩或运行设备的轴承上坐立或行走。

（7）不得在高温高压蒸汽管道、水管道的法兰盘和阀门、水位计等有可能受到烫伤危险的地点停留。如因工作需要停留时，应有防止烫伤及防汽、防水喷出伤人的措施。

（8）正确的暖管，冲转蒸汽压力正常，蒸汽温度适当。

（9）建立一定的真空（指凝汽器式机组）。

（10）油系统工作正常（包括油箱油位、油压等），油温不低于30℃。盘车在连续进行，无连续盘车装置的机组，盘车手柄应取下。

2）汽轮机冲转时注意事项

（1）启动运行过程中发生异常巨大响声，严重漏油着火，蒸汽管线严重泄漏等

危及设备、人身安全时应及时紧急停车。

（2）在冲转过程中必须保证进入汽轮机的主蒸汽、再热蒸汽至少有 50℃的过热度，且与汽缸金属温度相匹配。

（3）检查汽轮机轴封系统运行正常，轴封母管压力正常，轴封供汽温度与汽轮机金属温度相匹配。

（4）检查汽轮机轴向位移、汽缸膨胀、胀差、轴振动均在正常范围内。

（5）检查瓦温、回油温度正常。

（6）检查主机润滑油、顶轴油、调节油系统正常（压力和温度）。

（7）检查各加热器、凝汽器水位正常。

（8）检查汽缸上下温差、内外壁温差正常。

（9）检查高、低压缸排汽温度正常，低压缸喷水减温装置自动良好。

3）汽轮机运行时注意事项

（1）检查机组振动、差胀、缸温、轴向位移、各轴承温度、回油温度、润滑油压、油温等参数在合格范围内。

（2）注意机组真空、排汽温度应正常。

（3）注意疏水泵、凝液泵液位正常。

（4）检查机组无异常声音、无泄漏。

99 汽轮机暖机的目的，暖机时间是否越长越好？

答 暖机的目的是使汽轮机各部金属温度得到充分的预热，减少汽缸法兰内外壁、法兰与螺栓之间的温差，从而减少金属内部应力，使汽缸、法兰及转子均匀膨胀，高压差胀值在安全范围内变化，保证汽轮机内部的动静间隙不致消失而发生摩擦。同时使带负荷的速度相应加快，缩短带至满负荷所需要的时间，达到节约蒸汽的目的。

暖机不充分不能保证汽机各部件受热膨胀均匀，转子与缸体部分容易发生摩擦，蒸汽进入汽缸后凝结成水造成水冲击，影响机组安全。同时，由于转子不能受热均匀的膨胀升速时会造成机组振动过大，应按照升速曲线升速，必要时可适当延长升速时间。

暖机时间要充分并不是说暖机时间越长越好。

1）在冷态启动时，暖机时间适当长些，对机组一般影响不大，但是合理控制暖机时间，可以节约蒸汽。

2）在热态启动时，暖机时间太长，会对机组有害，主要是汽轮机的缸体和动、静部分不但没有均匀加热，反而有冷却收缩的现象。

因此，暖机时间一定要视现场实际情况决定，能升速的情况一般不宜延长暖机时间。

100 凝汽式汽轮机启动时乏汽温度升高的原因及防范措施有哪些?

答 1）汽轮机启动排汽缸温度升高的原因

① 在汽轮机启动时，蒸汽经节流后通过喷嘴去推动调速级叶轮，节流后蒸汽熵值增加，焓降减小，以致做功后排汽温度较高。在空压机加载前的整个启动过程中，所耗汽量很少，这时做功主要依靠调节级，乏汽在流向排汽缸的通路中，流量小、流速低、通流截面大，产生了显著的鼓风作用。因鼓风损失较大而使排汽温度升高。在转子转动时，叶片（尤其末几级叶片比较长）与蒸汽产生摩擦，也是使排汽温度升高的因素之一。汽轮机启动时真空较低，相应的饱和温度也将升高，即意味着排汽温度升高。汽轮机启动时间过长，也可能使排汽缸温度过高。

② 当汽轮机加负荷后，主蒸汽流量随着负荷的增加而增加，汽轮机逐步进入正常工况，摩擦和鼓风损耗所占的功率份额越来越小。在汽轮机排汽缸真空逐步升高的同时，排汽温度即逐步降低。

③ 暖机时间设置不合理，暖机时间过长。

2）排汽缸温度过高的危害

① 排汽缸温度升高，会使低压缸及轴封热变形增大，导致振动增大，动、静部分之间发生摩擦，严重时使低压缸轴封损坏；排汽温度过高还会使凝汽器铜管（钛管）因受膨胀产生松弛、变形，甚至断裂。

② 在汽轮机冲转、空载及低负荷时，蒸汽流通量很小，不足以带走蒸汽与叶轮摩擦产生的热量，从而引起排汽温度和排汽缸温度的升高。排汽缸产生较大的变形，破坏了汽轮机动、静部分中心线的一致性，严重时会引起机组振动或其他事故。

3）防范措施

① 大功率机组都装有排汽缸喷水降温装置。排汽缸设置温度联锁，温度上升至高联锁值时喷淋水装置自动开启，当汽缸温度降至低联锁值时，喷淋水装置自动关闭。

② 应尽量避免长时间空负荷运行而引起排汽缸温度超限。

③ 合理控制暖机时间，当暖机充分后，自动升速。

101 汽轮机上、下缸温差大对汽轮机的运行有哪些影响?

答（1）压缩机组在启动和停机过程中，很容易使汽轮机上、下缸产生温差。通常上汽缸温度高于下汽缸温度，上、下缸温差大，使汽缸产生热膨胀变形，上汽缸向上拱起，出现拱背现象。下汽缸底部动、静之间的轴向间隙减小，易造成磨损，损坏下汽缸下部的隔板汽封和复环汽封，引起大轴弯曲，振动增大。

（2）上、下缸温差最大值出现在调整段区域内，几种类型机组经过试验确定：调整处上、下缸温差每增加1℃，该处动静间隙约减少0.01mm，一般汽轮机径向间隙为0.5～0.6mm左右，因此，上、下缸温差规定不超过50℃，如上下温差超过50℃，径向间隙基本上已经消失，如果这时启动是比较危险的。

（3）由于下汽缸比上汽缸的金属质量大，并且下汽缸带有抽汽管道，散热面积大，这使得在同样保温、加热和冷却条件下，上缸温度要比下缸温度高，启动中蒸汽在汽缸中冷却成凝液，从下缸排出使下缸受热条件恶化。另外，汽缸室内外空气对流及汽缸保温条件等都会使上下缸温差大。为减少上下缸温差，应注意下缸疏水畅通，改善下缸保温结构及材料，缸下装挡风板，启动时合理地使用汽缸夹层加热装置，有效地控制上下缸温差，但也应防止对下缸加热过度造成下缸温度高于上缸，使汽缸向下拱弯，上汽缸上部的径向间隙减小，同样也会引起摩擦。

通常，从设计上考虑，在下缸设计电加热器，当温差较大时电加热器自动启动加热，减小上、下缸温差；在操作方面，机组启动时，尽量保证低速暖机的时间及缸体疏水，待上、下缸温差缩小后，再继续升速或加负荷。

102 汽轮机空冷系统冬季运行时常见的问题及控制措施有哪些?

答 目前大型空分设备开始采用空气冷却系统冷却汽轮机作功后的乏汽，尤其是水资源缺乏的西北地区，空冷式冷凝方法更为适合。空冷系统受季节变化影响较大，为保证其在冬季的正常稳定运行，需掌握空冷系统在冬季运行时容易出现的问题及控制措施。

1）空冷系统冬季运行时常见问题

空冷系统冬季运行时常见问题主要有空冷偏流、翅片管束冻堵甚至冻裂、凝结水过冷等问题。

2）控制措施

① 空冷岛单排出现偏流时，可降低风机负荷，或停止该排其中一台风机，待温度回升后，再启动。若偏流是由于管束中存在不凝气造成，可打开启动抽气器，抽

取不凝气。

② 无论在任何情况下，空冷岛凝结水回水总管保持全开状态。

③ 为防止翅片管束冻堵，开车前注意风机负荷不应过大，冬季空冷系统正常运行期间，背压设定值不宜过低。

④ 为防止凝结水温度低，可降低风机负荷，尤其降低中间一台风机负荷，对改善偏流效果更好。

⑤ 投用空冷系统顺控程序，并在设计时设计回暖程序，冬季运行时启用冬季模式。

⑥ 设计空冷系统防冻蒸汽，冬季开车前投用防冻蒸汽。

⑦ 进入严冬时期，可考虑关闭空冷系统其中一条通道，必要时遮盖风机口及管束外侧（提前准备防冻材料：诸如棉被、帆布等）。

103 离心式压缩机在启动时应注意什么？

答 离心式压缩机主要是通过叶轮对气体做功使气体的压力和速度升高，完成气体的运输，气体沿径向流过叶轮的压缩机。离心式压缩机又称透平式压缩机，主要由转子和定子两部分组成，转子包括叶轮和轴，叶轮上有叶片、平衡盘和一部分轴封。定子的主体是扩压器、弯道、回流器、进气管、排气管等装置。

1）离心式压缩机的工作原理

通过叶轮对气体做功，当叶轮高速旋转时，在离心力的作用下，气体被甩到后面的扩压器中去，在叶轮和扩压器的流道内，利用离心升压作用和降速扩压的作用，将机械能转化为气体的压能，更通俗地说，气体在流过离心式压缩机的叶轮时，高速运转的叶轮使气体在离心力的作用下，一方面压力有所升高，另一方面速度也极大地增加，即离心式压缩机通过叶轮首先将原动机的机械能转化为静压能和动能，此后，气体在流经扩压器的通道时，流道截面逐渐增加，前面的气体流速降低，后面的气体不断涌向前，使气体的绝大部分动能又转化为静压能，也就是进一步增压的作用。

离心式压缩机的优点：结构紧凑，排气连续、均匀，运转平稳。摩擦件少，相对振动较小，易损件少，除轴承外，机器内部不需要润滑油，因此不会污染被压缩的气体，同时方便调节。

2）离心式压缩机启动注意事项

（1）必须确认润滑油压力、温度正常。油温过高使轴承温度升高，油温高使油的黏度下降，会引起局部油膜破坏，降低轴承的承载能力，甚至润滑油碳化而烧瓦。

油温过低，油的粘度增加，摩擦力增大，还会引起振动升高。而导致轴温过高的原因可能有：轴瓦与轴颈间隙过小或轴承润滑油进口节流圈孔径偏小，供油量不足，以及润滑油温度过高、润滑油油质变差等情况。

（2）监控各换热器后温度，因为换热器后温度过高，进入下一级的气体密度减小，会造成吸气量减少，同时换热器出口温度过高会导致换热器管束损坏，以及造成压缩机能耗增加，严重时造成压缩机喘振，延缓开车时间。检查确认换热器气侧疏水通畅。如果不能及时疏水，一方面占据一定换热面积，导致换热器换热效果下降，同时如果液位过高，一部分水还会随气体进入下一级压缩，严重导致叶轮损坏。

（3）启动前检查各放空阀打开，防止憋压。离心压缩机启动时各放空阀未确认打开，压缩机启动后，造成机组憋压发生喘振。

（4）在进行压缩机加负荷操作中要注意防喘振裕度，操作导叶时要缓慢进行，导叶与防喘振阀要配合操作，防止压缩机进入喘振区。喘振是离心式压缩机在流量减少到一定程度时所发生的一种非正常工况下的振动，当发生喘振时，离心式压缩机的出口压力最初先升高，继而急剧下降，并呈现周期性大波动，同时压缩机的流量急剧下降，压缩机出现强烈振动，并发出异常的气流噪声。

在进入正常运行后，一切手控操作应切换到自动控制。同时应按时对机组各部分的运行情况进行检查，以便掌握机器运行的全部情况，当压缩机运行时，一般要进行如下的例行检查：进气压力和温度；排气流量、温度和压力；轴系参数：轴温、轴振动、轴位移；各导叶及防喘振阀动作情况。

104 空压机级间冷却器气侧疏水导淋排水量增多的原因是什么？

答 1）空压机级间冷却器气侧疏水导淋排水量增多的原因

① 空压机负荷高，空气湿度大；

② 环境温度高，空气湿度大、空气中的含水量多；

③ 空压机级间换热器有内漏，而导致冷却器内漏的原因有：

a. 开机时为了防止高温气体或热震使冷却器管路损坏，按照开机要求需先通冷却水。由于冷却器泄漏，冷却器内空气侧聚集了大量冷却水。

b. 正常运转时，空压机排气压力为 0.46MPa 左右，而冷却器循环水压保持在 0.42MPa，排气压力高于循环水压力，因此冷却管泄漏后水无法进入冷却器的空气侧，无法及时发现冷却器泄漏。

c. 空分设备周围空气中含有酸性气体，循环水经过冷却塔与空气进行热交换时，空气中的二氧化硫、三氧化硫等气体与水进行了化学反应，使水呈微酸性，造成铜管腐蚀泄漏。

④ 空压机叶轮清洗水量过大或清洗时间太久。

⑤ 空压机级间冷却器底部疏水导淋开度过小或堵塞。

2）通过对空压机级间冷却器疏水导淋排水量增多的综合分析，可以采取的控制措施

① 空压机启动前要检查级间冷却器的排水，确认无泄漏后才能启动；

② 空压机启动失败后要认真查找原因，彻底消除故障后才能再次启动，不能盲目启动机组，避免对其造成更大的伤害；

③ 将自动疏水阀改为不锈钢球阀，并保持一定开度，以随时监控级间冷却器运行情况；

④ 定期检测循环水的 pH 值，低于 6 则及时加碱进行中和，以防止酸性水质腐蚀级间冷却器。

⑤ 检查空压机级间冷却器底部疏水导淋，保持适当开度，疏水正常。

105 空气增压机级间换热器出口温度高的原因及处理措施有哪些?

答 **1）增压机换热器出口温度高的主要原因**

冷却器的冷却水流量不足、冷却水水温高、换热器脏、堵塞、水质差、出口温度计安装不当或损坏、级间换热器选型不当、级间换热器气蚀、压缩机级间泄漏、纯化器冷吹不彻底出口空气温度高。

（1）冷却器的冷却水流量不足。压缩空气的热量不足以被冷却水带走，造成出口温度升高。

（2）冷却水水温高。水温高使水、气之间温差缩小，传热冷却效果降低。

（3）换热器脏、堵塞。换热器内管束被水垢、泥沙、有机质堵塞，以及换热器气侧冷却后有水分析出，未能及时排放，这都会影响传热面积或传热工况，影响冷却效果。

（4）水质差。循环水偏碱性，泥沙，有机质较多。

（5）出口温度计安装不当或损坏。监测探头的安装不当或损坏造成出口温度为假值。

（6）级间换热器选型不当。在设计时，级间换热器选型不当，级间换热器换热面积不足，导致出口温度高。

（7）级间换热器气蚀。压缩机级间换热器循环水投用时，空气为彻底排净，导致换热面积不足，换热器出口温度高。

（8）压缩机级间泄漏。压缩机级间密封不严，下一级的压缩气漏入上一级，致使级间换热器进口温度高，造成级间换热器出口温度高。

（9）纯化器冷吹不彻底。纯化器冷吹不彻底，罐内加热时的热量没有被彻底吹出，导致纯化器吸附时出口温度升高，增压机进口温度高，造成级间换热器出口温度高。

2）增压机换热器出口温度高的处理措施

（1）检查循环水管道是否结垢、堵塞或联系循环水厂检查循环水泵是否正常；

（2）检查冷却水上水温度及压力，并进行调整；如上水温度及压力正常，就停车进行检查，用物理、化学方法清洗或更换冷却器；

（3）如冷却器泄漏，可以考虑更换换热器管束或直接更换换热器；

（4）联系循环水厂检查循环水水质是否正常；

（5）检查温度计的安装情况或校准温度计、更换温度计；

（6）重新计算换热面积，选择合适的换热器；

（7）在换热器循环水投用时，打开高点排气，排净换热器内空气；

（8）停机，检查压缩机；

（9）检查纯化器冷吹时间设定是否正确，冷吹末期温度在35℃以下进行切换。

106 哪些因素影响大型空分设备空压机的排气量？

答 影响空压机排气量的因素主要有以下几个方面：

（1）空气自洁式过滤器堵塞或阻力增加，引起压缩机吸入压力降低。在出口压力不变时，使压缩机压比增加。根据压缩机的性能曲线，当压比增加时，排气量会减少。当自洁式过滤器阻力800Pa时，自洁式过滤器反吹系统开始反吹；当自洁式过滤器阻力1200Pa时，应及时更换滤筒。

（2）空压机管路阻塞，致使压缩机排气量降低。引起压缩机管路阻塞的原因有：进口导叶故障无法正常打开或开度不够、出口止逆阀开度不足阻力大、后系统用气量过小等。

（3）空压机级间冷却器阻力大，引起排气量减少。不同位置的阻塞，情况不同：如果冷却器气侧阻力增加，就只增加机器的内部阻力，使压缩机效率下降，排气量减少；如果是水侧阻力增加，则循环冷却水量减少，换热效果差，从而影响下一级吸入，使压缩机的排气量减少。另外级间冷却器气侧疏水效果差，占据换热面积，换热效率下降，从而影响下一级吸入，使压缩机的排气量减少。

（4）空压机级间密封损坏，发生级间泄漏。空压机级间窜气，使压缩过的气体倒回，再进行第二次压缩。它将影响各级的工况，使低压级压比增加，高压级压比下降，使整个压缩机偏离设计工况，排气量下降。

（5）冷却器泄漏。如果一级泄漏，因水侧压力高于气侧压力，冷却水将进入气侧通道，并进一步被气流夹带进入叶轮及扩压器。经一定时间后造成结垢、堵塞，使空气流量减少。如果二级、三级冷却器泄漏，因气侧压力高于水侧，压缩空气将漏入冷却水中跑掉，使排气量减少。

（6）混合式压缩机，一段防喘振阀泄漏。对于混合式空压机，轴流段与离心段设有防喘振阀，防喘振阀故障或关闭不严密，使压缩空气从防喘振阀泄漏，造成排气量减少。

（7）汽轮机转速不足。空压机是由汽轮机拖动的，汽轮机转速不足，致使空压机排气量不足。

（8）环境气温过高超过设计温度，使空压机吸入空气温度高，降低压缩效率，造成排气量减少。

107 大型空压机组运行时应重点监控哪些参数？

答 大型空压机组主要由汽轮机、空压机和增压机三部分组成。空分设备中机组的平稳运行是空分安全长周期运行的前提，所以对机组运行状态的监控至关重要。

1）压缩机喘振曲线的监控

注意空压机、增压机喘振曲线（裕度）的监控。空压机、增压机正常运行时，喘振点在喘振曲线的右下方。压缩机发生喘振的危害极大，是因为喘振时气流产生强烈的往复脉冲，来回冲击压缩机转子及其他部件；气流强烈的无规律的震荡引起机组强烈振动，从而造成严重后果。严重持久的喘振可使转子与静止部分相撞，主轴和隔板断裂，甚至整个压缩机报废。所以在机组运行时，一定要监控好喘振点（裕度）在安全范围内。

2）主蒸汽参数的监控

在汽轮机正常运行中，不可避免地会发生蒸汽参数短暂地偏离额定值的现象。当偏离不大，没有超过允许范围时，不会引起汽轮机部件强度方面地危险性，否则，会引起运行可靠性和安全性等方面的问题。

① 当初始压力和排汽压力不变时，主蒸汽温度升高，机内理想焓降增大，做功能力增强。相反，主蒸汽温度降低时，做功能力降低，效率降低。

② 在调节汽阀全开的情况下，随着初温的升高，通过汽轮机的蒸汽流量减少，调节级叶片可能过负荷。随着温度升高，金属的强度急剧降低。另外，在高温下金属还会发生蠕变现象，所以猛烈的过载或超温对它们都是很危险的。目前，制造厂

都规定了温度高限，一般不超过额定汽温 5 ~ 8℃。

③ 在调节汽阀开度一定时，初温降低则流量增大，调节级焓降减少，末级焓降增加，末级容易过负荷；另外，初温降低，则排汽湿度增大，增大了末级叶片的冲蚀损伤；初温降低，还会引起轴向推力的增大。因此初温降低，不仅影响机组运行的经济性，而且威胁机组的安全运行。为保证安全，一般初温低于额定值 15 ~ 20℃时，应开始减负荷。

④ 在调节汽阀开度一定时，当初温和背压不变而初压升高时，汽轮机所有各级都要过负荷，其中末级过载最严重，同时初压升高对汽轮机管道及其他轴压部件的安全性也会造成威胁。初压降低时，不会影响机组的安全性，但机组出力要降低。因此，运行中主蒸汽压力的要求按机组规定压力运行，特别是滑压运行机组要严格按照变压运行曲线维持机组运行。

因此，调节级汽室压力和各段抽汽压力均与主蒸汽流量成正比例变化。根据这个原理，在运行中通过监视调节级汽室压力和高调阀门的开度，就可以有效地监视通流部分工作是否正常。

3）轴向位移的监控

压缩机组转子轴向位移指标是用来监视推力轴承工作状况的。作用在转子上的轴向推力是由推力轴承担的，从而保证机组动静部分之间可靠的轴向间隙。轴向推力过大或推力轴承自身的工作失常将会造成推力瓦块的烧损，使机组发生动静部分碰磨的设备损坏事故。

机组运行中，发现轴向位移增加时，应对机组进行全面检查、倾听内部声音，测量轴承振动，同时注意监视推力瓦块温度和回油温度的变化，当轴承温度超过规定的允许值时，即使串轴指示不大，也应减少负荷使之恢复正常。若串轴指示超过允许值，引起保护动作掉闸时，应立即要求空分设备紧急停车。当串轴指示值超过允许值，而保护拒绝动作时，要认真检查、判断，当确认指示值正确时则应迅速采取紧急停机措施。

空压机组运行中轴向推力增大的主要原因有：

① 汽温、汽压下降；

② 隔板轴封间隙因磨损而增大；

③ 蒸汽品质不良，引起通流部分结垢；

④ 发生水冲击事故；

⑤ 压缩机组负荷波动大。

4）轴瓦温度监控

空压机组轴在轴瓦内高速旋转，引起了润滑油和轴瓦温度的升高。轴瓦温度过高时，将威胁轴承的安全。通常采用监视润滑油温升的方法来间接监视轴瓦的温度。因为轴瓦温度升高，传给润滑油的热量也增多，润滑油的温升也就增大。一般润滑油的温升不得超过10～15℃。但仅靠润滑油温升来反映轴瓦的工作状况不仅迟缓，而且很不可靠，往往轴瓦已经烧毁，回油温度却还没有显著变化，尤其是推力轴瓦，更不显著。因此，最好的方法是直接监视轴瓦的温度。为了使轴瓦正常工作，对轴承的进口油温做了明确的规定，一般各轴承的进口油温为38～45℃。

5）真空度监控

真空即汽轮机排汽压力，由于蒸汽负荷的变化，空冷器翅片结垢（凝汽器铜管积垢），真空系统严密性恶化，环境温度的变化等，直接影响机组的安全经济运行，主要表现有：

① 汽轮机排汽压力升高时，主蒸汽的可用焓降减少，排汽温度升高，机组的热效率明显下降。通常对于凝汽式机组其真空每降低1%，机组的能耗将增加1%；另外，真空降低时，机组的出力也将减少，甚至带不上额定负荷。

② 当真空降低时，要维持机组负荷不变，需增加主蒸汽流量，这时末级叶片可能超负荷。对冲动式纯凝汽式机组，真空降低时，要维持负荷不变，则机组的轴向推力将增大，推力瓦块温度升高，严重时可能烧损推力瓦块。

③ 当真空降低较多使汽轮机排气温度升高较多时，将使汽缸及低压轴承等部件受热膨胀，机组变形不均匀，这将引起机组中心偏移，可能发生共振。

④ 当真空降低，排汽温度过高时，可能引起空冷岛翅片管束的胀口松弛，破坏真空系统的严密性。

⑤ 当真空降低时，将使排汽的体积流量减小，对末级叶片的工作不利。

汽轮机在运行中真空降低是经常发生的，真空降低的原因很多，但往往是由于真空系统的严密性不好或抽气系统故障所致。因此，运行过程中要定期检查真空系统的严密程度等，及时发现问题加以消除。机组运行中只能允许真空在一定范围内下降，否则必须减负荷，甚至执行紧急停机。

6）密封气压力的监控

空压机、增压机密封气压力为机组润滑油泵启动条件，在启动润滑油泵前确认机组密封气系统供应正常。

7）机组润滑油系统的监控

润滑油系统启动过程中，密切监控有无跑冒滴漏现象。在机组正常运行过程中，监控好润滑油温度、压力，定期做润滑油样分析，防止润滑油变质。

8）压缩机级间换热器温度的监控

压缩机级间换热器出口温度升高，使机组能耗增加，影响空分设备经济运行。

108 空分设备机组控制系统AI卡件故障会造成哪些后果，如何处理？

答 空分设备机组控制系统安全型AI卡件故障，导致所带的模拟量输入信号（例如主蒸汽压力、主蒸汽温度、汽轮机排汽压力、排汽温度、笼室压力、润滑油压力）超出量程，联锁机组跳车。

由于汽轮机润滑油压测点显示故障，且该测点在TCC系统中无法进行仿真等强制操作，在跳车后汽轮机转速低于一定转速时顶轴油泵无法自启，继而在汽轮机惰转至零转速时盘车系统无法正常启动，致使汽轮机转子静置、冷却不均匀而产生热弯曲，同时转子在受到重力作用下弯曲变形。转子变形后会使汽轮机前后端径向轴承振动值上涨，尤其对于一些轴承动静间隙较小的汽轮机，导致盘车卡涩，无法投运盘车。通常需要等汽轮机缸体温度降至100℃以下后（需120h），盘车方能投运。严重影响机组启机进度，情况严重时会导致转子不可恢复性变形，需汽轮机揭盖检查更换转子。

为解决以上问题，建议在机组控制系统中增加远程启动功能，确保在紧急情况下，汽轮机转速低于一定转速时且润滑油泵出口压力不低时，可以在机组控制画面直接启动顶轴油泵。在润滑油泵出口压力低报或汽轮机转速大于设定转速时，顶轴油泵联锁停止。

109 预冷系统冷冻水低温结晶的原因及处理措施有哪些？

答 目前空分设备常用预冷系统冷冻水的流程为：循环水→水冷塔→冷冻泵→冷冻机组→空冷塔→分布器→循环水池。由于循环水中含有钙镁离子，钙镁离子溶解度随温度降低而下降，当其浓度高于该温度下的溶解度时，钙镁离子就会析出结晶，结晶物堵塞冷冻机组蒸发器、空冷塔冷冻水分布器及填料，致使冷冻水水量不足，空冷塔冷冻水分布不均匀，气液不能充分进行热交换，导致压缩空气出塔温度升高，含水量增加，增加了分子筛纯化器的负荷，影响分子筛对二氧化碳、碳氢化合物和氧化亚氮的纯化，造成主换热器、精馏塔塔板（填料）及管道阀门堵塞，主冷凝蒸发器碳氢化合物、氧化亚氮超标。严重时，易发生设备安全事故，从而对企业造成巨大损失。

处理措施：

（1）控制循环水指标合格，总硬度≤1100mg/L，并定期分析；

（2）停车后进行化学清洗。考虑到盐酸等强酸对空冷塔内设备及底部金属填料有一定的腐蚀，一般化学清洗使用弱酸，如柠檬酸。用酸洗泵将调制好的稀释酸液

（浓度10%）从冷冻水泵泵后导淋注入冷冻水管线，与冷冻水充分混合，从冰机前导淋用pH试纸测试，通过调整酸液注入量，控制冷冻水pH值在6～7，将带有酸液的冷冻水送至空冷塔冷冻水喷头，清洗管道及喷头结晶。清洗下的结晶物与冷却水混合，经过空冷塔回水管线送至循环水场。

110 分子筛纯化系统在运行时应注意什么？

答（1）注意纯化器入口空气温度的变化。加工空气经预冷系统降温后进入分子筛，气温越高越不利于分子筛的吸附，必须保证空气预冷系统的正常有效运行。入口温度越高，空气中的水含量越高，影响分子筛的吸附效果。

（2）注意分子筛纯化器切换速率。分子筛纯化器在切换时要缓慢，以免造成压力波动床层受气流冲击，维持分子筛床层的均匀，确保分子筛系统的压差稳定。

（3）注意分子筛再生气的温度变化。要严格控制分子筛的再生温度。再生气温度不能过高，也不能过低。温度太高造成分子筛粉化，缩短使用寿命。温度太低，再生不彻底。另外再生冷吹气量不足，多为分子筛系统阀门切换时故障引起，操作中对各阀门严密监控，及时调整加大再生气量，严重时可暂停分子筛系统运行，延长再生时间。

（4）注意纯化器吸入口空气是否有带水现象。在空冷塔内进行空气与水换热，保持空冷塔压力稳定，防止压力波动带水。入口空气带水会加剧分子筛的负担，严重带水时，会造成分子筛失效。

（5）注意分子筛纯化器再生是否彻底。分子筛冷吹峰值作为再生效果的判断依据，确保在每个再生周期内都不低于90℃。再生效果差，分子筛的吸附能力减弱，空气处理量下降。

（6）注意监控纯化后二氧化碳和水的含量。纯化后二氧化碳和水含量超标，会随空气进入板式换热器，造成板换冻堵。另外纯化后二氧化碳超标，说明乙炔及总烃随空气进入精馏塔，严重时会造成主冷爆炸事故。

（7）注意蒸汽加热器是否泄漏。蒸汽加热器发生泄漏导致再生气带入水分。轻微泄漏，使分子筛吸附性能下降。严重泄漏，造成分子筛失效。

（8）注意分子筛床层变化情况及分子筛是否变质。装置停车后检查分子筛床层是否平整及分子筛是否粉化变质。分子筛床层薄的地方，气体短路，容易穿透，造成二氧化碳等超标，影响空分设备安全运行。分子筛粉化变质会堵塞设备滤网及板式换热器通道，空分设备能耗增加。

111 大型空分设备分子筛纯化器充压时，工况上有哪些变化，如何调整？

答 分子筛纯化器再生过程主要分为泄压、加热、冷吹、充压四个步骤，其中充压步骤对整个空分设备工况影响相对较大，尤其对于大型空分设备，分子筛纯化器容量大，充压气量较大，装置满负荷时气量波动对整体工况有较大影响。故分析分子筛纯化器均压时的工况变化并提出解决措施，对大型空分设备的稳定运行显得很有必要。

1）分子筛纯化器充压时的现象

① 空压机导叶开度变大。在分子筛充压阶段，被充压纯化器要容纳一部分气体，为保证进塔气量和压力相对稳定，空压机导叶会适当开大，来提供充压所需的额外空气量。

② 精馏塔下塔压力降低。因充压时一部分气体要分流充入被充压纯化器，进下塔的空气量会相应降低，因投自动化控制的空压机导叶调整具有“滞后性”，或手动调整导叶不及时，导致精馏塔下塔压力降低。

③ 主冷或上塔液位升高。充压时因进塔气量减少，下塔压力降低，导致主冷凝蒸发器蒸发量下降，主冷液氧增多，主冷或上塔液位暂时性上涨。

④ 氩馏分氧含量降低，甚至造成粗氩塔冷凝器氮塞。分子筛纯化器充压时，由于进塔气量减少，下塔压力降低，导致主冷凝蒸发器蒸发量下降，上塔上升气体量减少，富氩区整体下移，氩馏分中的氧含量降低，含氮量增多，在大型空分设备氧产量较大时，容易造成粗氩塔冷凝器氮塞现象。

⑤ 污氮气氧含量降低。同氩馏分氧含量降低相同，充压时会使得上塔顶部污氮气的氧含量降低。相对而言这对于精馏系统是一种比较好的现象，能提高氧产量。

2）系统调整的建议

① 在充压阶段开始时，及时补偿空气进精馏塔流量。当均压阀打开时，将空气进精馏塔流量控制回路状况改为手动，空压机导叶开度增大 3%（具体调节幅度根据分子筛吸附器充压过程分析得出）。然后将控制回路状况切换回自动。

② 在充压期间，实时跟踪空气进精馏塔流量，分几个阶段进行判断并采取相应操作。当空气进精馏塔流量低于设定值时，对导叶进行调节，否则不调节。这样在均压过程中间阶段有效防止了空气进精

馏塔流量减少，同时避免了导叶过度调节。具体实现方式为：在分子筛吸附器压力从 0.05MPa 上升到 0.30MPa 的均压阶段，压力每上升 0.05MPa，将空气进精馏塔流量与设定值比较，如果小于设定值，将空气进精馏塔流量控制回路状况改为手动，

空压机导叶开度增大0.5%，然后将控制回路状况切换回自动。

③ 均压阶段后期对空压机导叶及时回调。

④ 当分子筛吸附器压力达到0.45MPa后，接近均压完成时，空气进精馏塔流量开始快速回升，几分钟后即达到最大值。因此分子筛吸附压力达到0.45MPa时，将空压机导叶开度减少1%，然后将控制回路状况切换回自动。以后每30秒导叶开度减少1%，直至减少到分子筛吸附器切换前的水平。

⑤ 监控好上塔氩馏分中氧含量，如氧含量下降较多，及时加大进塔空气量，防止粗氩塔冷凝器发生氮塞现象。

⑥ 调节合适的分子筛纯化器均压速率，减小均压时工况的波动。

112 分子筛纯化器泄压阶段，因压力未降至要求压力导致顺控不能步进，该如何处理？

答 1）分子筛纯化器泄压阶段，因压力未降至要求压力原因分析

（1）均压阀门因机械卡涩或仪表原因未完全关闭，导致气体进入泄压罐，无法在设定泄压时间内将压力泄至顺控要求压力。

（2）泄压阀门因机械卡涩或仪表原因未完全打开，导致泄压罐内泄压速率降低，无法在设定泄压时间内将压力泄至顺控要求压力。

（3）泄压罐仪表压力测点故障导致显示值不准。

（4）泄压罐入口阀门或出口阀门内漏导致气体进入泄压罐，无法在设定泄压时间内将压力泄至顺控要求压力。

（5）阀门泄压设定时间内阀门开度不够，压力未泄完。

（6）阀门动作不灵敏，实际阀位与指示不匹配。

2）处理措施

（1）联系仪表对均压阀门进行检查和故障排除，如果原因确认后但短时间内无法排除故障问题应降低装置加工空气量防止吸附罐过量吸附而透析。

（2）联系仪表对泄压阀门进行检查和故障排除，如果原因确认后但短时间内无法排除故障问题，现场可将就地排放导淋打开加快泄压速率。

（3）联系仪表对仪表压力测点进行检查和故障排除。

（4）联系仪表对泄压罐入口阀门或出口阀门进行检查和故障排除，如果阀门内漏量过大应采取停车处理后对阀门进行拆检。

（5）联系仪表对分子筛罐泄压时间进行修改，确保在步骤时间内泄压正常。

（6）联系仪表对阀门进行检查校对。

113 分子筛纯化器再生不彻底的现象及处理措施有哪些？

答 由于人员误操作、设备或阀门故障等原因会引起分子筛纯化器再生不彻底，轻度会导致分子筛净化不彻底，加工空气中水分、二氧化碳及碳氢化合物含量偏高，冻结板换通道或设备，严重时会导致分子筛失效、冷箱停车、冷箱爆炸等事故。

1）现象

① 加热末期分子筛纯化器再生气出口温度较低。

② 冷吹峰值达不到工艺指标。

③ 纯化器底部导淋排水不畅。

④ 吸附时纯化器出口空气露点上涨。

⑤ 吸附时纯化出口二氧化碳含量上涨。

⑥ 吸附时纯化出口氧化亚氮含量上涨。

⑦ 吸附时纯化出口碳氢化合物含量上涨。

⑧ 板式换热器阻力升高。

⑨ 板式换热器冷、热端温差增大。

⑩ 产品管线温度下降。

⑪ 进塔空气量明显不足。

⑫ 精馏工况异常，产品纯度及产量下降。

2）处理措施

轻微时：

① 降低装置负荷，减少进塔空气流量。

② 调节冷冻、冷却水温度及流量或冷冻机组负荷，降低空冷塔出口温度。

③ 再生时提高再生气温度及流量或延长再生时间。

④ 再生阶段确认纯化底部疏水畅通，适当增加加热及冷吹时间。

⑤ 缩短该分子筛罐的吸附周期。

严重时：

① 空分停车，冷箱进行加温处理。

② 分子筛进行高温活化再生、必要时更换分子筛。

114 径向流分子筛纯化器纯化效果达不到要求的原因及处理措施有哪些?

答 1）压缩空气出空冷塔温度超标

危害：压缩空气出空冷塔温度超标，降低了分子筛吸附效率，增加分子筛纯化器负荷，严重时造成分子筛失效。

原因

（1）空压机出口温度过高。

（2）空冷塔负荷过大，冷却不充分。

（3）预冷系统循环冷却水或冷冻水温度偏高。

（4）预冷系统循环冷却水或冷冻水流量不足。

（5）空冷塔发生偏流，如水分布器或填料结晶、结垢。

措施

（1）检查空压机冷却器级间冷却器的冷却水量是否不足，若循环水水量偏低，通过调度协调提高循环水量，并控制循环水温度小于28℃；循环水量及水温在满足设计要求的情况下，换热器后加工气温度仍显示偏高，则待机组停车后，检查级间换热器管束是否结垢、异物堵塞，存在此情况则进行清理。

（2）根据空分设备负荷，适当减少压缩空气量在设计范围内。

（3）若循环水温度高，调整凉水塔风机负荷，降低循环水温度；若冷冻水温度偏高，可通过增大污氮气去氮水塔的流量降低水冷塔内水温，必要时冷冻机组启动或加负荷，对冷冻水进行降温。

（4）提高循环冷却水和冷冻水流量。

（5）若空冷塔冷却水、冷水量通过调节阀门，水量无变化，则判断为分布器堵塞，应停车检查并清理分布器；在工况无变化的情况下，填料阻力增大，则判断为填料结垢、粉碎从而影响换热效率，可在停车后进行填料检查、化学清洗或更换。

2）分子筛纯化器再生期间再生不彻底

危害：分子筛再生不彻底，会导致加工空气中的二氧化碳、碳氢化合物及水分进入冷箱，造成换热器、填料及阀门堵塞，主冷碳氢化合物浓缩，发生安全事故。

原因：

（1）加热时再生气温度偏低。

（2）再生气流量不足。

（3）再生时间过短。

（4）再生气含水量高，分子筛失效。

（5）分子筛填充高度不够，再生气和原料气走短路。

（6）分子筛老化、失效。

（7）纯化切换过程中阀门故障，无法正常切换，导致吸附中分子筛过负荷。

（8）空气质量差，导致纯化运行过程中，分子筛超负荷。

措施

（1）检查中压蒸汽温度和压力，中压蒸汽温度控制在200℃以上，压力大于2.5MPa，冷吹期间开大纯化器底部导淋加大疏水。

（2）将污氮气去纯化的流量计切手动操作，及时联系仪表人员检查污氮气去纯化的流量计，监控纯化运行各参数，控制纯化器加热末期时纯化入口温度应该大于30℃。

（3）加热过程中，根据再生气加热后温度及时调整蒸汽加热器液位，以满足加热温度。

（4）加热过程密切监控再生气露点，出现异常及时联系分析仪表检查分析仪，若露点持续上涨，联系中化进行手动分析，若露点显示真实立即按紧急停车处理。

（5）检修时检查分子筛床层高度，若高度不足则进行补充。

（6）降低空分设备负荷，减少加工气量，待检修时检查分子筛粉碎情况，必要时进行更换、装填。

（7）阀门故障立即联系仪表检查处理，处理期间密切监控纯化后在线分析仪空气质量指标，若二氧化碳、露点、C_nH_m出现上涨，立即进行降负荷处理，避免吸附中分子筛超负荷；若故障短期或在线无法处理，装置进行停车处置。

（8）空气质量差时，降低装置负荷，降低分子筛负荷。

3）空冷塔出口带水，纯化器后空气中CO_2/N_2O/C_nH_m含量高

危害：空冷塔出口带水，影响分子筛纯化效果。

原因

（1）空气入口温度高，空气中含水量大，分子筛寿命缩短。

（2）循环水加药过大导致循环水中产生大量的泡沫，造成雾沫夹带，空冷塔出口带水，大量水分带入分子筛。

（3）空冷塔发生液泛。

（4）空冷塔液位过高。

（5）分子筛纯化器底部疏水不畅。

措施

（1）检查空冷塔出口温度，增强预冷系统冷却性能。

（2）联系协调，循环水系统是否添加药剂，导致循环水中泡沫增多；观察补雾器阻力，判断填料层是否损坏，利用停车检修阶段进行检查；开大纯化器底部导淋，

加大疏水。

（3）空压机加负荷时，缓慢操作；在开车操作时先通气后启动水泵。

（4）降低空冷塔液位设定值。

（5）检查分子筛纯化器底部疏水器投用，特别是冬天注意防冻。

4）分子筛破碎严重

危害：分子筛均压、卸压速度过快，分子筛粉碎。

原因：均压、卸压时间设计不合理或速率过快、分子筛质量差。

措施：调整纯化器运行程序，延缓分子筛的压力变化，确保机组压力稳定，控制在工艺要求范围内。选择具有一定强度的分子筛。

5）分子筛初步投入使用活化再生不彻底

危害：初步投入使用活化再生不彻底，致使吸附剂寿命缩短。

原因：高温活化不彻底。

措施：纯化器增加加热时间，增加再生气气量，调整再生气温度，使纯化器峰值控制指标范围内。

6）装置停车后纯化系统隔离不彻底

危害：分子筛受潮，导致分子筛失效。

原因：没有按要求进行封罐，阀门内漏。

措施：停车后确认分子筛纯化器的阀门状态，处于关闭状态。

7）分子筛失去活性

危害：水分、二氧化碳、乙炔及碳氢化合物穿过分子筛，进入板式换热器，冻堵通道，主冷乙炔及碳氢化合物随空气进入精馏塔，含量升高，发生安全事故。

原因：分子筛老化、分子筛中毒。

措施：停车后更换分子筛。

115 化工园区中，空分设备分子筛纯化器后空气 CO_2 超标的原因及处理措施有哪些？

答 分子筛纯化后空气二氧化碳超标危害：随着空气的不断冷却，被冻结的水分和二氧化碳沉积在低温换热器、透平膨胀机或精馏塔内，会堵塞通道、管线和阀门；板换冻堵导致跑冷，产品产量减少；二氧化碳在主冷中，碰撞主冷壁产生静电火花，发生安全事故。

1）大气环境的影响，因吸入口迎风向设置在石化等污染较重的厂区，或者化工园区内紧急状况下排放二氧化碳，导致进口气源中二氧化碳含量过高。一般偏离设计工况过多，分子筛纯化系统出口空气中二氧化碳含量必然会超标。

处理措施

（1）应急处理方案是根据超标具体情况相应缩短单只分子筛纯化器的工作时间。

（2）可根据运行情况并结合设备的情况，在停车时考虑增加分子筛装填量。

（3）空分设备选址时，应考虑选在主体项目的侧上风向。

2）空冷塔工作不正常，温度高、带水。若进口空气中的水含量高，将会增加分子筛的负荷。由于分子筛先吸附水分，再吸附乙炔、二氧化碳等，因此吸附的水分多了，吸附二氧化碳的能力自然大大降低，导致二氧化碳含量超标。

处理措施

（1）检查空气预冷系统的工作情况，控制好进入分子筛纯化器的空气温度。

（2）在预冷系统开车操作时，先通气后启水泵。

（3）循环水系统加药时，注意空冷塔阻力，防止雾沫夹带导致带水。

（4）空冷塔运行时，控制空冷塔液位不高，防止空气带水。

3）蒸汽加热器泄漏，使水分进入分子筛纯化器。蒸汽加热器使用过程中，因制造加工、流体介质的冲击破坏等原因可能会存在局部管道破损泄漏，较多的水分随着再生气进入分子筛纯化器，时间较长影响分子筛吸附性能，导致二氧化碳超标。

处理措施：

根据蒸汽加热器出口气体水含量分析，及早发现，及早判断处理。

4）分子筛纯化器运行时间长，负荷大，超出设计工况较多。分子筛纯化器运行时间过长，空气处理量大，造成分子筛的吸附容量不足，使二氧化碳含量超标。

处理措施：

（1）合理缩短分子筛纯化器运行时间。

（2）根据空分设备适当降低负荷，降低分子筛纯化器负荷。

5）分子筛失效。分子筛一般使用寿命为5~8年，如果操作条件相对苛刻，可能缩短分子筛使用寿命。可能导致二氧化碳超标。

处理措施：

定期抽样检查，检测分子筛性能，如果发生性能参数有偏差，轻微时，可以减少空气处理量，缩短单只分子筛纯化器的工作时间及活化再生处理；严重时，停车更换分子筛。

6）空压机出口压力低于设计压力，使相对水含量增加，另外空压机出口压力低，使空冷塔回水不畅，空冷塔液位高，空气带水，致使分子筛纯化器负荷增加，可能造成二氧化碳含量超标。

处理措施：

若其他影响因素不明显，而空压机出口压力偏低，就需要适当提高空压机出口压力，并彻底活化分子筛，再观察二氧化碳含量是否恢复正常。

7）设计时选择的吸附剂量不够引起二氧化碳含量超标的因素有很多，现场的操作工况也是千差万别，如果在排查其他因素后，或很难确定造成超标原因的时候，可以将故障现象反馈给设计单位，核算设计的吸附剂用量是否不足。

处理措施

（1）取样分析进口空气，二氧化碳含量和水含量必须符合设计要求。

（2）抽样检验分子筛质量，须达到合格要求。

（3）反馈给设计单位获得修整方案，或是根据空气处理量等参数在设计范围内的具体情况，适当增加分子筛量。

116 透平气体膨胀机在运行过程中应注意哪些事项?

答 1）工作原理

透平膨胀机是一种高速旋转的热力机械，利用工质流动时速度的变化来进行能量转换，因此也称为速度型膨胀机。它由膨胀机通流部分、制动器及机体三部分组成。工质在透平膨胀机的通流部分中膨胀获得动能，并由工作轮轴端输出外功，因而降低了膨胀机出口工质的内能和温度。

2）注意事项

① 气体膨胀机加减负荷时应缓慢操作。操作过快，增压机容易发生喘振。

② 注意气体膨胀机运行过程中机前温度不能过低。因为气体膨胀机机前温度过低容易造成气体膨胀机带液。气体在膨胀机内出现液体时，温度显著降低。在膨胀机内，温度最低的部位是工作轮的出口处。如果在膨胀机内气体的温度低于当地压力所对应的气体液化温度，则将会有部分气体液化，在膨胀机内出现液体。

带液的危害：由于透平膨胀机工作轮的转速很高，液滴对叶片表面的撞击将加速叶片的磨损。更有甚者，液滴在离心力作用下，又被甩到叶轮外缘与导流器的间隙处。液体温度升高，产生急剧汽化，体积骤然膨胀。由于膨胀机内部汽化的气体会对导流器出口的叶轮产生强烈的冲击，严重时会造成叶片断裂，因此在膨胀机内是不允许出现液体的。

带液的处理：当膨胀机内出现液体时，从机后的压力表可以观察到指针在不断地抖动。间隙压力大幅度升高，并产生波动。为了防止膨胀机内出现液体，只要控制机后温度高于机后压力所对应的液化温度。液化温度与压力有关，机后压力愈高，对应

的液化温度也愈高。

③ 在启动过程中注意转速要快速越过最低转速。因为气体膨胀机在启动过程中，转速太低，轴承上的润滑油膜建立不起来，容易烧坏轴瓦。

④ 在运行过程中注意不能超速。因为转速太高，破坏轴承上的油膜，造成烧瓦事故。

⑤ 在运行过程中注意密封气压差不低。透平膨胀机要求进入膨胀机的气体全部能通过导流器和工作轮膨胀，产生冷量。但是，由于工作轮是高速转动的部件，机壳是静止部件，低温气体有可能通过机壳间隙外漏。这将使膨胀机的总制冷量下降，同时将增加冷损。此外，冷量外漏还可能使轴承润滑油冻结，造成机械故障。因此必须采用可靠的密封。一方面可减少低温气体的泄漏量，减少冷损，另一方面可防止轴承的润滑油渗入密封处，进入膨胀机内。

⑥ 在运行过程中注意润滑油油压在指标范围内。因为润滑油压过高或过低都不利于轴承形成很好的油膜，容易造成烧瓦事故。

⑦ 在运行过程中注意润滑油油温在指标范围内。因为油温过高不能带走轴承产生的热量，容易造成烧瓦。油温过低，润滑油黏度增大，油膜不容易形成，轴承振动增加，造成机械伤害。

⑧ 定期检查分析油质。油质不好，容易造成轴瓦润滑效果不好；严重时造成烧瓦事故。

⑨ 注意监测过滤器阻力，防止过滤器破损损坏机器。

117 大型空分设备选用液体膨胀机的目的及操作注意事项是什么？

答 1）大型空分设备中选用液体膨胀机的目的

在常规内压缩空分流程中，有一股高压空气经与高压液氧或高压液氮换热而获得的高压液空，这股液空采用高压节流阀进行降压后被送入下塔参与精馏。但采用高压节流阀节流是典型的不可逆过程，节流的高压液体能量不仅被白白浪费，而且被耗散在低温系统中导致温度升高，使空分设备气体提取率降低，总能耗增加；同时伴随有汽蚀现象，大大缩短了高压节流阀的使用寿命。因此，在大型空分设备中使用液体膨胀机来代替液体高压节流阀，这样不仅可以降低能耗，解决高压节流阀汽蚀问题，而且液体膨胀机采用发电机制动，还可以利用其发电机发电向电网输送电力，达到节能增效的目的。

2）操作注意事项

① 液体膨胀机转速升高至 19000rpm →降速→ 3000rpm →匹配发电机→进行发电，整个降速过程是在齿轮箱中进行的，由行程齿轮箱实现降速过程。

② 启动后操作喷嘴尽量等转速稳定后再进行开大，同时需要进行主副油泵切换、电机合闸的确认；待电机合闸后喷嘴迅速开大5%～10%，原因是确保发电机在合闸后，是向外供电，而不是由外电驱动。

③ 液体膨胀机在运行期间注意转速，防止超速运行。

④ 液体膨胀机在运行期间注意出口压力，防止汽化，损坏设备。

⑤ 液体膨胀机是以液体作为介质，而液体具有不可压缩性，所以液体膨胀机不具有气体膨胀机具有的较高膨胀量以及温降效果，但液体膨胀机仅带动电机，相对输出膨胀功也相对较小。

⑥ 液体膨胀机跳车时，会向电气发送断电信号，使发电机断电；主要原因是防止电流的逆向保护，实际中如果发电机（无论是否运行）检测到外电网对发电机进行供电后，会触发跳车信号，进行断电。

⑦ 液体膨胀机主要维修记录为轴承结焦和进口过滤器；结焦主要是因为轴温过高，导致润滑油黏性下降；进口过滤器主要是干冰冻结，此问题反应在进口压差以及拆检后无异物。

118 上、下塔平行布置的精馏塔，冷却、积液的操作及注意事项是什么？

答 1）冷箱冷却操作

① 确认冷箱加温合格，露点分析≤-65℃，关闭精馏塔导淋及上塔放空手阀，将氩塔放空手阀从60%关到30%，打开上、下塔联通阀。

② 启动气体膨胀机，逐渐增加气体膨胀机负荷，同步调整空压机、增压机负荷，保证机组运行稳定缓慢开大气体膨胀机喷嘴，逐渐关小气体膨胀机增压端回流阀，同步调整机组负荷，提高膨胀机制冷量，使膨胀机在最大负荷下运行，精馏系统开始冷却，维持气体膨胀机转速正常。

③ 逐步开大液膨的旁通阀，后期通过液膨旁路可以帮助冷箱快速积液。

④ 低温泵加温合格后，低温泵与精馏塔同步降温，随着冷箱内温度的不断下降，逐步关小冷箱各导淋，待挂霜后关闭。

⑤ 调整冷箱内各节流阀开度，保证精馏塔同步冷却，注意冷却温度严格控制30℃/h以内，当板换冷端温度冷却至-171℃时，冷却结束，进行积液调纯阶段。

⑥ 上塔有一定液位时，主冷凝蒸发器开始积液。关闭上、下塔联通阀，启动循环液氧泵，缓慢向主冷打液，主冷开始积液（为加快积液速度，可采取液氮倒灌的方法）。

2）注意事项

① 注意上塔压力控制在合理范围，防止超压。

② 及时调整机组及膨胀机负荷，确保降温速率控制在＜ 30℃/h。

③ 及时调整产品放空，防止跑冷及管线温度低联锁。

④ 启动液氧循环泵前，关闭上、下塔联通阀。

⑤ 循环液氧泵启动后，缓慢向主冷打液，同步调整机组负荷，防止因空气急剧液化导致空压机排气压力大幅波动。

⑥ 冷箱积液时，投用在线分析仪，防止碳氢化合物超标，发生安全事故。

⑦ 投用液氮倒灌时，注意上塔应有一定的液位，防止精馏塔及管道冷却不充分产生应力，损坏设备管道。

119 上、下塔平行布置的精馏塔冷态开车时容易出现哪些问题，如何处理?

答 1）空分设备冷态开车冷箱导气时容易出现的问题

空分设备精馏塔冷态开车是在系统短时间停车后，为了尽快恢复生产，保留主分馏塔内的低温液体或是在主分馏塔内温度接近液化温度状态下的开车。空分精馏塔冷态开车既要避免污氮气、低压氮气等碳钢管道因热端温差过大、冷流体温度过低造成低温脆裂，又要防止主分馏塔因热负荷过大、液体急剧气化发生超压事故。这两个问题处理的是否妥当，直接决定着空分系统冷态开车的安全性以及氧氮产品外送时间的快慢。所以，冷态开车的难点在于开车初期冷量平衡的调节和系统内压力的控制。

2）空分设备冷态开车冷箱导气时容易出现的问题处理方法

（1）启动并加载一台液氧循环泵，将低压塔底部液氧输送至主冷，使主冷处于“全浸”状态，控制主冷液位至 110% 以上时，且低压塔液位在 55% ~ 60% 之间稳定。一方面防止导气后主冷液氧蒸发过快液位低，导致碳氢化合物聚集；另一方面防止低压塔液位过高，浸没主冷排气管口，造成主冷超压。

（2）提前加载增压机一段负荷至正常负荷的 80%，为启动气体膨胀机做好准备。并联系现场人员与对气体膨胀机进行全面检查，确保可随时启动。

（3）为防止导气后，低压塔压力上涨过快，可提前将低压塔压力设定值降低，防止低压塔超压。

（4）导气前确认纯化后空气露点监测合格并手动加样分析合格。

开始向压力塔导气时，缓慢复热板式换热器低压侧集聚的冷量，待温度回升后缓慢全开导气阀。导气后，主冷热负荷加剧，低压塔压力持续上涨，此时注意通过污氮气放空和至水冷塔控制阀调整低压塔压力。根据板换冷流温度可适当抽取压力氮，并及时启动气体膨胀机，既可加大循环空气量，控制热端温差，防止管道低温脆裂；又可及时补充冷量，维持主冷液位处在较高的水平。此时可投用污氮再生气，纯化器顺控启动，注意跟踪纯化器步序状态正确。在压力塔导气前需确保液氮节流阀、液空节流阀是关闭的，否则影响导气时间。压力塔导气后，可根据低压塔压力变化趋势，缓慢开大液氮、液空节流阀，为低压塔提供回流液。富氧液空节流阀可根据压力塔液位保持在合适的开度，保证下塔导入上塔的是液体，为上塔提供足够的液体及冷量。但液位不宜控制过高，避免冷量在压力塔过多聚集。

120 精馏塔压差增大的原因及处理措施有哪些?

答 1）精馏塔压差的组成

精馏塔压差即塔釜和塔顶的压力差。塔板压降主要是由三部分组成的，即干板压力降、液层压力降和克服液体表面张力的压力降。塔釜与塔顶的压力差是全塔每块塔板压力降的总和。所谓干板压力降，就把精馏塔内上升的气体通过没有液体存在的塔板时，所产生的压力降；当气体穿过每层塔板上的液体层时产生的压力降，叫作液层压力降；气体克服液体表面张力所产生的压力降，叫液体表面张力压力降。

2）影响精馏塔压差增大的主要原因

① 精馏塔自身的固有压差增大。对于精馏塔而言，由于其内部装有填料及分布器等，自身存在一定压差。对于塔自身的压差，在设计完成以后已经无法改变。在长期运行过程中，加工空气会不断地向精馏塔带入分子筛粉末、干冰、水分等杂质，导致精馏塔填料结垢；精馏塔内因施工留下的铝屑等杂质造成填料堵塞。同时，因操作不当造成气流冲击或液击造成填料及分布器变形损坏，都会造成精馏塔自身固有压差增大。

② 生产操作时，气液不平衡产生的压差增大。正常操作时物料不平衡：即进塔气量过大造成精馏塔塔釜压力增大从而导致压差增大，纯化切换时反应最明显；在减少产品外送量时未能将进塔气量同时降低，导致塔内憋压从而引起压差增大，具体在退氧产品时可以观察到。

上下塔回流比不合理：在正常操作中，调节精馏塔回流比时，上升气突然变大而回流液没有变化容易使回流比变小从而造成上升气需要克服的阻力变大，回流液的突然变大也会造成上升气克服的阻力变大进而表现为精馏塔压差增大。去上塔污液氮、液空、富氧液空阀门开关太快导致回流液突然减少或增加。

③ 仪表故障造成的压差增大。压差变送器故障以及引压管冻堵或者泄漏引起的压差增大：负压侧引压管冻堵后负压为零，正压侧压力不变，压差变送器显示值为正压减负压的差值，此时精馏塔压差增大；同样的负压侧引压管漏气也会使负压降低，正压不变的情况下，差值随之增大；变送器显示故障造成压差增大。

3）预防精馏塔压差增大的措施

① 对于塔自身的压差，主要从精馏塔的正常操作中减少对填料的冲击，运行时监控好分子筛纯化器后的二氧化碳及水分的含量，含量偏高时及时进行调整，保证分子筛的吸附效果，每次精馏开车时对冷箱进行彻底加温；开车时对精馏塔吹扫要彻底防止机械杂质和其他固体物质堵塞填料，同时设备安装时严格把关。

② 生产操作时，应该严格遵守岗位操作法，调节空分负荷时要平衡好进塔气量和产品外送量；缓慢操作去上塔阀门以及空压机导叶，避免塔内上升气和回流液大幅度波动。

③ 压差变送器故障、引压管冻堵或者泄漏、阀门故障引起的压差增大应立即联系仪表方面的人员检查处理。

121 内压缩空分设备，上塔顶部污氮气温度比膨胀机出口温度低的原因是什么？

答 空分设备的制冷量主要靠膨胀机产生，但是，空分设备最低温度是在上塔顶部，维持在 -193℃左右，比膨胀机出口温度要低，这是因为空分设备在启动阶段出现液体前，最低温度是靠膨胀机产生的，精馏塔内的温度也不可能低于膨胀后温度。但是，当下塔出现液体，饱和液体节流到上塔时，压力降低，对应的饱和温度也降低，部分液体开始气化而吸热，使温度降至上塔低压下对应的饱和温度，成为低压下的饱和液体和饱和蒸气的混合物。例如，下塔顶部 -177℃的液氮节流到上塔时，温度就可降低至 -193℃。此外，上塔底部的液氧温度为 -180℃左右，在气化上升过程中，与填料层上的液体进行热、质交换，氮组分蒸发，气体温度降低，待气体经过数块塔板，上升到塔顶时，气体已达到纯氮，温度也降到与该处的液体温度（-193℃）相等。因此，塔内最低温度的形成是液体节流膨胀和气液热、质交换的结果。

122 精馏塔发生液泛的现象、原因及处理措施有哪些？

答 在精馏塔内，液体沿塔板溢流斗或填料下流，与温度较高的蒸汽在塔板上或填料中接触，发生传热和部分蒸发、部分冷凝的过程。如果塔板或填料上的液体难于流下，造成塔板溢流斗或填料液面越涨越高，液体无法正常下流，就叫“液泛”。

1）液泛的现象

① 当上塔液泛时，明显的现象是液氧液面波动很大，氧气纯度也是随着氧液面的波动而大幅度的波动。

② 当下塔产生液泛时，现象是液氮纯度无法调整至标准值，有时甚至高于液空中含氧量。下塔发生液悬时，首先下塔阻力明显地增加，液空液面逐渐下降到零。当阻力增大到一定的程度时，突然下降，此时液空液面激增。随后，下塔阻力开始上升，又重复上述过程。与此同时，下塔的压力和进塔空气流量波动也很大。

③ 当上、下塔都发生液泛时，上塔液悬和下塔液泛的现象都得到反映，并互相影响，有机地联为一体。

2）液泛的原因

① 空气量增大。尤其是进塔空气阀开度过快、过大，或加减负荷速率过快，向下塔送入的空气骤然增多，造成气速突然增高；装置冷态开车时空压机加减负荷过快；高压空气节流阀开度过快。

② 填料被固体二氧化碳或分子筛粉末等堵塞。

③ 下流液体量过多。特别是在操作富氧液空、贫液空、污液氮和液氮节流阀时动作过快，使上塔或下塔的下流液体量突然增大。

④ 填料加工装配不正确或填料变形。

3）液泛的处理

① 由于加工空气量过多，而造成液泛。这时应排放一部分空气，待塔内工况稳定后，再缓慢地、分多次送入空气，待空分设备各塔参数稳定后继续再送；冷态开车时导气缓慢操作。

② 由于微量的水分和二氧化碳带入塔内，久而久之使填料上的小孔堵塞，使塔内阻力增加而引起的液泛。这时只能停车加温。但在生产急需用氧时，则可采取减少进塔的空气量，在低负荷下运转的应急措施。

③ 大型设备在关阀期间，如果由于液空、液氮节流阀关得过快引起的液泛，则应重新开大液空、液氮节流阀，待压力稳定、液氧液面上升时再慢慢地把两阀关小。

④ 如果是设计制造上的问题，例如是由于塔径过小、填料没有对正等引起的，只能停车加温，进行更换或纠正。

123 空分设备主冷凝蒸发器液位高低对上、下塔有何影响?

答 空分设备精馏过程必须要有上升蒸汽和下流液体。主冷凝蒸发器是联系上、下塔纽带。液氧来自上塔底部，在冷凝蒸发器内吸收热量蒸发成气氧，一部分作为产品氧抽出，大约有70%～80%供上塔作为精馏上升蒸汽。气氮来自下塔上部，在冷凝器内放出热量而冷凝成液氮，供给上、下塔作为回流液，参与精馏过程。

全低压空分设备精馏工况要保持稳定。首先要主冷液位的稳定，当主冷液位高度发生变化，对上、下塔精馏工况具有一定影响。主冷凝蒸发器内液氧在管内蒸发，沸腾状态为三个区段。即：预热区、沸腾区和蒸发区。当主冷液位上升时，管子全部浸入液氧中，影响了沸腾区传热，沸腾强度就减弱，传热温差减小，热负荷降低。如：主冷液位过高，主冷凝蒸发器温差减小，液氮的冷凝量减少，下塔压力升高，进气量减少。蒸发区的蒸发量减少，上升蒸汽量明显减少。上塔下流液体量大于上升蒸汽量，提馏段的回流比增大，氧气纯度降低，氩馏分中含氮量增加，造成增效氩塔氮塞。

当主冷液位过低，在管子上就会出现蒸发区，使管子的传热面积未能得到充分的利用，造成传热面不足，主冷热负荷就要降低，即传热量减少。因此，液氧蒸发量就要减少，气氮冷凝量相应减少，下塔进气量就要减少，下塔精馏工况也将破坏，从而影响到整个装置精馏工况。

在正常运行中，主冷凝蒸发器主冷液位操作要保持在规定的高度上，引起主冷液位波动的原因较多，总体归纳起来是冷量不平衡或液量分配不当。产冷量的多少是整个空分设备冷量平衡所要求的。产冷量大于需要量，主冷液面升高，就应减少制冷量。若空分设备冷损增大或由于其他原因，产冷量小于需要量，则主冷液面下降，就要增加制冷量。对全低压空分设备来说，增加或减少制冷量主要是增加或减少膨胀机的膨胀量。主冷液面过高或过低时，还要分析其他液面是否在工艺规定范围内。主冷液面过高而下塔液面过低，可能是由于打入上塔的液空过大，此时应关小液空截流阀。主冷液面过低，而下塔液面过高，则要开大液空截流阀，以保持主冷液面稳定。

124 主冷凝蒸发器中液氧为什么要检测乙炔、碳氢化合物及氧化亚氮的含量?

答 乙炔及碳氢化合物在主冷液氧中随着液氧的蒸发而浓缩积聚，会发生主冷爆炸，而氧化亚氮含量升高会堵塞主冷液氧通道，增大主冷中碳氢化合物爆炸敏感性。

（精馏主冷总烃≤100×10^{-6}，主冷乙炔≤0.1×10^{-6}，主冷氧化亚氮≤1×10^{-6}）

1）碳氢化合物在主冷中的积聚原因

实践表明几种碳氢化合物爆炸敏感性由高到低的顺序是：

$C_2H_2 \rightarrow C_3H_6 \rightarrow C_2H_4 \rightarrow C_4H_{10} \rightarrow C_3H_8 \rightarrow CH_4$

碳原子数相等的碳氢化合物，随未饱和度增加相对危险增加，即炔＞烯＞烷，不同碳原子数的碳氢化合物相对危险性随碳原子数增多而增大，可见C_2H_2和C_3H_6应作为空分设备防爆的重点控制对象。而乙炔等碳氢化合物是否会在主冷液氧中积聚、浓缩、结晶，则主要取决于其沸点，其在液氧中的溶解度及饱和蒸气压。沸点（相对液氧）越高、溶解度越小、饱和蒸气压越小，越易在液氧中积聚浓缩。乙炔等碳氢化合物的沸点均比氧的沸点高得多，也就是说当液氧汽化后，乙炔等仍以结晶体滞留在主冷中，如果不采取措施，当液氧不能将它们全部溶解时，便有杂质从液氧中浓缩、析出，它们尽管含量甚微，但由于不饱和碳氢化合物可能发生分解，产生大量的热及氢气而发生危险，或者因与氧发生氧化反应，放热且反应速度极快而造成爆炸。

2）碳氢化合物在液氧中的积聚形式

一是由于主冷结构设计不合理或局部通道不畅通（如盲管），造成液氧在未流通部分干蒸发，碳氢化合物于是在局部浓缩、析出，这种情形往往导致主冷的微爆；二是碳氢化合物在液氧中整体超限，是由于未经彻底净化的空气进入分馏塔精馏，或微量的碳氢化合物未经充分循环吸附而逐渐积累形成。

3）氧化亚氮在液氧中的积聚形式

氧化亚氮（N_2O），目前在大气中的含量约为310×10^{-9}（$0.6mg/m^3$），它在液氧中的溶解度随压力和温度的升高而增大，但总的溶解度不大。如液氧蒸发温度为95K（-179℃），N_2O在其中的摩尔浓度约为8×10^{-5}，也就是说，每吨液氧中最多可溶解110克N_2O，其多余部分将呈固体状态在液氧中悬浮。氧化亚氮本身并不危险，但它属于“堵塞工质”，极易堵塞蒸发侧液氧通道，形成液氧的“干蒸发”与“死区沸腾”。（“干蒸发”：当主冷凝蒸发器供液不足，使进入蒸发器的液氧全部蒸发，而以极高的倍数浓缩一些挥发度小的杂质的现象，称为“干蒸发”。“死区沸腾”：由于堵塞，蒸发器通道中的液体流动受到限制，被封闭液体因换热而蒸发，其中杂质则被浓缩直至沉淀析出，称为“死区沸腾”，它类似一端封死的换热通道。）

4）碳氢化合物及氧化亚氮在液氧中积聚的危害

如果沸腾侧液氧循环量不足或液氧分配不均，使一些换热通道内液膜厚度太薄，在下降过程中因受热蒸发会使液氧膜层逐步减少为零，而形成“干蒸发”。沸点高的未被吸附的N_2O和CO_2则会不断析出，堵塞液氧通道而进一步导致“死区沸腾”。

“死区沸腾”会使液氧中的乙炔等碳氢化合物局部不断积聚、浓缩、析出，空分设备主冷此时极易发生严重爆炸事故。当液氧中的氮氧化物浓度较高时，碳氢化合物的爆炸敏感性就会大大提高。许多主冷爆炸事故报告都指出，当空分设备周围有关装置向大气中排放大量氧化亚氮时，即使液氧中乙炔含量比大气中无氧化亚氮时的乙炔含量低得多，但主冷仍发生爆炸，可见氮氧化物促进了主冷的爆炸。

5）防范要点及安全措施

① 工艺操作要稳定，全浸式主冷凝蒸发器能有效防止有害物质积聚。温度、压力、流量、液面应尽量保持稳定，避免快速、大幅度的增减空气、氧气、氮气量，同时避免因操作不当而引起的液悬现象，以防产生摩擦、冲击，形成激发能源。

② 新型 LMS 分子筛吸附剂具有强度高、吸附能力强的特性，对 N_2O 具有比其他分子筛更高的吸附率。

③ 管道和设备设计计算时避免在管线或设备上的死角，消除了液氧汽化后碳氢化合物富集的可能性。

④ 液氧内压缩，氧气产品以液态方式抽取，能连续地排放氧化亚氮和碳氢化合物从而使碳氢化合物与氧氮化物在冷凝蒸发器中富集的可能性降低到最低点。

⑤ 减少二氧化碳的进塔量，对进空分设备冷箱的流程空气进行在线 CO_2 分析监控。二氧化碳对分子筛流程的空分设备生产的危害较大。在主冷液氧中其不仅容易堵塞换热通道，并是有害物质的吸着剂，十分危险。因此应采取对分子筛后空气中二氧化碳的在线监测和控制，力争使其含量$\leq 0.5 \times 10^{-6}$。对分子筛纯化系统的操作，要加强“切换装置”的管理与维护，应每星期检查一次，确认再生与加热、冷吹期间是否达到规定的工作温度，切换时间是否正常，如有异常，及时调整。对切换板式流程，则需控制好可逆式换热器的阻力、中部温度及冷端温差，确保足够的返流污氮气量，保证自清除效果，防止干冰进入精馏塔内引起静电积聚。

⑥ 防止静电的产生和积聚。

a. 空分设备内外应设置完善、可靠的防静电接地装置，各精馏塔器、冷凝蒸发器、液体纯化器、液体排放管、取样分析管应能单独地形成回路，冷箱内设备需在距离最大的两个部位接地，是避免或降低装置内静电积聚的重要措施。

b. 防止干冰、分子筛粉末、硅胶粉末进入塔内是避免装置产生静电的根本措施，分子筛纯化器在使用两年后，要测定分子筛颗粒的破碎情况，必要时，要取出全部吹刷过筛，去除沉积在上面的微粒与粉末。

c. 精馏塔除拥有良好的防雷、防静电接地外，还应在氧气、液氧、液空管道或阀门的法兰处可靠跨接，跨接电阻$<0.03\Omega$。

d. 主冷中各液体进出物料的管径，应保证液体拥有最低允许流速。

⑦ 对进冷箱流程空气和主冷凝蒸发器内液氧进行在线 N_2O 分析监控；主冷凝蒸发器内液氧进行 C_nH_m 分析监控，并设报警、联锁。由于人工取样周期较长，而采取高精度的在线分析仪表可定时出结果，同时其结果可通过仪表设置关联操作，如分析出烃类、二氧化碳、氧化亚氮含量超过设定值可报警提醒操作员注意监控、提前采取措施，如超过危险值可通过联锁进行/加大主冷排液，或调节净化系统吸附剂（如分子筛）除杂能力或减少冷箱进气。

⑧ 主冷积液时，严格按照操作规程操作，防止主冷干蒸发，导致乙炔、碳氢化合物浓缩积聚，发生爆炸事故。

综上所述，空分设备的主冷要控制好液氧中乙炔、碳氢化合物及氧化亚氮的含量，确保各项指标均在所要求的控制指标范围内。其次是加强引爆源的控制和增加监测措施，同时应加强管理，堵塞漏洞。只有这样主冷凝蒸发器爆炸的恶性事故才不会发生。

125 空分设备碳氢化合物超标的原因及处理措施有哪些？

答 1）碳氢化合物超标原因

（1）原料空气污染

① 空压机吸入口空气质量差，大气中碳氢化合物含量高。

② 空压机密封不好，润滑油漏入气缸导致压缩空气污染，碳氢化合物含量高。

（2）分子筛纯化器净化不彻底，使碳氢化合物超标

① 对于预冷系统出现空冷塔出口空气带水、空气出空冷塔温度高等易使分子筛纯化器负荷增大，无法正常吸附碳氢化合物，造成碳氢化合物超标。

② 分子筛纯化器再生不彻底，吸附性能下降，造成碳氢化合物超标。

③ 分子筛老化，粉化等。

（3）安装检修过程中使用了带油脂的东西（如带油的手套、带油的工具等）或设备、管线脱脂不彻底，导致碳氢化合物超标。

（4）液氧产品输送量少，碳氢化合物在主冷中浓缩，超标。

2）碳氢化合物超标采取的处理措施

（1）加强空气质量监测，在空分设备选址时，应考虑当地常年风向、排放二氧化碳及碳氢化合物的量。在空压机吸入口碳氢化合物超标时，应降低空分设备负荷。严重时，空分设备紧急停车。在空压机润滑油泵启动前，确认空压机密封气投用，防止润滑油进入气缸，使空气污染。

（2）严格监控分子筛纯化器再生指标，确保分子筛再生彻底；严格监控空冷塔

工艺参数，在空冷塔开车时，严格按照操作规程，先通气后启泵；在停车时，检查分子筛老化及粉化程度，及时补充分子筛或更换部分分子筛。

（3）安装检修后，对设备、管道进行严格脱脂。

（4）控制液氧液位在合适的范围，加大液氧的取出量，加大主冷液氧循环。

126 为什么设置主冷凝蒸发器氖、氦排放阀，操作时应注意哪些事项？

答 空气中除氧、氮、氩外，还含有极少量的氖、氦、氪、氙等稀有气体，这些稀有气体随空气被带入精馏系统中，由于其独有的特性，会导致主冷凝蒸发器不工作，影响精馏工况及产品纯度。

1）不凝气体的性质

氖、氦、氮气的液化温度、密度及在空气中的占比如表 3-1 所示：

表 3-1 气体物理参数

气体种类	氖（Ne）	氦（He）	氮（N_2）
液化温度 /℃	−245.91	−268.79	−195.65
标准密度 /$kg \cdot m^{-3}$	0.8713	0.1769	1.251
空气中所占体积分数 /%	$15 \times 10^{-6} \sim 18 \times 10^{-6}$	$4.6 \times 10^{-6} \sim 5.3 \times 10^{-6}$	78

氖、氦气为惰性气体，从表 3-1 可见，其在空气中所占的比例很少，氖、氦相对于氮气而言，其液化温度低、密度小。通常主冷中氧氮测的温差为 2℃，在此温差作用下气体氮会被冷却成液体，而氦、氖气体的液化温度更低，不会被冷却，由于其密度低于氮气密度，氦、氖气体会悬浮在氮气的顶部。

2）设置不凝气排放阀的目的

在空分设备主冷凝蒸发器中，都会在冷凝侧（氮侧）顶部设置不凝气吹出阀，其原因是氖、氦气体会随着下塔的氮气进入主冷凝蒸发器的冷凝侧，在其顶部时由于其液化温度低，冷凝不下来，悬浮在冷凝侧的顶部，占据了冷凝器的部分位置。虽然氦、氖气体占比较少，但是随着在装置长时间的运行，如不及时排出这些氦、氖气体，不凝气会越积越多，占据更多的换热面积，严重影响主冷凝蒸发器的正常工作，使得氮气不能正常冷凝下来，从而影响到精馏工况及整个空分设备的负荷。

为了将所需冷凝的氮气量冷凝下来，只能靠提高下塔压力，以增大主冷的传热温差，这样就会增大空分设备的能耗。但是随着冷凝器换热面积被更多的不凝气占据，只能不断地提高压力来解决问题，当下塔氮气不能被正常冷凝时，下塔的吃气能力不足，塔压升高，空压机排气压力升高，装置整体负荷降低，产品纯度下降，对整个空分工况造成破坏。因此，在冷凝蒸发器顶部都装有氖、氦吹除管，运行中需定期打开氖、氦吹除阀，将之排放掉。

同时，在装置开车调纯阶段，适当打开不凝气排放阀会加快产品调纯，缩短开车时间，降低能耗。

3）不凝气排放阀的操作注意事项

① 开车时，积液时先不打开，降低主冷蒸发量，加快积液速度；调纯时，适当开大不凝气排放阀，能加快产品调纯；

② 正常运行期间，保持主冷不凝气排放阀小开度排气，确保不凝气能正常排出，同时排放口不排液；

③ 不凝气排放口不宜长时间较大开度排放，一是不凝气含量很少，小开度足以将其排完；二是会加大装置的冷损，造成能耗增大；三是排放口喷液，会造成一定的安全隐患。

④ 对于装置制冷效果差或装置整体冷损较大的空分设备，可不常开排放，建议定期排放不凝气，防止其聚集，同时加强监控精馏工况及装置负荷。

127 大型内压缩空分设备运行时主冷液位如何调整？

答 主冷液位是决定精馏塔工况是否稳定的关键因素，也是观察冷量平衡的主要标志。在空分设备正常运转的情况下，主冷液位应稳定在一定的水平上。如果主冷液位上升，即说明冷量过剩；如果主冷液位下降，即说明冷量不足。冷量过剩或不足都难以高效提取氧气、氮气。

主冷液位的高低影响主冷凝蒸发器的有效换热面积。主冷液位控制高一些，调整时不易引起产品氧纯度的波动；主冷液位控制过低时，主冷凝蒸发器换热面积减少，氮蒸气不易冷凝而使下塔压力升高。因此主冷液位的高度，应控制在同时有利于氮蒸气充分冷凝和液氧充分蒸发的理想高度，不同空分设备有不同最佳点。

对于全浸式主冷，常用的控制主冷液位高度的方法有以下几种：

（1）调整液体产品取出量：根据主冷液位的高低，调整液体产品的取出量，对稳定主冷液位有明显作用。

（2）调整氧、氮产品气量：根据主冷液位的高低，可适当调整氧、氮产品气量，但需要同时结合后系统用气量，对于集群化空分设备，可通过其他各套空分设备配合调节。

（3）调整膨胀量：膨胀机制冷量是主要冷量来源，冷量不足或过剩，直接影响到主冷液位，所以调整膨胀机膨胀量，能有效控制主冷液位。

（4）调整进塔气量：在装置产品外用量一定时，要保证与产品送出两相匹配的进气量，达到物料平衡，才能保持稳定的主冷液位。

（5）调整板换热端温差：板换热端温差过大，是导致主冷液位降低的一个重要因素，应缓慢开大高压空气节流阀开度，增加热端进气，降低板换热端温差，减少装置跑冷损失。

（6）液体膨胀机：对于大型空分设备，常配有液体膨胀机，当装置负荷较大，主冷液位偏低时，可启动液体膨胀机，提供部分冷量，保证主冷液位稳定。

（7）尽可能降低分子筛出口空气温度：通过尽量降低空冷塔出口空气温度，降低分子筛出口空气温度，是提高主冷液位的有效措施。

128 哪些原因造成主冷液位涨不高？

答（1）主换热器，热交换不完全损失增大，冷损大。

热交换不完全损失是返流低温气体出主换热器的热端时，不能复热到正流空气进热交换器的温度而引起的。因此，返流气体与正流空气换热器的热端温差越大，说明复热越不足，未被利用的冷量越多，热交换不完全冷量损失就越大。因此，热交换不完全冷损失与热端温差成正比。

（2）膨胀机进、出口温差小，效率低，膨胀量少。

膨胀机的效率高低取决于膨胀机内各种损失的大小。由于各种损失的存在，使气体对外做功的能力下降，而这些损失以热的形式传给气体本身，使气体的出口温度升高，温降效率减小。其损失主要有以下几种：

① 流动损失。气体流过导流器和工作轮时，由于流道表面的摩擦、局部产生漩涡、气流撞击等产生的损失属于流动损失。

② 工作轮轮盘的摩擦鼓风损失。工作轮在旋转时，轮盘周围的气体对叶轮的转动有摩擦力，轮盘将带动气体运行。由此产生的摩擦热将使气体的温度升高，这种损失称为摩擦鼓风损失。

③ 泄漏损失。泄漏损失包括内泄漏和外泄漏两种。内泄漏是指一部分气体经过导流器后不通过叶轮膨胀，而直接从工作轮与机壳之间的缝隙漏出，与通过叶轮膨胀的气体汇合。这小股泄漏气体未经过叶轮的进一步膨胀，温度较高，因而使膨胀机的制冷量减小，降低了膨胀机的效率。外泄漏是指通过轮盘后部沿轴间隙向外泄漏出的气体。这部分气体泄漏对膨胀机的效率没有影响，但是将减少总的制冷量。

同时外泄漏气体的冷量无法回收，所以它对产冷的影响较大。

④ 排气损失。通过膨胀机的气体在出口还具有一定的速度，叫余速。余速越高，能量损失也越大，这部分损失叫作排气损失。排气损失不仅与设计有关，在运作过程中当转速变化偏离设计工况时，也会使气体出口速度增加，效率降低。

（3）空气进主换热器温度高（空冷塔系统故障或分子筛冷吹不彻底）。空冷塔系统故障或分子筛冷吹不彻底，进主换热器空气温度升高，导致进塔加工气量不足，造成主冷液位涨不高。

（4）设备有泄漏，跑冷损失增大。

由于装置的工作温度很低，虽然加有保冷层，但是周围空气温度高于装置内的温度，仍不可避免地将一部分热量传入内部，使低温物体温度升高，消耗了一部分冷量，这部分冷量叫跑冷损失。

（5）液体产品取出量多。使装置进、出物料不平衡，造成主冷液位涨不高。

（6）主冷凝蒸发器中不凝气未及时排放，不凝气积聚，冷凝蒸发器氧、氮换热面积减少，直接影响主冷液位上涨。

稀有气体是指氖、氦、氪、氙。由于它们的沸点不同，在空气中的含量又相差悬殊，所以各组分汇集在精馏塔中的不同部位。氪、氙的沸点最高（在标准大气压下，氪的沸点在：–152.9℃、氙的沸点在：–108.1℃），随加工空气进入下塔后，氪、氙均冷凝在下塔液空中。再随液空经调节阀进入上塔，逐渐下流汇集于上塔底部的液氧及气氧中。氖的沸点（–245.9℃），氦的沸点（–268.9℃）相对氮组分要低得多。所以，加工空气中的氖、氦组分总和低沸点的氮组分一起上升到主冷凝蒸发器的氮侧，气氮被冷凝，而氖、氦由于沸点低，尚不能冷凝，在主冷中成为“不凝性气体”。氩的沸点在：–185.8℃，介于氧、氮沸点之间，且接近于氧。进入下塔空气中的氩大部分随液空进入上塔，小部分随液氮进入上塔，在上塔的提留段和精馏段均有氩组分的富集区。

（7）进塔空气量不足。

当进塔空气量减少时，塔内的上升蒸汽量及回流液量均减少，但回流比仍可保持不变。在正常运行情况下，它对氧、氮产品纯度的影响不大。根据物料平衡，加工空气量减少时，氧、氮产量都会相应地降低。当气量减少时，蒸汽流速降低，塔板上的液量也减少，液层减薄，因此塔板阻力有所减低。同时，由于主冷热负荷减小，传热面积有富裕，传热温差也可减小。这些影响将有利于减低上塔压力和下塔压力。当气量减少过多时，可能出现由于气流过小而托不住筛孔上的液体，液体将从筛孔中直接漏下，产生漏液现象。下漏的液体没有与蒸汽充分接触，部分蒸发不充分，氮浓度较高。这将使精馏塔效果大大下降，影响到产品氧、氮的纯度，严重时甚至无法维持正常生产。

129 正常运行时主冷液位突然降低的原因及处理措施有哪些?

答 主冷液位是体现空分设备冷量是否充足的重要标志，在正常运行过程中，需时刻保持主冷液位稳定，主冷液位的高低会影响精馏系统工况的稳定性及系统负荷，结合装置运行情况，对主冷液位突然降低的异常情况进行原因分析。

（1）原因：仪表测点故障失真。主冷液位如果突然直线下降，很可能是仪表分析故障，导致主冷液位显示过低。

处理措施：检查校对仪表测点。

（2）原因：外送氧量突然增大。后系统氧管道发生较大泄漏或其他各套空分跳车导致氧量快速上涨。

处理措施：及时调整氧外送量，必要时启动后备高压氧泵稳定氧管网压力。

（3）原因：进塔空气量突然增大。空压机导叶开大引起空气量骤增，导致主冷液氧短时间大量蒸发，引起液面会暂时下降。

处理措施：及时调整空压机导叶，将进塔空气量调至正常。

（4）原因：进塔空气温度突然升高。空压机组换热效果差或预冷系统降温效果差，导致入塔空气温度快速升高，引起主冷液位快速降低。

处理措施：检查循环水温度及压力是否正常，及时联系调度调整；检查预冷系统冷冻水温度及冰机运行情况；对空压机组换热器进行排气或反冲洗操作，必要时停车清理空压机组换热器。

（5）原因：液空或液氮节流阀故障。进上塔液空或液氮节流阀故障导致全关，引起上塔及主冷液位快速降低。

处理措施：检查液空、液氮节流阀并打手动加大开度，联系仪表处理阀门。

（6）原因：低温液体排放量过大。低温液体排放导淋开度过大或内漏较大，或低温液体管道破裂泄漏较大，导致主冷液位大幅降低。

处理措施：及时关小液氧导淋，对内漏阀门及泄漏管线交出处理。

（7）原因：膨胀机跳车。液氧正常外送时，气体膨胀机突然跳车，导致制冷量不足，主冷液位快速下降。

处理措施：降低该套空分液氧外送量，提高其他各套空分氧量或启动后备系统稳定氧管网压力；并及时检查气体膨胀机跳车原因，处理后及时启动。

（8）原因：液氧循环泵跳车。对于大型空分设备，精馏系统下塔常采用上平行布置，平行布置的上下塔需要设置循环液氧泵，当循环氧泵跳车后，主冷液位会快速下降。

处理措施：降低该套空分液氧外送量，提高其他各套空分氧量或启动后备系统稳定氧管网压力；并及时检查循环液氧泵跳车原因，处理后及时启动。

（9）原因：低温液体产品取出量过大。低温液体产品取出量过大时，会导致主冷液氧液位下降过快。

处理措施：及时关小液体产品取出量。

（10）原因：冷箱内低温液体管线发生泄漏。

处理措施：冷箱内发生泄漏时，需停车扒砂，检查露点后进行消漏处理。

（11）原因：板式换热器热端温差过大，跑冷损失大。

处理措施：及时调整进出板换流体流量，减小板换热端温差。

（12）原因：珠光砂沉降过大，部分管线裸露。

处理措施：打开冷箱人孔，检查沉降，并及时补填珠光砂。

130 如何根据过冷器的工况判断由下塔抽出来的是液体还是气液混合物？

答 在正常工况下，从下塔抽出的液空、液氮是完全饱和液体，污氮气或纯氮气在过冷器中放出的冷量全部用来使液体降温。如果从下塔抽出的液体是汽、液混合物，则污氮气和纯氮气放出的冷量，首先要使混合物中的蒸汽液化，而蒸汽在液化过程中温度是变化的，只有蒸汽全部液化后温度才开始下降。所以有一部分冷量需要用来使气、液混合物中的蒸汽液化，则不能全部用来降温，液体的过冷度就要减小。因此，从液空或污液氮、液氮的温度变化，即可判断是饱和液体还是气、液混合物。另外也可从节流阀的轮或膜头听流动的声音来判断是液体还是气、液混合物。

131 内压缩空分流程氧量不足的原因及处理措施有哪些？

答 1）造成空分设备生产氧产量不足的主要原因有

（1）加工空气量不足。造成分馏塔原料空气不足，引起塔板漏液，影响分馏效果。

空气量不足的原因有：环境温度过高；大气压力过低；阀门、管道漏气，自动阀或切换阀泄漏；设备阻力增加，如精馏塔塔板、过冷器、板式换热器堵塞，液空、液氮调节阀开度过小造成下塔压力升高，进塔空气量不足；空压机排气量不足。

其中空压机排气不足的原因有：

① 空气吸入过滤器被堵塞。

② 入口导叶故障无法正常打开或开度不够、出口止逆阀开度不足，阻力大。

③ 汽轮机转速不足，造成转速降低。

④ 冷却器漏气或外部管路连接法兰泄漏。

⑤ 级间冷却器冷却效果不好。

⑥ 级间有内泄漏等。

（2）板式换热器换热不良。分子筛纯化器吸附性能下降，使水分、二氧化碳随空气进入板式换热器，冻堵板式换热器通道。板式换热器换热不良，冷损增加。

（3）膨胀机产冷不足，使精馏塔冷量不足。引起膨胀机产冷量减少的主要原因有：

① 膨胀机膨胀量不足。

② 膨胀机机前温度过低。

③ 膨胀机机前压力过低。

（4）精馏塔精馏效果下降。主要原因有：

① 精馏塔内漏气、漏液，气量损失大，冷损大；

② 精馏塔运转周期末期，被水分、二氧化碳或灰尘等堵塞；

③ 保冷箱内绝热材料受潮、受振后下沉，使塔顶外露，冷损增大；

④ 塔体不垂直，使塔板上液面不均匀；

⑤ 氮平均纯度过低。

（5）其他原因。例如：流量计指示不准，液氧泵打量不足，氧气管道泄漏等。因此，平时要精心操作，仔细观察，发现故障及时消除，并重视生产设备的日常维护保养，确保其“完好”。

2）提高氧气产量的方法

影响氧气产量，除了尽可能减少空气损失，降低设备阻力，减少跑冷损失、热交换不完全损失和泄漏损失外。还可以从以下几个方面来分析调整产量：

（1）液面要稳定。液氧液面稳定标志着设备的冷量平衡。合理调节膨胀量和液空、液氧调节阀开度，使液氧液面稳定。

（2）调节好液空、液氮纯度。下塔精馏是上塔的基础。液空、液氮取出量的变化，将影响到液空、液氮的纯度，并且影响到上塔精馏段的回流比。如果液氮取出量过小，虽然氮纯度很高，但是给精馏段提供的回流液过少，将使氮气纯度降低。此时，由于液空中的氧浓度低，将造成氧纯度下降，氧产量减少。因此，下塔的最佳精馏工况应是在液氮纯度合乎要求的情况下，尽可能加大取出量。一方面为上塔精馏段提供更多的回流液，另一方面使液空的氧浓度提高，减轻上塔的精馏负担，这样才有可能提高氧产量。需要说明的是，液氮纯度的调节要用液氮调节阀，不能用下塔液氮回流阀，回流阀在正常情况下应全开。

（3）调整好上塔精馏工况，努力提高平均氮纯度。平均氮纯度的高低标志着氧损失率的大小。而平均氮纯度又取决于污氮纯度的高低，因为污氮气量占的比例大。污氮的纯度主要也是靠下塔提供符合要求的液氮来保证的。当下塔精馏工况正常，

而污氮纯度仍过低时，则可能是上塔的精馏效率降低（例如塔板堵塞或漏液）；或是膨胀空气量过大；或是氧取出量过小、纯度过高，使上升蒸气量增多，回流比减小。要改善上塔的精馏工况，主要是控制氧、氮取出量。一方面二者的取出量要合适；另一方面阀门开度要适度，以便尽可能降低上塔压力，有利于精馏，以提高污氮纯度。

132 哪些因素可能会影响到内压缩流程空分设备产品氮的纯度？

答 1）影响到内压缩流程空分设备氮产品纯度的因素

① 当产品氮气、产品液氮取出量过大，导致下塔顶部塔温较高时。

② 当污液氮至上塔阀门开度过大，回流液减少，回流比失衡，精馏工况异常时。

③ 若主冷发生泄漏，工艺介质互窜时。

④ 当冷箱不凝气排放阀未打开或开度很小，主冷换热不充分时。

⑤ 泵加温气阀门内漏，空气进入低温泵内。

⑥ 氮泵密封气窜入工艺介质侧（密封气为空气）。

2）如何处理

① 减小氮气及液氮的取出量，保持下塔温度稳定。

② 调节污液氮至上塔阀门开度，保证精馏塔上下塔温度稳定。

③ 若轻微泄漏，降低装置负荷观察产品纯度情况，若判断泄漏严重，停车处理。

④ 调节不凝气排放阀，保证主冷换热充分。

⑤ 将低温泵切至备泵，对泵加温，处理加温气阀门内漏问题。

⑥ 对氮泵的密封气供应进行技术改造，改为纯氮气供应。

133 液空纯度、主冷液位、氧氮产量与氩馏分有何关系？

答 1）液空纯度与氩馏分的关系

液空纯度与液空量对上塔精馏工况有显著的影响，因此液空纯度与氩馏分的质量也有密不可分的联系。下塔液空含氧量降低，使上塔的原料液质量变差，在上塔结构参数与等效塔板效率不变的情况下，增加了上塔分离的负担，因为其分离能力是有限度的，带来的结果是氧气纯度的下降，同时馏分中的氮含量增加。反之，下塔液空含氧量太高，使上塔提馏段中氧含量升高，致使氩馏分含氧量升高；同时因为液空还是粗氩冷凝器的冷源，其温度升高，不利于冷凝器工作，上塔氮气纯度下降。与此同时，下塔液空含氧量高说明组分在氮中含量增加，流入上塔以后不利于氩的提取。如果单纯对应含量或粗氩塔的热负荷进行调节，整个工况就会向另一个

极端靠近，所以在调节中总是会遇到氩馏分不是含氧量高就是含氮量高，有时两种情况兼有。由此可知，下塔液空纯度对氩塔工况也具有非常重要的影响作用。在实际操作中注意到这一点，是非常有益处的。

2）氧氮产量、主冷液位与氩馏分的关系

从主塔氧组分的平衡来看，氧、氮产量和主冷液面对氩塔的稳定也是很重要的条件。通常产品纯度波动，氩馏分中含量变化，波动幅度扩大数倍；主冷液面波动，粗氩塔就会出现相应的显著反应，影响氩馏分的组成或抽取量。在粗氩冷凝器热负荷及其他参数不变的情况下降低氧产量或提高氧纯度，氩馏分含氧量将增多，氩中含氧量增加，纯度下降；若氩馏分中含氮量过高，粗氩冷凝器的温差小，粗氩塔下流液体量减小，粗氩的纯度和产量也下降。

另外，粗氩塔冷凝器的热负荷决定了粗氩的产量及纯度。热负荷过大，粗氩塔回流比大，粗氩纯度高且产量少，严重时会引起粗氩塔液泛，还会增加主塔负担，影响主塔的工况；反之，粗氩产量高时纯度降低，将增加粗氩净化的负担。因此，粗氩塔冷凝器的热负荷应适当，这可以通过粗氩塔冷凝器液空液位和粗氩冷凝器的工作压力来调节。加大返回主塔的液空量，液空的沸点降低，冷凝器的温差增大。液空节流阀开大，冷凝器液空液位上升，冷凝器的热负荷也增加，反之则可减小其热负荷。

134 氩馏分中的氧含量高低对精馏塔有何影响，如何调节?

答 氩馏分的稳定性是粗氩塔正常工作的基础，若氩馏分含氧太高，粗氩气和污氮气中氧含量较多，导致氧、氩的提取率下降。若含氧太低，则氮含量就上升，导致粗氩塔工况恶化，出现氮塞现象，另外，过多的氮带入粗氩塔，会增加粗氩塔负荷，影响纯度。

当氩馏分含氧量过高时，可通过调节主塔精馏工况或适当降低空气量使粗氩馏分含氧量在88%~92%。

当氩馏分含氧量过低时，氩馏分中氩含量将增加，同时含氮量也会增加。由于粗氩塔精馏主要是去除氩馏分中的氧组分，对氩馏分中的氮组分基本没有精馏效果，过多的氮含量将在粗氩塔冷凝器中积聚，影响粗氩塔冷凝器的换热，严重时将造成粗氩塔冷凝器氮塞，影响粗氩塔的正常精馏；当氩馏分含氧量过低时，可适当加大进塔空气量，提高主冷液氧蒸发量，使上塔上升蒸汽量增多，氩馏分中氮含量降低。

135 新增提氩装置产品提取率受哪些方面的限制？

答 空分设备制氩是生产氩气的主要方法。在空分设备中，制氩系统是整个装置的有机组成部分之一，并不是独立的系统，它受到诸多因素的牵制，因而影响氩提取率的因素很多。

（1）制氩系统采用的全精馏制氩工艺，是近年来随着规整填料在空分设备上得以应用而发展起来的一种新的制氩工艺，该工艺流程先进、氩提取率高。全精馏制氩就是利用规整填料压降低、分离效果好的特点，使规整填料的粗氩塔允许设置足够多的塔板，在粗氩塔中实现沸点比较接近的两个组分的彻底分离，即氩氧的分离，制取含氧量很低的粗氩（一般粗氩含氧量≤$1\times10^{-6}O_2$），然后在精氩塔中除去粗氩中的氮，利用精馏法直接制取纯氩产品。

一般地说，采用全精馏制氩工艺，氩提取率将提高，这是由规整填料特性所决定的。由于规整填料压降低，在相同的粗氩塔压降允许范围内，规整填料的粗氩塔可以设置更多的塔板，提取更高纯度的粗氩，从而在一定程度上提高氩提取率。

（2）精馏系统的操作压力，是影响氩提取率的另一主要因素。任何降低精馏系统操作压力的措施，都有利于提高氩提取率。较低的精馏压力可增大各组分的相对挥发度，使上塔提馏段更有利于氩氧分离，这是非常重要的，而对粗氩塔来说，则更有利氩氧的彻底分离。

对新增加的提氩装置，所受制约更大，因受原增效粗氩塔抽取口位置、液空、污液氮量等制约，其产氩率较低。

为提高氩的提取率，就要尽量提高从上塔抽取的氩馏分流量。由于装置负荷一定，液空量一定，当凝空全部进入粗氩冷凝器并完全蒸发，就不能再增加氩馏分的负荷。同时，当氩馏分抽取量过大时，氩馏分中氮含量偏高，会导致氩塔发生氮塞现象，破坏整个精馏工况。

136 增效粗氩塔冷凝器液空液位正压管泄漏时，工艺参数及调节阀会发生哪些变化？

答 在空分设备精馏系统中，粗氩塔冷凝器的蒸发侧为来自下塔的富氧液空，冷凝侧为来自上塔的氩馏分气体。富氧液空的液位计采用差压式液位计，当此液位计引压管发生泄漏时，就会引起相应的工艺参数变化。

在分析工艺参数变化时，首先要了解差压式液位计的工作原理。

1）差压式液位计的工作原理

差压式液位计是根据液柱的静压力和液位高度成正比的关系进行工作的，差压式液位计有气相和液相两个取压口。负压侧气相取压点处压力为设备内气相压力，正压侧液相取压点连接容器底部液相，此处压力除受气相压力作用外，还受液柱静压力的作用，液相和气相压力之差，就是液柱所产生的静压力。差压计一端接液相，另一端接气相时，根据流体静力学原理，有：

$$P_B=P_A+H\rho g$$

式中 H——液体高度，m；

ρ——被测介质密度，g/cm^3；

g——被测当地的重力加速度，g/s^2。

由公式可得：$\Delta P=P_B-P_A=H\rho g$；在一般情况下，被测介质的密度和重力加速度都是已知的，因此，差压计测得的差压与液体的高度 H 成正比，这样就把测量液体高度的问题变成了测量差压的问题。

2）粗氩塔冷凝器液空液位正压管泄漏时，工艺参数的变化

粗氩塔冷凝器液空液位正压管介质为液空底部液体，负压管介质为粗氩塔冷凝器顶部压力，粗氩塔冷凝器液空液位 H 与正负侧压差 ΔP 成正比，当液空液位正压管泄漏时，正压侧为压差变送器提供的压力就会降低，正负压侧压差 ΔP 减小，液位计所显示的液位就会变小，从而会引起以下工艺参数及阀位变化：

① 粗氩塔冷凝器液位显示偏低。

② 粗氩塔冷凝器液位显示偏低后，粗氩塔冷凝器底部回上塔阀门关小，造成上塔液位下降。

③ 粗氩塔冷凝器顶部压力上涨。

④ 氩馏分流量增大，氩馏分中氮含量偏高，易造成粗氩塔氮塞现象。

137 氩塔发生氮塞的现象、原因及处理措施有哪些？

答 在空分设备上塔中，氩的分布是随液空进料口的位置不同而变化的。液空进料口位置提高，提馏段氩的富集区最大浓度也提高，同时可使馏分中含氮降低。但是，在下流液中含氩也升高。为了保证氧纯度，在氩馏分抽口以下需要更多的塔板数。因此，在制氩时，液空进料位置应比不制氩时适当提高。有的设备设置了两个液空进料口位置，分别满足制氩与不制氩的工况。

在制氩时，为了提高氩的提取率，必须降低氧、氮中的含氩量。当排氮中氩含量超过 0.3%，产品氧中含氩为 0.7% 时，氩的提取率不可能超过 60%。因此，在配氩塔时，上塔的塔板数比不配氩塔时要多。增加下塔塔板数，可提高液氮纯度；增加精馏段塔板数，可提高排氮纯度，均可减少氮气带走的氩量，使氩的提取率增加。增加馏分至主冷的塔板数，有利于氩、氧分离，可提高氩馏分中含氩量和减少液氧中含氩量。

氩在上塔的分布并不是固定不变的。当氧、氮纯度发生变化时，即工况稍有变动，氩在塔内的分布也相应地发生变化。但氩馏分抽口的位置是固定不变的，因此，氩馏分抽口的组分也将发生变化。经验表明，氧气纯度变化0.1%，氩馏分中含氧量就要变化0.8%～1%。氩馏分中含氩量是随氧纯度提高而降低的。氩馏分组分的改变就直接影响进入粗氩塔的氩量。在粗氩塔冷凝器冷凝量一定的情况下，氩馏分中含氧越高，进入粗氩塔的氩馏分量就越多。反之就少。同时，上塔的液气比也随之变化。这样，粗氩塔的工况就不稳定，甚至不能工作。其具体影响如下：

（1）如果氩馏分含氧过高，将导致粗氩产品含氧量升高，产量降低，氩的提取率降低。

（2）如果氩馏分含氮量高，使粗氩塔冷凝器中温差减小，甚至降为零。这样，粗氩气冷凝量减少或者不冷凝，使粗氩塔无法正常工作。这将使氩馏分抽出量减少，上升气流速度降低，造成塔板漏液。因此，只有在空分设备工况特别稳定，氧、氮纯度都合乎要求时才能将粗氩塔投入工作。

当氩馏分不符合要求，含氮量过大时，可关小送氧阀，开大排氮阀。这时，提馏段的富氩区上升，氩馏分中含氮下降；同时含氧量增加，含氩量也有所下降。当馏分中含氩量过低时，关小液氮调节阀，提高排氮纯度，可提高馏分中的含氩量。在操作时，应特别注意液氧面的升降。氧、氮产量的调节，空气量的调节都要缓慢进行，并要及时、恰当，力求主冷液位的稳定。

氩馏分氮含量高，就会使氮聚集在粗氩冷凝器不能液化而形成氮塞。这种情况出现时，粗氩冷凝器的换热温差缩小，氩蒸气液化量明显减少，粗氩塔阻力降低，粗氩冷凝器液空不能蒸发而导致液位上涨。

发生氮塞时应采取以下措施：

① 关小粗氩塔液空注入阀，以降低粗氩塔液空液位。

② 减少产品氧取出量，提高氩馏分氧含量，有利于粗氩冷凝器排氮和提高氩蒸气温度，加快液空蒸发，使液空液位尽快恢复正常。

③ 打开粗氩塔放空阀排氮，一方面可防止氮的集聚，另一方面可加强粗氩冷凝器换热，使液空液位降到正常水平。若以上方法无效，只能临时停止粗氩塔运行，待主塔工况稳定后，重新投运粗氩塔。

预防措施：为避免粗氩冷凝器发生氮塞，在操作中要做好以下三点：

① 保证氩馏分的氩含量为8%～10%，氧含量为90%～91%，氮含量小于0.01%。

② 避免主冷液位大幅波动。

③ 上塔压力不能提高过快。

总之，主塔的运行工况要稳定，不能进行大幅度调整，以确保氩馏分各组分含量在正常范围内。

138 大型空分设备开车过程中如何缩短产品外送时间?

答 大型空分设备开车过程中，每提前一小时外送氧氮产品，都将加快下游装置开车进度，缩短整个煤化工项目开车时间，产生巨大的经济效益。以下是空分设备开车缩短产品外送的具体措施。

（1）做好开车统筹计划：合理的统筹计划，能够有效地缩短空分设备开车时间，开车统筹计划一般包含以下几个方面：

① 制定开车方案，并组织工艺操作人员学习。

② 编制一单五卡，开车操作按照一单五卡进行。

③ 合理安排人员，设备、电气、仪表人员与工艺人员紧密配合，中控、现场人员保持密切沟通。

④ 根据各套装置存在的问题，进行风险辨识，提前分析开车过程中的难点并制定措施。

⑤ 开车前工艺人员进行现场阀门确认，确认各阀门均在正确的开关位置。

⑥ 开车前工艺人员与仪表人员配合校对各仪表阀门，确保各自调阀动作正常。

⑦ 开车前工艺人员与仪表人员配合完成各联锁逻辑确认工作，确保各联锁投用正常。

⑧ 与调度保持沟通，确认蒸汽、循环水等公用工程具备开车条件。

（2）精馏系统保压：在空分设备开车过程中，精馏系统降温之前首先要对其进行加温，将消耗大量时间。在实际运行过程中，精馏塔排液后可采取精馏塔保压措施，即给整个精馏系统充压 5～10kPa，保持精馏塔内微正压，防止外部湿空气进入精馏塔内。在开车过程中，可省去精馏系统加温吹除过程，节省开车时间。对于膨胀机、低温泵设备，开车前需提前进行加温。

（3）同步冷却：低温泵与精馏塔进行同步冷却，精馏塔降温的同时，低温泵也同步降温，可以提前对低温泵进行气冷，当精馏塔见液后，低温泵同步开始液冷。低温泵同步冷却可加快低温泵的启动，缩短产品外送时间。

（4）液氮倒灌：在精馏系统积液过程中，可采用液氮倒灌的方法加速积液，一般节约 5～8h，缩短产品外送时间。液氮倒灌操作过程中应注意以下几点：

① 上塔见液。

② 上塔温度冷却到 -180℃。

③ 下塔温度冷却到 -175℃。

④ 后备液氮储罐液位> 40%。

如未达到要求进行液氮倒灌，可能导致上塔上层填料骤然冷却，应力增大，设备损坏。

139 集群化空分设备开车过程中如何投用液氮反灌?

答 空分设备作为整个煤化工项目的上游装置，其产品的及时供应是后系统稳定运行的基础。加快空分设备开车，能够缩短整个化工项目的开车时间，节省开车费用，提前产生经济效益。液氮反灌是加快空分设备开车的一种措施，它是在空分设备开车的过程中，将后备储罐中的液体通过后备低压氮泵（充装泵）加压，克服管道阻力及高度差，倒灌入精馏塔内，给精馏塔持续提供冷量，提高塔内回流比，从而起到加速精馏积液过程的目的。液氮反灌通过向精馏塔内倒灌低温液体，大幅加快空分设备的开车速度。

当空分设备出现紧急状况时，如气体膨胀机紧急停车或短时间检修，液氮反灌可维持装置低负荷运行，不至于因气体膨胀抢修导致空分设备停车事故发生。

1）投用液氮反灌的前提条件

首先原始设计时必须设置能将液氮从后备氮泵打至精馏的真空管。其次在精馏开车阶段，液氮反灌操作也当选取合理的时机，时机选择不合理，会造成精馏内部管线及塔板温差较大受到应力的作用产生变形甚至拉裂。

2）投用液氮反灌的操作步骤

首先确认精馏工况已建立，当低压塔与粗氩塔之间温度降至 -160℃以下，低压塔开始产生液体且有一定液位，确认后备储槽液位大于 40%，加载一台后备低压氮泵（或充车泵），打开后备低压氮反灌手阀和导淋进行排气。排气完成后打开界区液氮反灌阀门进行液氮反灌操作，注意控制反灌速率。

140 空分设备冷箱冷态开车操作与热态开车操作有何不同？

答 空分设备冷箱根据状态不同分为热态和冷态。冷箱热态：即装置停车时间长或装置检修后，精馏塔内液体排净，冷箱内设备、管线温度在常温的状态。冷箱冷态：即装置停车时间短，精馏塔内有液体或冷箱内液体排净充气保压且仍保持低温的状态。

1）冷箱冷态和热态开车不同点

① 冷箱热态开车时，精馏塔导气后，需要设备、管道、仪表测点等全面加温吹除，吹除合格，露点≤-65℃；而冷态开车时，在冷箱内有液体或低温状态下保压的情况下，对冷箱内不进行全面加温吹除，但局部设备如膨胀机、低温泵需加温吹除。

② 冷箱热态开车需经过冷却、积液、调纯、产品输送等步骤，而冷箱冷态开车经过积液、调纯、产品输送，两种状态开车速率不同。

③ 冷箱冷态开车注意调整板换温度，防止污氮气管线跑冷，使碳钢管线脆裂。

④ 冷箱冷态开车时，导气缓慢操作，同时调整空压机压力，防止空冷塔出口空气压力低引起机组卸载。同时，由于塔内有液体，导气时操作过猛，易发生精馏塔液泛现象。

⑤ 冷箱冷态开车前，注意控制下塔液位不高，防止导气时，纯化低压空气阀门开启后，下塔液体倒流，造成管道低温脆裂。

⑥ 冷箱冷态开车时，控制上塔液位不高，防止上塔液位过高淹没主冷凝蒸发器回气管线，造成回气不畅使主冷凝蒸发器超压。

⑦ 冷箱冷态开车时，缓慢操作，防止局部管线温差过大产生应力，拉断管线。

2）注意事项

① 注意压力塔压力，升压速率严格控制在＜0.02MPa/min，防止由于升压速率过快造成填料损坏。

② 导气过程缓慢，注意空压机排气压力稳定。

③ 注意控制上塔压力在工艺参数范围内，防止超压。

④ 降温速率控制在＜30℃/h。

⑤ 主冷凝蒸发器积液时，不允许液氮回流阀打开，否则加剧了主冷凝蒸发器干蒸发，碳氢化合物浓缩积聚，易发生爆炸事故。

⑥ 对于多层主冷凝蒸发器在积液时，当上层主冷液位积满时，会溢流至下层主冷，下层主冷温度会瞬间下降，同时冷却下塔顶部热氮气，导致下塔压力快速降低。需及时调整空压机组负荷，防止精馏塔压力过低，导致空压机组卸载，空分设备跳车。

141 空分设备热态开车低温泵与精馏塔同步冷却的优点有哪些?

答 低温泵冷却时，通常情况下都要待主冷及精馏塔积液完成后，开始缓慢进行气冷及液冷工作，通常低温泵预冷时间较长，最长近 10 个小时。

为缩短低温泵预冷时间，加快产品外送，冷箱开车前，应对气体膨胀机及低温泵加温合格。在气体膨胀机开车后，应打开低温泵进出口阀、回流阀及泵体回气阀，使精馏塔与低温泵同步进行冷却，在主冷及精馏塔见液后低温泵液随之开始液冷。

设备同步冷却有以下优点：

（1）精馏塔开车冷却时从常温降至工作温度，温降近200℃，如精馏塔未进行同步冷却，导致精馏塔与低温泵泵体及管线温差较大，若在低温泵冷却时操作不当，就会使设备及管线产生较大应力，损坏设备管线及泵体密封，严重时发生泄漏。

（2）低温泵与精馏塔同步冷却，精馏塔降温的同时，低温泵也同步降温，可以提前对低温泵进行气冷，当精馏塔见液后，低温泵同步开始液冷。低温泵同步冷却可加快低温泵的启动时间，缩短产品外送时间，降低空分设备能耗。

142 大型煤化工项目气化炉跳车对集群化空分设备有什么影响，如何调整？

答 大型煤化工项目含有多台气化炉装置，集群化空分设备为平衡后系统氧氮产品用量，多采用几套空分设备共用一条氧、氮母管。单台气化炉跳车，一般退出3万~5万标方的氧量，氧气管网容量大，压力上涨缓慢，各套空分设备氧产品外送放空阀能及时自动调节泄压，稳定管网压力。但多台气化炉跳车后，退氧量在几十万标方，氧放空阀自动状态下泄压不及时使氧气管网超压，并且因氧气放空量较大，各套空分设备氧气放空阀门同时动作，氧气管网压力就会大幅波动。同时，气化炉跳车导致后系统停车，将使用大量保安氮气及置换氮气，用氮量大幅增加，空分设备产氮量突然增加会造成精馏工况的改变。

处理措施：

（1）各套空分氧气放空阀门安全泄压设定值正常运行时应该由高到低逐级设定，避免同时保护动作造成氧气管网压力出现较大幅度波动。同时，在氧管网压力上涨较快，放空调节不及时时，可手动调节放空阀降低氧管网压力。

（2）空分设备及时调整精馏工况，防止压力塔取氮量过大造成塔温升高，氮纯度下降。

（3）低压氮、高压氮用量大，应及时调整，提高产品氮量，减少产品氧量，必要时及时启动后备氮系统。

143 空分设备什么情况下需紧急停车？

答 紧急停车是指装置遇到突发情况而做的停车，需要手动在现场控制柜或中控操作台手动按下急停按钮。

遇到下列情况需执行紧急停车程序：

（1）机组轴承箱冒烟或着火，难以扑灭时。

（2）润滑油系统着火，难以扑灭时。

（3）发生蒸汽、工艺管道爆裂时。

（4）机组达到某一联锁跳车设定值而联锁未能正常动作。

（5）机组突然发生强烈振动，缸内有明显的摩擦、撞击声。

（6）机组任一轴承断油或轴承温度突然大幅度升高。

（7）主蒸汽温度大幅度下降或发生水击。

（8）压缩机发生严重喘振无法消除时。

（9）公用工程中断，如循环水中断、电源中断或晃电、仪表气中断、蒸汽中断；

（10）仪表控制系统发生严重故障不能排除时。

（11）冷箱内设备管线低温液体大量泄漏导致发生喷砂、冷箱隔板脆裂等事故时。

（12）冷箱发生燃、爆事故时。

（13）液氧及液氮发生大量泄漏。

（14）氧气、氮气管线发生大量泄漏。

（15）主冷乙炔含量超标，碳氢化合物超标。

（16）分子筛严重进水或突然失效，二氧化碳超标。

（17）后系统发生事故或需要本装置紧急停车时。

（18）突发环境事故，大气污染严重。

（19）发生地震或强台风等不可抗因素。

144 空分设备有哪些节能操作技巧?

答 多年来，围绕着空分设备节能，行业内尝试了许多办法，如膨胀空气全部送入上塔、分子筛吸附器预充压、氩馏分中氩含量高位操作、氩馏分流量精准控制等，经过总结、优化、制度化，取得了显著成果。

（1）氩馏分流量精准操作

粗氩塔工况与主塔工况息息相关，主塔工况是粗氩塔稳定运行的基础。氩馏分变化直接影响全塔工况。在加工空气量、制冷量、氧气产量和氮气产量不变以及下塔工况稳定的情况上。随着氩馏分抽取量的增大。粗氩冷凝器液空蒸发量增大，返回上塔的液空蒸气增加，进上塔的液空量减少，上塔富氧空气进料口以上段的回流比降低，氩馏分中的氧组分增加。氧的提取率下降；同时，氩馏分抽口到富氧空气进料口段的回流比上升，氩馏分中氮含量增加，所以，氩馏分抽取量过大，有可能

导致粗氩塔氮塞。

目前，氩馏分流量由粗氩冷凝器的液空液位控制，往往反应滞后，而且工况波动大，严重时造成上塔和粗氩塔工况紊乱，必须采用操作简单、精准、高效的操作方法，提高全塔工况的稳定性和氧、氩提取率。

（2）分子筛吸附器预充压

分子筛吸附器充压是利用分子筛纯化系统出口洁净空气对再生好的分子筛吸附器进行充压，那么进入空分设备的空气必然减少一部分量，一般约为空气总量的5%，当加工空气量减少时，下塔的上升蒸气量及回流量均减小，回流比基本保持不变，在正常情况下对产品氧、氮的纯度影响不大。根据物料平衡原理，加工空气量减小，氧、氮产量都会相应地减少；若及时调整，对精馏塔精馏工况影响不大。当加工空气量减少过多时，才可能出现由于气速过小托不住筛孔上液体，而液体将从筛孔中直接漏下的情况（漏液现象）。

为了解决分子筛吸附器充压过程中空分设备工况波动问题，从低压氮气管网（压力约为0.8MPa）引一路气减压到0.5MPa，对待用的分子筛吸附器进行预充压，对原有的分子筛吸附器DCS控制程序中充压控制模块进行修改，保持原来充压阀控制程序模块，增加故障阀充压控制程序模块。两个充压控制程序均可使用，正常情况下使用充压阀控制程序模块。遇到该充压控制程序模块有故障时，及时切换到故障阀充压控制程序模块，两者可交替使用。

（3）科学确定空分设备加温温度

大型分子筛纯化系统运转周期一般为2年。空气中的有害物质，如水分、二氧化碳、碳氢化合物经分子筛吸附后基本清除，但影响分子筛吸附能力的因素较多，主要有：① 吸附过程的温度和压力；② 气体流速；③ 吸附剂再生完善程度。所以，会有部分杂质穿透分子筛床层进入精馏塔中，必须定期进行复热脱除。

若大加温复热的温度过高，加温时间、开机时间都会延长，浪费的电量就大，精馏塔内的温度变化也大，管道和容器热胀冷缩的幅度会偏大而受到一定程度的损坏。

空气中的杂质，水蒸气露点为0℃，二氧化碳固化点为-79℃，乙炔三相点为-80℃，甲烷低于-161℃会液化。因水分是最迟穿透分子筛床层，再加上主换热器低温拦截，压力为0.5MPa、温度为-65℃时，几乎不可能进入精馏塔。因此主要考虑除水分之外的其他杂质的升华和蒸发，根据多年的运行经验，空分设备冷箱内管道和容器的大加温终止温度确定为-60℃左右。其主要优点有；

① 空分设备加温、启动时间缩短较明显，设计加温、启动时间为72h，实际为30多小时。

② 空分设备运行稳定。

145 空分设备降低能耗的方法有哪些？

答 1）主要节能降耗措施

（1）优化精馏工况，减少空压机排气量

① 工况保持稳定时降低一定进气量。大型空分设备精馏系统调节余量较大，空压机排气量存在节余现象，若能优化精馏工况，减少进气量，可节约大部分能耗。

② 在后系统故障条件下降低空压机的负荷。如果后续工段发生故障，无法消耗所供气体，产品气体将直接排放，造成浪费。这种情况，若实际采出量难以调节，则可通过对负荷的适当降低来减少排放率。一般情况下，空分系统负载最低程度在70% 左右，当后系统产生故障，则需要降低负荷来实现节能降耗。

（2）减小上塔压力

上塔压力主要和气体饱和温度有关，以氮气为例，当其饱和温度从 –193.36℃降低到 –193.99℃时，上塔压力将减小 9kPa。可见，饱和温度越小，上塔压力越低，越有利于气体组分分离。而上塔压力有效降低，能使下塔压力与空压机实际排气压力同样有所降低，这样可减少能耗。然而，上塔压力也应保持在合理范围之内，如果过低，会对正常生产造成不利影响。

（3）减少主换热器实际冷损

对空分设备而言，其主换热器通常采用板式换热器，能回收主塔的绝大部分冷量，正常运行时，该换热器实际冷损占比将伴随设备能力提高而明显增大，比如当设备能力为 1000m^3/h 时，冷损占比为 34.2%；当设备能力为 3200m^3/h 时，冷损占比为 39.3%；当设备能力为 6000m^3/h 时，冷损占比为 46.0%；当设备能力为 10000m^3/h 时，冷损占比为 47.0%；当设备能力为 20000m^3/h 时，冷损占比为 52.4%。可见，当设备能力达到 100000m^3/h 时，冷损占比将超过 65%，所以必须重视换热器降耗。在实际操作时，必须严格遵循各项设计原则，对于主换热器，可使用长板式，以减小热端的温差。与此同时，使用优异性能的保冷材料，加强冷箱的密封处理，以有效减少冷损。

2）其他节能降耗措施

（1）对不凝气与液氧进行定时排放

通过对不凝气体的有效定时排放，能增加有效换热面积，对其液体的积累有利，能加快液体的实际产出速度。对液氧进行定期排放，可以降低碳氢化合物浓度，降低各危险因素造成的危害，对保证设备安全运行有重要现实意义，应高度重视。

（2）坚持定期清洗与化学清洗

对水（空）冷塔而言，其经过长时间运行，必定出现不同程度的堵塞，影响正常的换热效果；如果换热设备长时间没有得到清洗，同样会影响实际的换热效果，此外膨胀增压机的增压端后冷却器长时间运行后，会出现温度较高等问题，对实际运行有很大的影响。对此，在空分设备中，所有使用循环水的设备都应坚持定期清洗，并在条件允许的情况下进行化学清洗，这样能在保证设备运行效率的同时减少故障，间接起到节能降耗的作用。对于汽轮机乏汽是空冷系统凝结的空分设备，空冷岛长期不清理翅片灰尘集聚影响换热效果，造成汽轮机效率下降能耗增加需定期清洗，建议每年4月进行清洗较佳。

（1）保证换热器换热效果不变的情况下，尽可能减少循环水量；

（2）空分设备运行期间及时消除跑冒滴漏现象，并减少蒸汽排放，

（3）在真空稳定的前提下，为防止凝结水过冷，适当降低空冷系统风机负荷，节约电量。

（4）对设备进行定期维护，保证空分设备长周期稳定运行，减少开停车频率。

总之，节能降耗是现阶段社会经济发展主旋律，对空分设备进行设备与工艺的有效优化能降低能耗，减少成本，提高资源实际利用率。不论是国家提出的要求，还是企业自身发展需要，都要对节能降耗给予高度重视。

146 空分设备冷箱内泄漏有何表现？

答 冷箱由精馏系统（塔器、板换）及其附件和巨大的钢壳保温箱组成，塔器、板换和保温箱间填充保冷材料珠光砂。当冷箱内塔器、板换间或相连管道、附件发生低温液体泄漏时，因低温液体急速气化可能导致冷箱爆炸事故。如果发生泄漏则有以下几种表现：

（1）精馏塔主冷液位持续下降，其他工艺运行参数无明显变化。

（2）冷箱密封气投用正常，冷箱内珠光砂未见大面积下沉，但冷箱基础温度会持续下降。

（3）冷箱壁会局部或大面积出现挂霜现象，甚至发生冷箱壁脆裂，严重时发生喷砂现象。

（4）冷箱内密封气压力持续上升，甚至冷箱呼吸阀喷砂。

（5）冷箱壁鼓包变形。

（6）冷箱密封气自动分析仪氧含量超标（氧管线发生泄漏）。

（7）隔箱在低温条件下形成脆裂，导致珠光砂在压力作用下从裂缝喷出，珠光砂的流动增加了泄漏液体的蒸发，使冷箱内压力急剧上升，发生“砂爆”现象。在“砂爆”过程中富氧气体与隔箱材料发生爆燃，持续增强“砂爆”能量，甚至使冷箱倒塌。

147 集群化空分设备后备液氮储槽存放过程中纯度下降的原因及预防措施有哪些?

答 1）液氮储槽纯度下降的原因：

（1）不合格的液氮产品进入储槽

① 空分设备开车初期，液氮进储槽手阀、自调阀没有关闭或是阀门存在内漏现象，不合格的液氮进入到储槽，造成储槽内液氮纯度下降。

② 空分设备停车降负荷时，没有及时关闭液氮进储槽手阀、自调阀，在停车过程中不合格液氮进入到储槽；在空分设备跳车后没有检查确认液氮进储槽自调阀联锁关闭，也没有及时去关闭液氮进储槽手阀，造成不合格的产品进入到液氮储槽。

③ 空分设备开车正常，液氮纯度合格后，液氮进储槽管线未置换，管线内不合格残余液氮进入到液氮储槽。

④ 空分设备正常运行期间，加减负荷过快，造成液氮纯度不合格，未及时关闭液氮进储槽阀门，不合格的液氮进入到液氮储槽内。

（2）停用空分设备时，精馏塔内空气漏入到液氮储槽

停用空分设备加温或塔内保压期间，液氮进储槽阀门没有关死或阀门存在内漏，这时候塔内的空气漏入到液氮储槽内。

（3）空气密封气漏入到液氮储槽

后备系统氮泵作为应急设备，一般处于低转速备用状态。液氮泵如果使用空气作为密封气，密封气的压力过高或密封损坏，密封气往往会通过低温泵的轴封缓慢进入到液氮泵内，在通过泵的回流阀逐步进入到液氮储槽内，长时间泄漏会污染储槽内的液氮产品。

（4）加温空气漏入到液氮储槽

① 液氮泵启动前都要使用加温气进行加温，若液氮泵的进出口阀、回流阀存在内漏或者在加温前没有关死，加温气就会通过液氮泵进口阀、回流阀漏入到液氮储槽内，污染储槽内的液氮产品。

② 液氮泵正常运行期间，加温气手阀存在内漏，加温气也会漏入到液氮泵内，进而进入储槽污染储槽内的液氮产品。

（5）液氮充装时，氧反窜进液氮储槽

一些氮纯度要求不是很高的用户，在液氮用量大时，往往使用装过液氧的槽车装液氮，在装液氮时不进行彻底置换，充装液氮过程中槽车内压力没有泄完，就开始连接液氮充装管线，部分液体充装泵设有回流管线，这时槽车内的氧就会反窜到液氮储槽内，污染储槽内的液氮产品。

（6）液氮储槽内液体长期存放，未进行置换

2）防止液氮储槽纯度下降的措施：

（1）防止不合格的液氮产品进入储槽

① 空分设备开车前，要确认液氮进储槽手阀、自调阀关闭，若手阀、自调阀存在内漏问题，则应关闭液氮进储槽前的手阀，打开阀前排放导淋泄压，防止空气进入到液氮储槽，利用检修机会及时更换内漏的阀门。

② 在装置停车前，一定要先关闭液氮进储槽手阀、自调阀，再对装置降负荷；由于其他原因导致空分设备跳车时，中控操作人员必须确认液氮进储槽自调阀联锁关闭，及时联系现场全关液氮进储槽手阀，检查确认液氮进储槽自调阀门实际处于关闭状态。

③ 空分设备开车期间，确保下塔顶部氮纯度分析合格后，开始对液氮去储槽进液管线进行彻底置换，在液氮进储槽前再次进行分析合格方可开始进液。

④ 空分设备正常运行期间，加减负荷不宜过快，防止造成液氮产品纯度不合格，若出现纯度不合格，及时关闭液氮进储槽手阀、自调阀。

（2）防止精馏塔内空气漏入到液氮储槽

空分设备加温或是塔内保压期间，确认关闭液氮进储槽手阀、自调阀，若阀门存在内漏，则应关闭液氮进储槽前的手阀，打开阀前排放导淋泄压，防止空气进入到液氮储槽，利用检修机会及时更换内漏阀门。

（3）防止仪表空气密封气漏入到液氮储槽

液氮后备系统的液氮泵如果使用仪表空气作为密封气，应将密封气压力调整至正常压力，并建议将空气密封改为氮气密封。

（4）防止加温气漏入到液氮储槽

① 液氮泵加温前确认液氮泵进出口阀、回流阀全关，防止加温气通过液氮泵进口阀、回流阀漏入到液氮储槽内，污染储槽内的液氮产品。

② 为了防止加温气手阀内漏污染液氮储槽，可以在加温气手阀阀前增加盲板，需要加温时抽掉盲板，加温合格后及时恢复盲板。

（5）防止液氮充装时氧反窜到液氮储槽

严禁装过液氧的槽车充装液氮，在液氮充装前，先确认液氮槽车的放空阀全开，槽车罐内的压力泄完，连接充液管线开始充液；充装结束时，先关闭充车泵出口阀，后关闭槽车放空阀，避免槽车内压力高于充车泵的出口压力，造成槽车内的液体反窜到液氮储槽。

（6）定期置换液氮储槽

低温液体储槽不应长期静置，需要一定的进出量进行置换，防止其长时间静置存放导致纯度下降。

第四章

设备运行与维护

148 怎样解决空压机组油系统油烟对环境的污染?

答 空分设备中，空压机组油系统在运行过程中会产生大量的油烟，通常油烟都是通过油雾风机抽出并排放到大气中，并使油箱形成负压，以保证回油畅通，一般安全负压在 –3 ~ –5kPa。若不及时排出油烟，就会造成压缩机组回油不畅，发生渗漏现象。油烟中含有润滑油，直接排放造成了润滑油的浪费，油烟排放到管线外冷却后再次成为液态润滑油，造成严重的环境污染。对于集群化空分设备而言，油烟排放量大会对空气吸入口空气质量造成影响。

同时空分设备是禁油区域，油渍遇明火在富氧条件下很容易着火甚至爆炸，给安全生产带来严重隐患。

目前常用的油烟过滤器内部过滤简单，结构单一，不能很好地解决上述问题。为此，根据实际情况，提出一种新的解决措施。

1）措施概述

针对现场情况及现有技术的不足，在排油烟管线出口增加一种特殊过滤器（如图 4–1 所示），本过滤器经过多层过滤，多层拦截油烟，把油烟冷却后，使冷却后的油烟气最终成为润滑油，经过过滤器底部导淋收集在油桶里，收集的油可以重复利用，同时减少润滑油的损耗和周围环境及空气污染，有效降低了润滑油消耗。

改造后，在排油烟出口增加一种特殊过滤器，过滤器主要分为内层、中间层、外层、顶层、收集器，油烟进入过滤器内层后，内层是粗过滤，在管道周围有 ϕ3mm 的孔；中间层是在管道外增加 3 层依次为 60 目、80 目、120 目的不锈钢过滤网；顶层是在过滤器上部油烟出口处增加一层 3mm 的不锈钢板，上面有孔径 2mm 的孔，不锈钢板上面再加 3 层依次为 60 目、80 目、120 目的不锈钢过滤网。外层是将整个过滤器内层、中间层包在内部，中间层与外层有 20mm 的空间。油烟进入过滤器后先后 6 次冷却，每经过一层过滤网，将冷却的油流入过滤器底部收集器，收集器最低点有一个导淋，最后收集到地面上的专用油桶里面。

在排油烟出口增加特制的过滤器，油烟进入过滤器后，改变流动方向并降低流速，油烟在过滤器内停留时间相对较长，依次通过环向的 60 目粗过滤网、80 目粗过滤网、120 目细过滤网及出口轴向的 3 层 60 目粗过滤网、80 目粗过滤网、120 目细过滤网的不锈钢过滤网。油烟气在通过丝网时，烟气中细小的润滑油颗粒会凝结到过滤网上，当冷却、凝结的油达到一定量就会在重力的作用下沿丝网及管壁下流，流到过滤器底部收集器内，并通过排油管将凝结润滑油收集到地面上的专用油桶里面。

2）解决的问题

① 将油烟气中大部分的油气在丝网处凝结并经排油管线导淋收集到油桶内，回

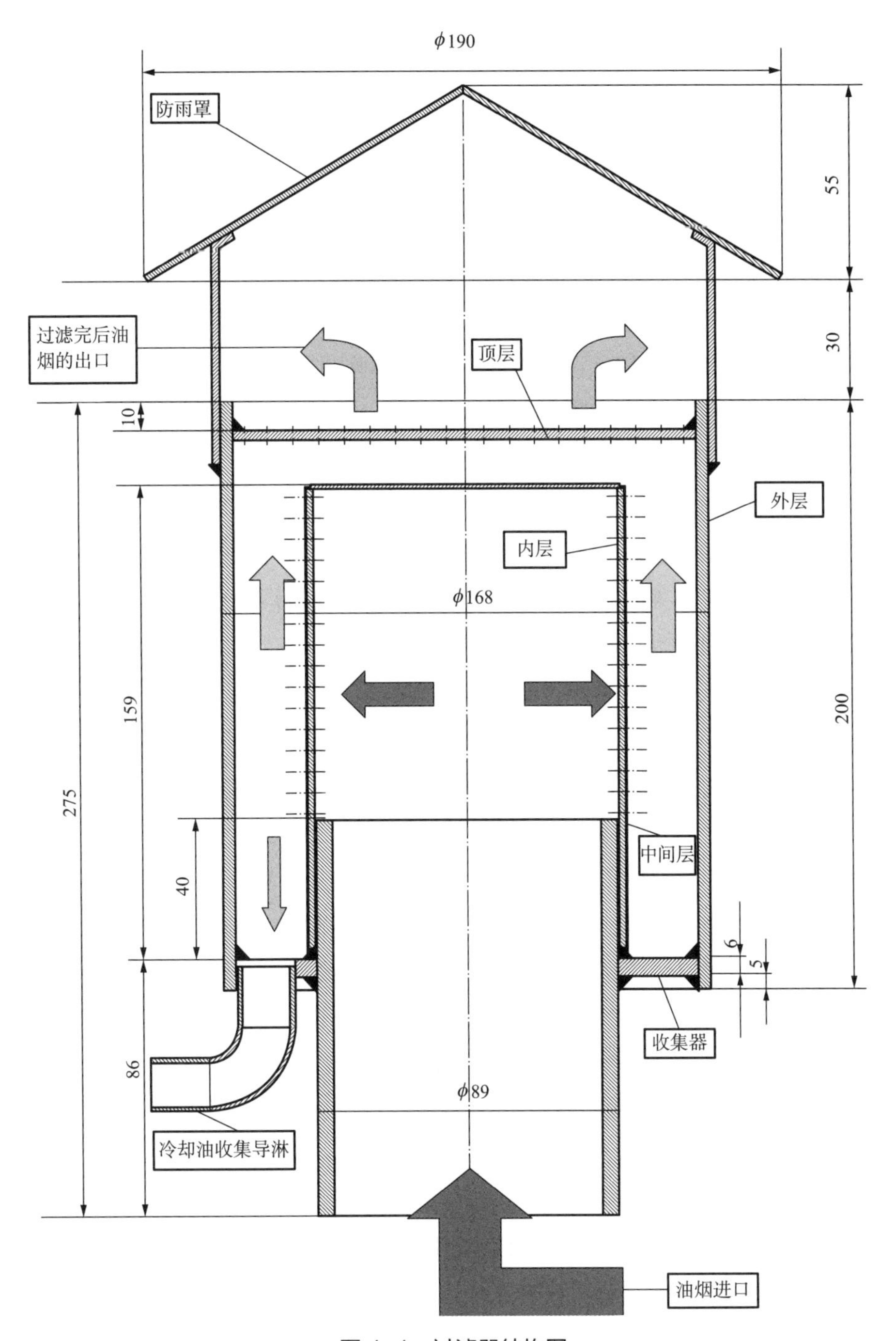

图 4-1　过滤器结构图

收利用。

② 改善油气对现场环境的污染，为现场干净整洁的工作环境创造有利条件。

③ 防止着火、爆炸事故的发生，空分厂最终产品是氧气和氮气，如果氧气泄漏

遇到油脂立即发生爆炸，此项技术改造给空分厂解决了重大隐患，为安全生产提供有力保障。

3）具体实施方式

本技术改造是一个安装在空分设备大机组排油烟管线上的一种新型特殊过滤器，本过滤器经过多层过滤，多层拦截油烟，把油烟冷却后，使冷却后的烟气最终成为润滑油，经过排油导淋收集在油桶里，收集的油可以重复利用，减少润滑油的损耗和周围环境及空气污染，提高生产效果，有效降低了润滑油能耗。本过滤器结构包括：内层（管道或钢板卷筒），中间层 3 种不锈钢滤网，外层管道，顶层钢板及 3 种不锈钢滤网，底部收集器，收集导淋，防雨罩。

4）制作工艺过程

选择内层管道（内层管道直径具体尺寸可根据油烟量的多少进行设计更改），在管道上每隔 3mm 距离开 3mm 的孔，将 60 目过滤网、80 目过滤网、120 目过滤网从内向外固定在内层上，将内层和外层通过顶层和收集器焊接起来，将 60 目过滤网、80 目过滤网、120 目过滤网从下向上依次固定在顶层，将外层和顶部的防雨罩焊接起来，形成一个有效实用的新型油过滤器。

149 压缩机组油系统发生渗漏的原因及处理措施有哪些？

答 压缩机组油系统的渗漏现象，是大型机组油系统缺陷中最常见的问题。渗漏现象的出现，不仅影响机组的正常运行，而且浪费润滑油，造成经济损失，同时也存在机组着火等重大安全隐患。机组油系统是一个庞大的系统，系统设备较多，管线复杂且较长。同时，润滑油具有较强的浸润性，要彻底消除渗漏现象较为困难，需在设计、施工阶段就要十分重视。

1）机组油系统渗漏的原因分析

机组油系统通常容易发生渗漏的设备为各类油泵、排油烟风机及各类容器设备的附件（法兰、接头、丝堵、温度压力表插座）等。油泵发生渗漏主要发生在泵壳结合面和轴密封处。泵壳密封不严密通常由于泵壳紧固不均匀发生偏斜以及密封垫片有破损。轴密封不严密主要有以下几种情况：

（1）轴密封是机械密封的油泵产生渗漏的原因：

① 机械密封压紧弹簧压缩量过小，造成动、静环压紧力不够，油从动、静环结合面泄漏。

② 机械密封静压环的材料多采用石墨，质地易脆断。在油泵安装过程由于方法不正确易人为产生裂纹造成渗漏。

③ 机械密封上的橡胶密封圈如果安装不到位，或橡胶圈上有损伤也能够造成渗漏。

（2）轴密封是填料密封形式的油泵产生渗漏的原因。

① 填料压环安装不适当，压环与轴四周的径向间隙不均，填料压紧不均匀。

② 填料盘根搭接口密封不严，两端搭接角度不一致。

③ 密封填料选材不正确，不能够适应工作介质的运行参数。

④ 密封填料填充量不足致使填料压缩量不够，径向压力不足。

（3）排油烟风机在运行过程中由于油烟凝结，在风机内淤积。而风机外壳多采用较薄钢板制成，易发生变形致使泵壳密封垫料紧固不均，压缩量不够发生泄漏。

（4）油系统设备上的各种附件也容易发生泄漏。

① 设备上的法兰、接头密封面上有径向沟槽、气孔、裂纹、毛刺等缺陷，或在紧固时方法不当都易造成泄漏。

② 丝堵、温度计压力表插座在安装时密封用生料带缠绕方向不正确或缠绕量不够。

③ 冷油器、滤油器切换阀杆轴向密封橡胶圈若有破损、折痕或橡胶圈有松弛现象就易沿阀杆发生渗漏。

（5）油管道的焊接质量也影响油系统的严密性。

① 施工人员责任心不强易发生管道漏焊、少焊、焊接强度不够，在系统进油后会发生泄漏。

② 阀门的门芯密封线不连续、均匀，会造成系统内部渗漏。阀杆密封不严，密封填料填充不当。阀盖法兰垫片加装不合适，会造成系统外漏。

③ 油管道法兰紧固不当，法兰张口，法兰垫片安装偏斜或漏装都是油管道安装过程中常见的错误。

（6）设计不合理也影响油系统的严密性。

① 油系统设计时，回油管线容量不足，回油不畅，导致渗漏；如管径不足、油箱未设置负压系统或油箱负压不够等。

② 管线法兰垫片及密封面选型不当，润滑油腐蚀垫片及密封面，使其失效，导致渗漏。

（7）操作时，如启动润滑油泵时，油压调节阀旁路阀未打开直接升压，油管线里的空气压缩，损坏垫片，导致渗漏。

2）机组油系统渗漏消减措施

（1）油泵在组装时应检查各法兰密封面，应平整光洁，法兰垫料要完整、无缺损，法兰紧固应均匀、无张口；油泵轴部机械密封安装应注意以下各方面：

① 安装过程中检查机械密封的动、静环应光洁无裂纹，表面不能有任何划痕。在施工过程中应特别注意保护。

② 检查弹簧无裂纹、锈蚀等缺陷，装入弹簧座内应无歪斜、卡涩等现象，弹簧压缩量应符合制造厂规定。

③ 动环和静环密封端面瓢偏不大于0.02mm，端面不平行度不大于0.04mm。

（2）轴部密封为填料密封的油泵安装应注意以下各方面：

① 填料质地应柔软并具有润滑性，材料应根据工作介质的运行参数来选择。

② 盘根接口应严密，两端搭接角应一致，一般为45°，安装的相邻两层盘根接口应相互错开120°～180°。

③ 填料压环应适当，压环与轴四周的径向间隙应保持均匀，不得歪斜或与轴摩擦。

④ 加完填料后手动盘车、使填料表面磨光，并应无偏重的感觉。

（3）排烟风机的检修工作应注意以下几点：

① 卧式排烟风机应有疏油管道，且管径合理，以便及时排油。

② 检查风机外壳强度，以保证密封垫料紧固均匀。如果风机外壳强度不足，可以在密封法兰盘上钻孔，加装紧固螺栓，使密封垫料压缩均匀。或安装环型钢板加固法兰，增强风机外壳强度。

③ 检查风机轴封密封橡胶圈应完好无损伤、折痕、松弛现象，如有缺陷应及时更换。

（4）容器类设备（主油箱、储油箱、油净化油箱、密封油箱）设计、施工时需注意如下几点：

① 常压油箱应进行灌水试验，灌水后保持24h检查各焊缝无渗漏现象。带有一定压力的油箱（例如密封油箱）应进行水压试验，试验压力为工作压力的1.25倍，保持5min无压降。

② 油箱的栽丝孔应不穿透油箱壁，如发现有通孔需对孔内侧进行补焊，补焊应严实、牢固。

③ 油箱上的各法兰盖板应紧固可靠，并使用完整耐油垫片（如果采用耐油胶垫须保证胶垫压缩量在30%～40%）。

④ 设备上的油窗应为有机玻璃，玻璃结合面处应垫以耐油垫料。螺钉孔应不穿孔，否则应以聚四氟乙烯生料带密封。

⑤ 冷油器在检修时应进行油侧水压试验，试验压力为工作压力的1.5倍，且保持5min无压降（如进行风压试验，试验压力为工作压力）。油侧水压试验后铜管胀口如有渗漏，需对渗漏的铜管胀口进行补胀。补胀后胀口应无裂纹。对补胀无效和管

壁渗漏的铜管应更换。补胀后须再作耐压试验，直至试验合格。油室、水室结合面应光洁平整，无径向沟槽、毛刺、凹凸不平现象。结合面应用完整耐油石棉垫。检查冷油各油口、温度计座都应严密不漏。

（5）油管道安装应尽量减少法兰接口和中间焊口，确保管道焊接质量。油管道上有着大量的附件，这些附件的安装工作量大且繁琐，安装工程中很容易出现渗漏，影响油系统的严密性。在安装油管道附件时应注意以下几方面：

① 油管道法兰密封面应平整光洁，接触均匀并不得有贯通密封面内外缘的沟痕。使用前应用涂色法检查其密封面，如发现接触不良时应进行机加工或修刮。高压调节管道一般采用对焊法兰。

② 油管道法兰安装连接时应无偏斜，法兰螺栓应对称地均匀紧固。

③ 油管道法兰结合面应使用聚四氟乙烯垫片。垫片应清洁、平整、无折痕。

④ 油管道平接头使用的铜垫圈，必须经退火处理，厚度约为 1mm。

⑤ 用锁母接头连接的油管道，其锁母接头必须用整块金属制成，不得使用焊接锁母接头，配置的凸肩处应有倒角。球形锁母接头必须用涂色法检查，接头严密线完整。

⑥ 避免采用管螺纹接头，如需使用时，采用聚四氟乙烯带作密封料。

⑦ 油系统全部阀门都必须进行解体检查阀芯密封，其密封线应连续、均匀、无间断。阀杆密封用盘根宜采用油系统专用密封填料——聚四氟乙烯碗型垫。

（6）操作过程中，启动润滑油泵前，先启动油雾风机，使油箱压力保持在 –3 ~ –5kPa，确保回油畅通，再确认油压调节阀旁路阀打开，启润滑油泵，缓慢升油压。

150 油冷器泄漏对空分设备有何影响？

答 油冷器的作用是调节机组润滑油温度，满足机组的运行要求。一般设计时油压大于水压，防止发生泄漏润滑油带水，使润滑油乳化变质，损坏设备。

油冷器泄漏对空分设备的影响：

1）空分设备运行时，油冷器泄漏，润滑油漏入循环水中，可能造成的影响

（1）润滑油随循环水进入凉水塔，润滑油漂浮在循环水水面上，影响循环水散热，循环水供水温度升高，使空分设备各换热器效果下降；

（2）润滑油进入循环水系统，致使循环水 COD 超标，循环水中藻类、菌类大量繁殖，造成空分设备各换热器腐蚀、结垢等，影响换热器换热效果；

（3）润滑油随循环水进入空冷塔，被空气带入分子筛纯化系统，堵塞分子筛筛孔，分子筛吸附容量降低，致使水分、二氧化碳及碳氢化合物超标进入板换及主冷，可能发生主冷爆炸事故。还有润滑油使分子筛中毒失效，造成装置停车更换分子筛；

（4）严重泄漏，机组润滑油压降低，导致装置停车。

2）油冷器泄漏，润滑油外泄，对空分设备的影响

（1）油冷器润滑油外漏，对环境造成污染；

（2）油冷器润滑油外漏，可能引发火灾等事故。

3）机组润滑油系统停运时，油冷器循环水未切除，循环水漏入润滑油侧，致使润滑油带水，润滑油乳化变质，损坏设备。

151 大型空压机组为什么会发生油膜振荡，如何处理？

答 大型空压机组多选用离心式压缩机组，高速旋转的离心式压缩机组油膜振荡发生在油润滑滑动轴承的旋转设备中，在转子正常工作时，轴颈中心和轴承中心并不重合，而是存在一个偏心距 e，当载荷不变、油膜稳定时，偏心距 e 保持不变，机组运行稳定，轴颈上的载荷 W 与油膜压力保持平衡，若外界给轴颈一扰动力，使轴心 O1 位置产生一位移 Δe 而达到新位置，这时油膜压力由 p 变为 p'，因而不再与此时的载荷 W'（$W'-W$）平衡，两者的合力为 F，其分力 F_1 将推动轴颈回到起初的平衡位置 O1，而在分力 F_2 的作用下，轴颈除了以角速度 ω 作自转外，还将绕 O1 涡动（涡动方向与转动方向相同），其涡动速度约为角速度的一半，称为油膜涡动（半速涡动）。油膜涡动产生后就不消失，随着工作转速的升高，其涡动频率也不断增强，振幅也不断增大，如果转子的转速继续升高到第一临界转速的 2 倍时，其涡动频率与第一临界转速相同，产生共振，振幅突然骤增，振动非常剧烈，轴心轨迹突然变成扩散的不规则曲线，半频谐波振幅值就增加到接近或超过基频振幅，若继续提高转速，则转子的涡动频率保持不变，始终等于转子的一阶临界转速，这种现象称为油膜振荡。见图 4–2。

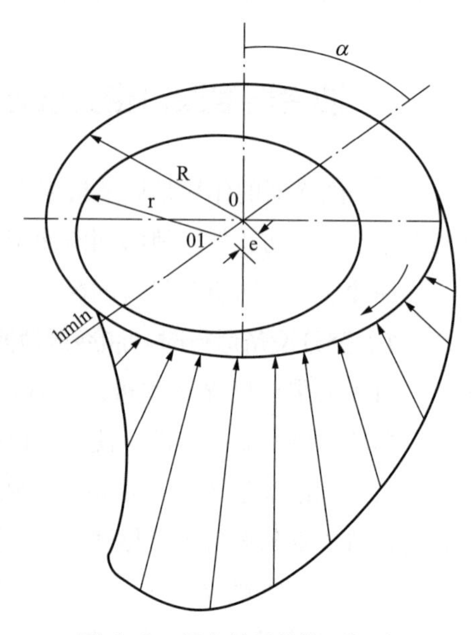

图 4–2　径向轴承的楔形间隙

1）形成油膜振荡的原因

油膜振荡是由半速涡动发展而成，即当转子转速升至两倍于第一临界转速时，涡动频率与转子固有频率重合，使转子—轴承系统发生共振性振荡而引起，如果能提高转子的第一临界转速，使其大于 0.5 倍工作转速，即可避免

发生油膜振荡，但这显然无法实现。只有通过加大轴承的载荷，使轴颈处于较大的偏心率下工作，提高轴瓦稳定性的办法解决。

2）发生油膜振荡时，其主要特征是

① 发生强烈振动时，振幅突然增加，声音异常。

② 振动频率为组合频率，次谐波非常丰富，并且与转子的一阶临界转速相等的频率的振幅接近或超过基频振幅。

③ 工作转速高于第一临界转速的2倍时才发生强烈振动，振荡频率等于转子的第一临界转速，并且不随工作转速的变化而变化，只有工作转速低于2倍第一临界转速后，剧烈振动才消失。

④ 轴心轨迹为发散的不规则形状，进动方向为正进动。

⑤ 轴承润滑油黏度变化对振动有明显的影响，降低润滑油黏度可以有效地抑制振动。

3）解决油膜振荡的方法

① 在振荡发生时，提高油温，降低润滑油的黏度。

② 使轴颈处于较大的偏心率下工作，利用上瓦油压，使下瓦的载荷加大，从而提高轴瓦的稳定性。

③ 调整轴承的相对高度。

④ 在下瓦适当位置上开泄油槽，降低油楔压力。

⑤ 调整轴承间隙，对于圆筒瓦及椭圆瓦，一般减少轴瓦顶部间隙，增大上瓦的乌金宽度，可以增加油膜阻尼。

⑥ 更换稳定性好的轴瓦。

⑦ 停车重新建立油膜。

152 平衡透平机组转子上的轴向推力有哪些方法？

答 透平机组在做功时，会对转子产生一个由高压端向低压端移动的轴向力，这个力称为轴向推力。

作用在汽轮机转子上的轴向推力通常有以下几种：

（1）作用在动叶片上的轴向推力。

（2）作用在叶轮轮面上的轴向推力。

（3）作用在轮毂上或转子凸肩上的轴向推力。

（4）作用在轴封凸肩上的轴向推力。

轴向推力平衡的目的是减少轴向推力，使其符合推力轴承长期安全的承载能力。

常见的平衡措施有以下几种：

（1）设置平衡活塞

就是将汽轮机高压轴封套的直径加大。由于平衡活塞上装有齿形轴封，所以使蒸汽压力由活塞高压侧的压力降低到低压侧的压力。这样，在平衡活塞两侧压差的作用下，产生一个方向与轴向推力相反的力，从而平衡了一部分轴向推力。

（2）采用具有平衡孔的叶轮

平衡孔用于减少叶轮两侧的压差，以减少转子的轴向推力，特别是对于两侧压差较大的高压级轮常用这种方法。

（3）采用对称布置

如果汽轮机是多缸的，则可适当布置汽缸，使不同汽缸中的汽流做相反方向流动，这样不同方向的汽流所引起的轴向推力方向相反，可相互抵消一部分。通常采用高、中压对头布置和低压缸分流的布置，如图4-3所示，使高、中压缸和低压缸中汽流所引起的轴向推力方向相反，从而使轴向推力相互抵消了一部分。对于多级离心式压缩机，也可采用对缸布置，以抵消空压机转子上产生的轴向推力。

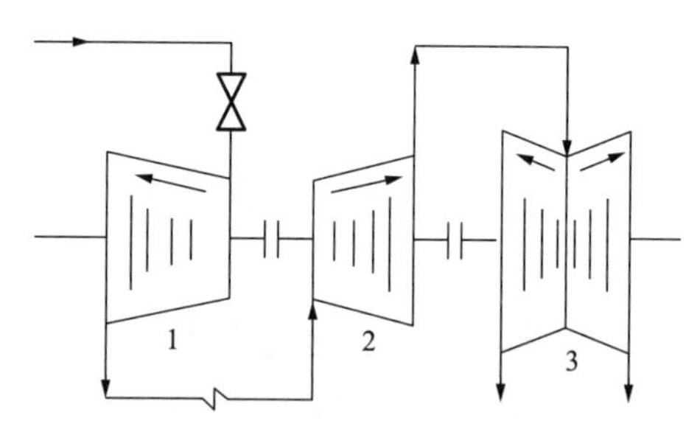

图4-3 汽轮机汽缸对称布置示意图

对于反动式汽轮机，由于其动叶前后压差比冲动式汽轮机大，所以它的轴向推力也比同类型冲动式汽轮机要大得多，为减小其轴向推力，反动式汽轮机毫无例外地采用转鼓和平衡活塞，活塞直径和前轴封漏汽量也比冲动式汽轮机大。此外，在反动式汽轮机中也应充分利用汽缸或级组对置排列来减少轴向推力。

（4）采用推力轴承

轴向推力经上述方法平衡后，剩余的部分最后由推力轴承来承担。一般要求推力轴承应承受适当的推力，以保证在各种工况下，推力方向不变，使机组能稳定地工作而不发生窜轴现象。

（5）采用带补偿器的联轴器

这类联轴器因装有弹性元件，不仅可以补偿两轴间的相对位移，而且具有缓冲减振的能力。弹性元件所能储蓄的能量越多，则联轴器的缓冲能力愈强，对轴向推力的消除作用越明显。

153 汽轮机启动过程中哪个部位产生最大热应力?

答 汽轮机汽缸和转子最大热应力所发生的时间应在非稳定工况下金属内外壁温

差最大时刻。在一定的蒸汽温升率下，汽轮机启动进入准稳态，转子表面与中心孔、汽缸内外壁的温差接近该温升率下的最大值，故汽轮机启动进入准稳态时热应力也达到最大值。在启停和工况变化时，汽轮机中最大应力发生的部位通常是高压缸的调节级处、再热机组中压缸的进汽区、高压转子在调节级前后的汽封处，中压转子的前汽封处等。这些部位工作温度高，启停和工况变化时温度变化大，引起的温差大，热应力也大。此外，在部件结构有突变的地方，如叶轮根部、轴肩处的过渡圆角及轴封槽处都有热应力集中现象，上述部位的热应力是光滑表面的 2 ~ 4 倍。

154 汽轮机大轴弯曲的原因及预防措施有哪些?

答 汽轮机大轴弯曲属于空分设备严重的设备事故，尤其对于集群化空分设备，机组启停频率较高，容易发生汽轮机大轴弯曲事故，这对空分设备安全生产、经济运行造成重大危害和损失。防止大轴弯曲事故是汽轮机运行维护重点，故要对其进行更加详细的了解。

1）汽轮机大轴弯曲的表现

① 机组发生异常振动，胀差发生变化。

② 过临界转速时，汽机振动明显增大。

③ 汽轮机在盘车状态下，盘车电机电流波动，汽轮机振动偏高甚至盘车装置跳车，严重时机组盘不动车。

④ 停车后汽轮机惰走时间明显变短，甚至出现急刹车的现象。

2）汽轮机大轴弯曲的分类

汽轮机大轴弯曲一般分为两类，弹热性弯曲和永久性弯曲。

① 弹热性弯曲指转子内部温度不均，转子受热膨胀受阻造成的转子弯曲。

② 永久性弯曲指转子局部受到急剧加热或冷却，产生较大的热应力，超过转子材料在该温度下的屈服极限而产生的塑性变形，当转子温度均匀后，该部位的塑性变形不能消失而形成永久弯曲。

3）汽轮机大轴弯曲的原因

造成汽轮机大轴弯曲的原因是多方面的，主要归纳为以下几方面：

① 汽轮机通流部分动静摩擦。通流部分动静摩擦，造成转子局部过热。一方面显著降低了摩擦部分的屈服极限；另一方面摩擦部分局部过热，其热膨胀受限于周围材料而产生很大压应力。当应力超过该部位屈服极限时，将发生塑性变形。当转子温度均匀后，该部位就呈现凹面永久性弯曲。

在第一临界转速下，大轴热弯曲方向与转子不平衡力方向大体一致。此时，发生动静摩擦将产生恶性循环，致使大轴产生永久弯曲。而在第一临界转速上，热弯曲方向与转子不平衡力方向趋于相反，有使摩擦脱离趋向。所以，应充分重视低转速时振动、摩擦检查。

② 热状态汽轮机，进冷汽冷水。冷汽冷水进入汽缸，汽缸和转子由于上下缸温差过大而产生很大热变形。转子热应力超过转子材料屈服极限，造成大轴弯曲。如果在盘车状态进冷汽冷水，造成盘车中断，将加速大轴弯曲，严重时将使大轴永久弯曲。

③ 套装件位移。套装转子上套装件偏斜、卡涩和产生相对位移；汽轮机断叶、强烈振动、转子产生过大弯矩等原因使套装件和大轴产生位移，都将造成汽轮机大轴弯曲。

④ 转子材料内应力过大。汽轮机转子原材料不合格，存在过大内应力，在高温状态运行一段时间后，内应力逐渐释放，造成大轴弯曲。

⑤ 运行管理不当。违章指挥，操作人员违章操作等，如不具备启动条件强行启动；忽视机组振动、异常声音、盘车困难时借助外力强行盘车等造成大轴弯曲。

4）防止汽轮机大轴弯曲的措施

① 设备系统方面的预防措施

a. 做好汽轮机组基础安装技术工作。

b. 汽缸应具有良好的保温性能，保证停机后上下缸温差不超过35℃。

c. 安装和检修中，合理调整动静间隙，保证在热状态下不发生动静摩擦。

d. 检查高压蒸汽隔离阀、速关阀、调速阀、轴封气进气阀及各段抽汽止逆阀门关闭严密，动作可靠。

② 汽轮机启动的预防措施

a. 冲转前应对主蒸汽管、轴封蒸汽管、速关阀阀腔充分暖管疏水。

b. 启机前汽轮机高压缸上、下缸温差不超过35℃。

c. 启机前主蒸汽温度必须高于允许汽轮机启动的最低温度值。

d. 启机前连续盘车两小时以上。

e. 未连续盘车，严禁向轴封供汽。

f. 应先向轴封供汽后抽真空。

③ 停机、盘车状态下预防大轴弯曲的措施

a. 汽轮机停机后记录惰走时间，按规定做好惰走过程参数记录和摩擦检查。

b. 汽轮机停机转速到零后，确认顶轴油泵及盘车电机自启动正常，若未启动，及时检查处理后启动，必要时进行手动盘车。

c. 真空到零后，停止轴封供汽。

d. 电动连续盘车过程中若发生盘车装置跳车，应全面检查，并及时进行手动盘车，待电动盘车处理正常后重新投用。

e. 发生热弯曲，盘车盘不动时，严禁用吊车或蒸汽冲转强行盘车。

f. 当缸体温度小于100℃后，允许停盘车。

g. 停机后全面检查汽缸与外界隔绝，并确保缸体疏水导淋打开进行疏水。

155 什么原因造成汽轮机推力瓦温度高？

答 推力瓦是汽轮机的重要部件，它有着极其重要的作用，主要是用来确定转子在气缸的轴向位置，并保持定子和转子存在一定有效的间隙，在运转过程中还能够承载消化转子的轴向推力。

推力瓦温度高是汽轮机常出现的一个问题，也是导致机组停机的一个主要原因，为保证汽轮机安全高效运行，对汽轮机推力瓦温度高的原因进行分析，并制定预防措施。

造成推力瓦块温度超高的原因总结如下：

1）推力瓦和推力盘的平行度超标

轴承和轴颈的扬度不一致，致使工作瓦中某个区域的瓦块温度偏高，当轴颈前扬值大于轴承前扬值较多时，会造成推力工作面上部瓦块温度高于下半瓦块温度；反之，下半瓦块承受的推力大于上半瓦块，而下半瓦块温度高于上半瓦块温度。

2）转子的制造质量造成推力盘瓢偏值偏大

这会导致运行时产生推力瓦块在同一时间所承受的推力差值偏大，高速、连续运行中因每块瓦块上的推力不断地发生较大的变化，将影响油膜的不稳定建立，这种情况会导致工作面整体瓦块的温度较高。

3）推力工作面瓦块本体的厚度或瓦块间的厚度差太大

由于瓦块本身的厚度差或瓦块间的厚度差太大，造成运转中厚的瓦块承受的推力大于薄的瓦块所承受的推力，造成部分较厚的瓦块温度较高。

4）瓦块研磨问题

瓦块本身研磨不到位或整体瓦块间研磨不好，造成瓦块与推力盘接触不好。整体研磨时，要把瓦块放到位，并受到一定的轴向推力，这时的接触面才是真实的接触面。

5）推力间隙不合适

因测量原因或轴承窜动错位，推力间隙不够，润滑油流量不足，油膜形成不好，瓦块温度偏高。

6）上、下推力工作面所受推力不一致

支持—推力联合轴承体上，定位销配合紧力不够，导致组装时轴承体上、下部位错位，则上、下推力工作面承受的推力不一致，推力的不均匀分布造成上、下推力工作瓦温度不一致，部分或个别瓦块温度偏高。

7）支持—推力联合轴承的球面紧力不合适

因机组所设计的球面紧力是按照理想状态设计的，而往往实际生产中球面及球面座的光洁度由于制造、安装等原因达不到设计要求，运行中轴承在推力的作用下随轴自位能力较差，则各推力瓦块所承受的推力不一致，造成部分瓦块的温度较高，这种现象一般随着机组负荷的变化，瓦块高温区域发生游动的现象较为明显。

8）油膜建立不正常

推力瓦块本身的摇摆度不够与挡油环的制造、定位等原因造成瓦块随转子的转动时，挡油环的凸肩处靠死而不能自由转动，破坏油膜的正常建立，导致瓦块和推力盘之间形成少油膜或接近摩擦的运行状态，导致瓦块温度较高（此现象瓦块的高温区域及高值比较稳定）。

9）支持—推力联合轴承中油封间隙调整不当

推力轴承内有四道油封（两道巴氏合金油封，两道铜油封），由于油封间隙调整不当，运行中有油封顶住转轴造成球面不能在推力的作用下随轴自位，而导致部分推力瓦块承受的轴向推力较大，温度较高。

10）机组轴向推力增大

通流部分的径向汽封间隙变大，会增加每级隔板前后的蒸汽压力差，使轴向推力增大，通流部分结垢，汽封片脱落，汽封间隙超出标准。

11）推力轴承供油量不足

供油不足会导致瓦块温度升高，而且长期处于缺油状态下运行，还会加大瓦块磨损。

156 汽轮机结垢的原因及处理方法有哪些？

答 汽轮机在长时间运行后，其流通部分会出现结垢现象，对设备的运行、装置的整体负荷及能耗都有一定的影响。对此，我们对汽轮机结垢的现象、原因及处理方法进行分析。

1）结垢的现象

汽轮机做功效率低，出力不足，笼室压力升高，汽轮机调节进汽阀逐渐开大，甚至全开后仍达不到额定转速。

2）结垢的原因

汽轮机结垢的主要原因是过热蒸汽品质不良，蒸汽中易溶于水的钠的化合物和不溶于水或极难溶于水的化合物超标，当蒸汽在通流部分膨胀做功时，参数（压力和温度）降低及汽流方向和流速不断改变，蒸汽携带盐分的能力逐渐减弱（硅和钠酸盐在蒸汽中溶解度随压力降低而减少，当其中某种物质的溶解度下降到低于蒸汽中的含量时），在减压部位或流道变更部位被分离出来，沉积在喷嘴、动叶片和进汽阀等通流部件表面上，形成盐垢。

3）处理方法

我们根据设备情况将汽轮机结垢处理方法分为拆卸清洗和在线清洗。

拆卸清洗一般有以下四种常见的清洗方法：

① 喷砂法：可除去大部分垢和锈，但是会对设备表面有一定的影响，而且死角喷不到，处理不够彻底。

② 高压水冲洗法：用高压水对汽轮机结垢处进行冲洗，但是同喷砂法一样，都存在死角清理不彻底的问题。

③ 湿蒸汽冲洗法：用湿蒸汽冲洗可洗去一些钠垢等溶于水的盐垢，对于锈垢及硅垢无法处理。

④ 人工机械清除法：人工机械清除可清洗一些死角结垢，但是劳动强度大，且可能会使设备表面光洁度下降。

在线清洗的主要方法是在汽轮机运转的情况下，利用中压饱和湿蒸汽进行在线清洗。

① 蒸汽压力和温度的选择。由于是在汽轮机运转的工况下进行清洗，湿蒸汽的比重大，对叶片的冲击力很强，特别是末级叶片的进汽湿度会更大，甚至可能产生大量明水。为了减小对末级叶片的冲击，必须对进入汽轮机的蒸汽温度进行合理控制，保证过热度 20 ~ 25℃为宜。汽轮机进行在线清洗时的工况与正常运行工况相差较大，随着清洗过程的进行蒸汽的压力会有波动，应该根据蒸汽压力随时调节蒸汽温度，根据排汽饱和程度来判断进汽温度是否合理。

② 汽轮机转速的选择。化工行业的工业汽轮机功率较小、转速较高，其转子的直径一般较小，承受冲击的能力较强，所以施行在线清洗基本可行。

③ 检查机组联锁，确保出现问题机组自保。投用机组所有联锁，在清洗的过程中如果振动或轴位移发生变化能够及时报警，便于调整操作；如果振动或轴位移异常能够及时实现联锁自保。

④ 清洗步骤。将进汽轮机的高压蒸汽压力适当降低至中压蒸汽，速关阀前温度控制在高于该压力下的饱和温度 20 ~ 25℃，打开主蒸汽导淋确认无水，疏水膨胀箱

导淋全开。根据操作规程启动汽轮机组，启机后严格监测机组轴振动、位移、汽机排气温度等，确认机组启动正常后，严密监视各导淋带水情况，如导淋无水则继续进行在线清洗；如果导淋带水，汽轮机立即停车处理，防止设备本体损坏。

⑤ 清洗标准。当汽轮机笼室压力明显下降，冷凝液中 Na^+、SiO_2 含量不再明显变化或均达到控制指标时，就可以认为清洗合格了。再次开车后汽轮机能够满足生产需要并能够实现灵活升降速调节，则汽轮机在线清洗取得成功。

157 汽轮机发生水击的原因及预防措施有哪些？

答 1）汽轮机水击的现象

（1）主蒸汽或再热蒸汽温度直线下降。

（2）蒸汽管道有强烈的水冲击声或振动。

（3）速关阀、调速阀的阀杆、法兰、轴封处冒白汽或溅出水滴。

（4）负荷下降，机组声音异常，振动加大。

（5）轴向位移增大，推力轴承金属温度升高，胀差减小。

（6）汽机上、下缸金属温差增大或报警。

2）汽轮机水击的危害

（1）动静部分摩、碰。汽轮机进冷水或冷蒸汽使高温下的金属部件突然冷却而急剧收缩，产生很大的热变形，使相对膨胀急剧变化，机组产生强烈的振动。动、静部分轴向和径向摩、碰，径向摩、碰时会产生大轴弯曲。

（2）叶片的损伤和断裂。进入汽轮机的通流部分水量较大时，造成叶片的损伤和断裂，特别是低压级的长叶片，其叶顶线速度可高达300～400m/s以上，水滴对其打击力相当大，严重时将把叶片打弯或打断。

（3）推力瓦烧毁。进入汽轮机的水或冷蒸汽的密度比蒸汽的密度大得多，因而在喷嘴内不能获得和蒸汽同样的加速度，使其相对速度的进汽角远大于蒸汽相对速度的进汽角，汽流不能按正确的方向进入汽流通道，而对动叶进口边的背弧产生冲击。这除了使动叶产生制动力外，还产生一轴向推力，使汽轮机轴向推力增大。实际运行中汽轮机的轴向推力可增大到正常运行时的10倍。使推力轴承超载而导致钨金烧毁。

（4）阀门或汽缸结合面漏汽。若阀门和汽缸受到急剧冷却，会使金属产生永久变形。导致阀门或汽缸结合面漏汽。

（5）引起金属裂纹。机组启、停时，如果经常进冷水或冷蒸汽，金属在频繁交变的热应力作用下，会出现裂纹，如果汽封处的转子表面受到汽封供汽系统来的水或冷蒸汽的反复冷却，就会出现裂纹并不断扩大。

3）汽轮机水击发生的原因

（1）汽轮机启动中没有充分暖管或疏水排泄不畅；主汽管道或锅炉的过热器疏水系统不完善，可能把积水带到汽轮机内。

（2）滑参数停机时，由于控制不当，降温降得过快，使汽温低于当时汽压下的饱和温度而成为带水的湿蒸汽。

（3）汽轮机启动时，汽封供汽系统管道没有充分暖管和疏水排除不充分，使汽、水混合物被送入汽封。

（4）停机过程中，切换备用汽封汽源时，因备用系统积水而未充分排除就送往汽封。

（5）停机后，忽视对疏水罐液位（凝汽器液位）的监督，发生疏水罐（凝汽器）满水，倒入汽缸。

（6）高压蒸汽过热度不够。

4）汽轮机水击的预防措施

（1）高压蒸汽暖管时，注意疏水通畅。

（2）汽轮机启动前，注意高压蒸汽保持一定的过热度。

（3）汽轮机启动前，注意轴封蒸汽暖管合格，注意疏水通畅。

（4）汽轮机启动前，注意缸体导淋打开，汽轮机上、下缸温差小于50℃时，方可关闭。

（5）汽轮机启动前，注意疏水罐液位（凝汽器液位）不高。

（6）过高的排气压力。在开车过程中，汽轮机排气压力过高，蒸汽过热度在对应压力下降低，蒸汽越容易被冷凝，在开车中，应时刻注意汽轮机排气压力，加大空冷风机负荷，夏季则投用表冷器，降低排气压力。

（7）汽轮机低速暖机时间要充分。

158 汽轮机有哪些主要的级内损失？损失的原因是什么？

答 汽轮机级内主要有喷嘴损失、动叶损失、余速损失、叶高损失、扇形损失、部分进汽损失、摩擦鼓风损失、漏汽损失、湿汽损失。

（1）喷嘴损失和动叶损失是由于蒸汽流过喷嘴和动叶时汽流之间的相互摩擦及汽流与叶片表面之间的摩擦所形成的。

（2）余速损失是指蒸汽在离开动叶时仍具有一定的速度，这部分速度能量在本级未被利用，所以是本级的损失。但是当汽流流入下一级的时候，汽流动能可以部

分地被下一级所利用。

（3）叶高损失是指汽流在喷嘴和动叶栅的根部和顶部形成涡流所造成的损失。

（4）扇形损失是指由于叶片沿轮缘成环形布置，使流道截面成扇形，因而，沿叶高方向各处的节距、圆周速度、进汽角是变化的，这样会引起汽流撞击叶片产生能量损失，汽流还将产生半径方向的流动，消耗汽流能量。

（5）部分进汽损失是由于动叶经过不安装喷嘴的弧段时发生"鼓风"损失，以及动叶由非工作弧段进入喷嘴的工作弧段时发生斥汽损失。

（6）摩擦鼓风损失是指高速转动的叶轮与其周围的蒸汽相互摩擦并带动这些蒸汽旋转，要消耗一部分叶轮的有用功。隔板与喷嘴间的汽流在离心力作用下形成涡流也要消耗叶轮的有用功。

（7）漏汽损失是指在汽轮机内由于存在压差，一部分蒸汽会不经过喷嘴和动叶的流道，而经过各种动静间隙漏走，不参与主流做功，从而形成损失。

（8）湿汽损失是指在汽轮机的低压区蒸汽处于湿蒸汽状态，湿汽中的水不仅不能膨胀加速做功，还要消耗汽流动能，对叶片的运动产生制动作用消耗有用功，并且冲蚀叶片。

159 真空过高或过低对汽轮机有什么危害？

答 1）真空过高对汽轮机的危害

（1）在设计工况下，凝汽式汽轮机最末级喷嘴汽流一般是处于临界状态，真空过高将使蒸汽进一步在喷嘴斜切部位膨胀，末级隔板前后压差增大，而造成隔板过负荷。

（2）真空过高，最末级动叶中将出现临界工况，这时动叶前（喷嘴后部）的压力并不随背压降低而降低，动叶后的压力下降，使动叶前后压力差增大，造成动叶过负荷并引起轴向推力增大。

（3）真空过高，则蒸汽在动叶外膨胀不能产生有效功，因此背压降低不能再增加汽轮机功率，这对汽轮机的安全和经济性都无好处。

（4）真空过高，排汽温度低而湿气增加，末级叶片水蚀加剧。

（5）对于低压缸与轴承座一体设计的机组来说，真空过高有可能使低压缸中心发生偏移，是造成机组振动的一个原因。

2）真空过低对汽轮机的危害

（1）排汽压力升高，可用焓降减小，不经济。同时使机组出力降低，这样就要增加进汽量来维持要求负荷，容易使调节级过负荷，机组轴向推力增加。

（2）排汽缸及轴承座受热膨胀，可能引起中心变化，产生振动。

（3）排汽温度过高可能引起凝汽器冷却水管松弛，破坏严密性。

（4）可能使纯冲动式汽轮机轴向推力增大。

（5）真空下降使排气的容积流量减小，对末几级叶片工作不利。末级要产生脱流及旋流，同时还会在叶片的某一部位产生较大的激振力，有可能损坏叶片，造成事故。

160 汽轮机疏水泵不打量原因分析及处理方法有哪些？

答 疏水泵是将汽轮机排汽管线凝结的凝液输送至凝液罐，防止凝液在汽轮机排气管道内聚集，致使蒸汽的流通面积减少，造成汽轮机排气压力高，联锁跳车事故。

1）疏水泵不打量原因分析

（1）疏水泵的实际使用工况与设计工况点不符，当水泵不在允许工况点附近下运行时，在离心泵叶轮下面发生自下而上的涡带。当涡带的中心压力降低到蒸汽饱和压力时，此涡带就会变为汽蚀带，加重疏水泵叶轮及泵体的汽蚀。

（2）疏水泵的安装高度过高，吸水口处的真空度不断增加，导致离心泵腔内压力降低，使冷凝液部分汽化，造成疏水泵气蚀。

（3）疏水泵入口冷凝液温度过高，饱和蒸汽压力就会增大，水就越容易汽化，导致疏水泵气蚀。

（4）疏水泵入口滤网堵塞，导致疏水泵入口吸不上量。

（5）疏水泵灌泵时空气进入管道泵体，无法排出，造成疏水泵气缚。

（6）检修后电气接线错误，导致疏水泵反转。

（7）疏水泵叶轮磨损严重。

2）处理措施

（1）调整疏水泵运行工况，使其达到疏水泵设计的安全运行工况。

（2）通过计算确认疏水泵的安装高度 $H=P-\mathrm{NPSH}-H_f-H_v-H_s$；

式中：P 为凝结水箱液面以上压力，取设计压力值，m；NPSH 为气蚀余量，m；H_f 为管道阻力损失，m；H_v 为泵入口液体饱和蒸汽压，m；H_s 为安全余量，m（最小取 0.5m）。

（3）通过透平汽轮机排气压力、排气温度，查水的饱和蒸汽压力温度对照表，疏水泵入口温度气化量是否对疏水泵造成影响。

（4）根据疏水泵运行参数，及时清理疏水泵滤网。

（5）在疏水泵入口增设排气导淋。在两台疏水泵泵后压力表根部阀处焊接一条连通管线，并在管线中间加一道截止阀（如图4–4所示），在备泵交出作业时，确认备泵进、出口阀，泵前排气阀，泵后排气阀关闭。

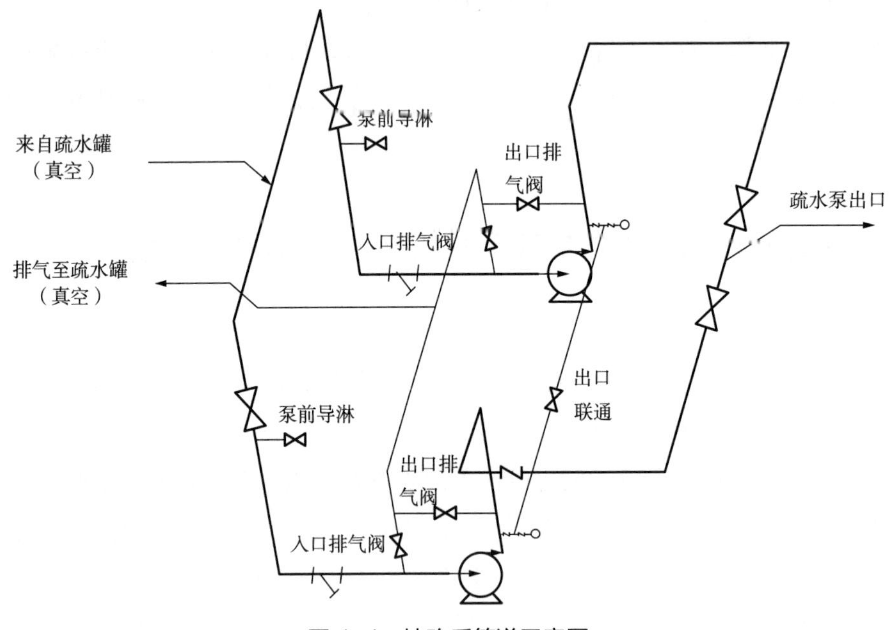

图4–4　技改后管道示意图

为避免疏水泵灌泵备泵过程中，造成运行泵气蚀，在疏水泵检修后备泵、切泵时，执行如下操作步骤：

① 备泵检修时，确认备泵进、出口，泵前排气阀，泵后排气阀全关。

② 当备泵检修结束备用前，确认运行泵泵前排气阀关闭。

③ 缓慢打开备泵与运行泵出口联通阀，对备泵进行灌泵，并注意监控运行泵压力正常。

④ 现场打开备泵泵前导淋，确认导淋连续有水流出后，关闭泵前导淋，关闭连通阀。

⑤ 缓慢打开备泵泵前排气阀，密切监控运行泵压力大于0.2MPa，若压力下降立即缓慢关闭备泵泵前排气阀，待压力稳定后，再进行开阀操作。

⑥ 现场缓慢打开备泵进口阀、出口阀，注意监控运行泵压力正常。

⑦ 备泵备用正常后，缓慢打开运行泵泵前排气阀。

（6）疏水泵检修作业后启动时，先点试确认其转向正确。

（7）叶轮损坏时，及时更换叶轮。

161 什么原因造成汽轮机升降速过程中轴瓦损坏，如何预防和处理？

答 1）汽轮机升降速过程中轴瓦损坏的原因

（1）真空度变化导致

该类型机组的低压缸前后轴承座采用与低压缸一体的设计，坐落在低压缸中部，用筋板和管材支承，轴承座的标高和空间位置很容易受到机组工况的影响，特别是温度和真空。

如真空发生变化时，轴承座的空间位置发生改变，一旦这种变化幅度较大时，轴承底部球面不能及时跟随转子的位置做出相应改变时，造成轴承与转子之间的接触角度发生改变，导致轴承受力面积减小，局部受力增大，从而造成半边轴瓦严重磨损。

（2）润滑油颗粒度指标不合格

转子在低转速的工况下，虽然有顶轴油的投入，但由于没有形成稳定的油膜，在此状态下，油中的颗粒物会对轴瓦产生严重磨损。

（3）润滑油温度的影响

转子在高转速或低转速的工况下，不能形成稳定的油膜，油膜刚度与转速成正比，与润滑油的黏度成正比。因此，当转速升高或下降时，为维持油膜刚度，润滑油的油温应随之进行调整，通过调整油温达到改变润滑油黏度的目的，从而起到稳定油膜的作用。

2）处理方法及预防措施

（1）用金相砂纸对轴颈磨损较严重的部位进行打磨处理。

（2）更换轴瓦，并用桥规复测，确保转子位置与安装记录相符。

（3）在安装瓦枕过程中，确保瓦枕紧固螺栓紧力符合要求，防止紧力过大，造成轴承自位困难。

（4）将油温变化曲线加入汽轮机启停的自动控制程序中，润滑油温度应跟随转速变化进行调整。

（5）对润滑油定期取样分析，确保油质化验合格。

（6）机组检维修作业后必须进行油运，防止硬质颗粒杂质进入轴系。

（7）定期对机组润滑油进行滤油，清除润滑油运行过程中带入的杂质。

162 特大型空分设备为什么多选用混合流式空气压缩机？

答 通常将透平式压缩机分为离心式、轴流式、混流式三类。

离心式压缩机的工作原理：离心式压缩机用于压缩气体的主要工作部件是高速旋转的叶轮和通流面积逐渐增加的扩压器。简而言之，离心式压缩机的工作原理是通过叶轮对气体做功，在叶轮和扩压器的流道内，利用离心升压作用和降速扩压作用，将机械能转换为气体压力能。气体流过离心式压缩机的叶轮时，高速旋转的叶轮使气体在离心力的作用下，一方面压力有所提高，另一方面速度也极大增加，即离心式压缩机通过叶轮首先将原动机的机械能转变为气体的静压能和动能。此后，气体在流经扩压器的通道时，流道截面逐渐增大，前面的气体分子流速降低，后面的气体分子不断涌流向前，使气体的绝大部分动能又转变为静压能，也就进一步起到增压的作用。

轴流式压缩机与离心式压缩机都属于速度型压缩机均称为透平式压缩机。速度型压缩机的含义是指它们的工作原理都是依赖叶片对气体做功，并先使气体的流动速度得以极大提高，然后再将动能转变为压力能。与离心式压缩机相比，由于气体在压缩机中的流动，不是沿半径方向，而是沿轴向，所以轴流式压缩机的特点在于：单位面积的气体通流能力大，在相同加工气体量的前提条件下，径向尺寸小，适用于要求大流量的场合。另外，轴流式压缩机还具有结构简单、运行维护方便等优点。但叶片型线复杂，制造工艺要求高，以及稳定工况区较窄、在定转速下流量调节范围小。

原料空气经过自洁式过滤器过滤后进入空气压缩机，先经轴流段压缩后进入级间冷却器冷却，冷却后的空气再进入离心段压缩，如图4–5所示。混流式压缩机兼顾了离心式与轴流式的特点。一方面，随着煤化工产业的发展，所需的空分设备越来越大，加工空气量达到500000Nm^3/h以上。虽然离心式压缩机也逐渐朝着大流量的方向迈进，但是流量的增大使离心压缩机内的气动损失也会加大，从而导致整机性能的下降，所以研发出高效的大流量系数离心压缩机已经成为我国工业经济发展的关键一环。而混流式压缩机能够更好地适应大流量工况下的运行需求，在一定程度

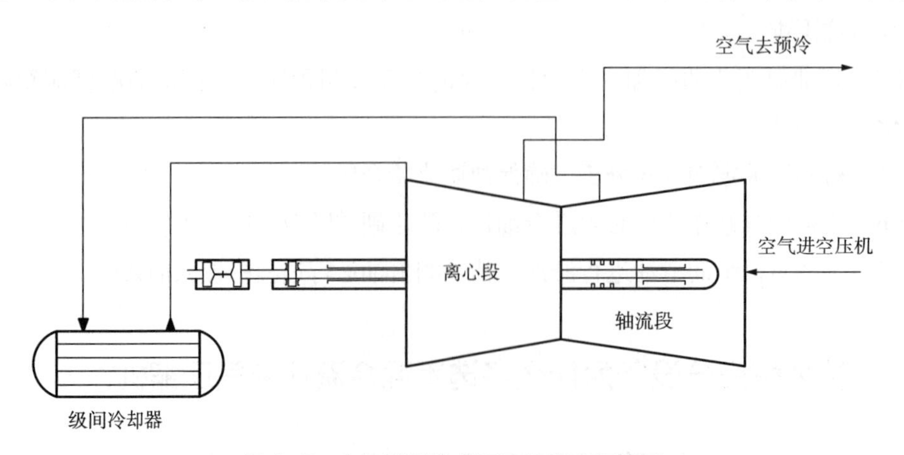

图4–5　空气经混流式压缩机的流程简图

上解决大流量离心压缩机性能不足的难题。另一方面，随着设计方法的发展、加工技术的进步和计算机技术在压缩机设计制造中的应用，混流式压缩机的设计与加工难度逐渐降低，在保证压缩机气动性能要求情况下，更加适应大流量工况的工作要求，还能够缩小整个机组的占地面积，节约制造成本。因此混流式压缩机常在大流量离心式压缩机中被使用。

混流式空压机特点：处理气量大、运行稳定，结构简单、整级结构也更加紧凑，与相同设计流量的离心式压缩机相比，混流式压缩机的叶轮往往尺寸小、重量轻，运动件只有一个带叶片的主轴，工作时气流无脉动，振动小的特点。

163 透平压缩机喘振的原因及预防措施有哪些?

答 喘振是由于气体流量因外界因素影响发生变化，致使压缩机出口压力小于管网压力，发生气流从管网向压缩机倒流的现象，当这一气体倒流过程进行到压缩机出口气体压力又大于管网压力时，气体又经压缩机被送入管网，当管网压力升到大于压缩机出口压力时，再一次发生气体倒流现象，这样周而复始地进行，产生周期性的气流脉动，机组产生强烈振动，这种现象称为喘振。

喘振现象是周期性脉动气体的冲击，使机组产生间歇性的喘叫声和强烈的振动，压缩机喘振时，各段振动值、位移明显上升，进口压力、出口压力、入口流量及机组转速出现大幅度波动的现象。

1）喘振的原因

（1）喘振的内部原因

机理性研究结果表明，喘振产生的内部原因与叶道内气体的脱离密切相关。当气体流量减少到一定程度时，压缩机内部气流的流动方向与叶片的安装方向发生严重偏离，使进口气流角与叶片进口安装角产生较大的正冲角，从而造成叶道内叶片凸面气流的严重脱离。此外，对于离心式压缩机的叶轮而言，由于轴向涡流的存在和影响，更极易造成叶道里的速度不均匀，上述气流脱离现象进一步加剧。气流脱离现象严重时，叶道中气体滞流、压力突然下降，引起叶道后面的高压气流倒灌，以弥补流量的不足和缓解气流脱离现象，并可使之暂时恢复正常。但是，当倒灌进来的气体压出时，由于级中流量缺少补给，随后再次重复上述现象。这样，气流脱离和气流倒灌现象周而复始地进行，使压缩机产生一种低频高振幅的压力脉动，机器也强烈振动，并发出强烈的噪声，这就是喘振的内部原因。

（2）喘振的外部原因

从压缩机性能曲线的角度来看，压缩机在发生喘振时，其工作点进入了喘振区，因此严重的压缩机喘振还与管网有着密切关系。或者说，一切能够使压缩机与管网联合工作点进入喘振区的外部原因均会造成喘振。在压缩机的实际运行中，以下因素都会导致喘振发生：

① 空分设备系统的切换故障。进主换热器或分子筛纯化器的阀门不能及时打开，造成空压机排出压力超高，导致管网特性曲线急剧变陡，压缩机与管网联合工作点迅速移动，进入喘振区导致喘振。

② 压缩机流道堵塞。由于冷却器泄漏或尘埃结垢，使得流道粗糙，并且局部截面变小。

③ 压缩机进气阻力大，例如过滤器堵塞或叶轮进口堵塞。

④ 汽轮机运行质量不好，汽轮机转速下降或失速，造成压缩机流量降至喘振区。

⑤ 压缩机启动操作升压过程中，操作不协调，升压速度快，进口导叶开度小。

⑥ 仪表故障或连锁停机时放空阀或防喘振阀没有及时打开。

2）预防喘振的措施

为了防止喘振发生，离心式压缩机都设有防喘振的自动放散阀，一旦出口压力过高，压缩机接近喘振区或发生喘振时，阀应自动打开。如没有打开，应及时手动打开。要经常检查和保养自动放散阀，使之灵活好使。目前较为广泛采用的防喘振措施有两种：

① 压力控制：它属于单参数控制，通常设有压力调节器，压缩机在设定压力下工作。高于设定压力时，防喘振阀打开，放掉部分压力，使排出压力保持在设定压力下。比较先进的压力控制是一些压缩机设置的恒压调节，它是使压缩机在设定压力下运行，压力调节器控制进口导叶，压力高时关小，压力低时开大。由于进口导叶关小，流量减少，进入喘振区时防喘振阀会自动打开，增加进口流量或降低出口压力，以解除喘振。

② 双参数控制：双参数是指压力和流量控制，从控制方式上看更为先进一些。由于有了智能手段，所以也比较可靠。

164 哪些因素造成空压机组振动高及处理措施？

答 1）造成空压机组振动高的因素有

（1）空压机机组转速接近临界转速。

（2）转子动平衡不良。

（3）传动齿轮加工精度不够，啮合不良。

（4）空压机组轴与轴之间对中不好。

（5）空压机组前后管道连接不当，存在应力。

（6）空压机组轴承加工质量不良或损坏。

（7）轴瓦间隙过大不符合安装要求。

（8）油膜振荡。

（9）操作不当引起喘振。

（10）基础不坚固或地脚螺栓松动。

（11）叶轮上有积水或固体物质，影响叶轮的动平衡而引起震动。

（12）油温过低。

2）处理措施

（1）空压机组工作转速避开临界转速。

（2）停车后，对转子重新做动平衡校正。

（3）停车后更换或检查传动齿轮。

（4）停机后，重新检查校正。

（5）在进出口上应设置膨胀器或采用软管连接消除应力。

（6）停车，更换或检修轴承。

（7）停车，调整轴瓦间隙。

（8）停车，重新建立油膜。

（9）开防喘阀，消除喘振；喘振无法消除时，停机处理。

（10）经常检查地脚螺栓是否有松动，定期维护。

（11）加装叶轮喷水清洗装置，定期清洗。

（12）润滑油温度应保持在 45℃ ± 3℃。

165 如何判断设备振值升高是仪表故障还是机械故障？

答 在运行中，如果振值升高，应首先检查转子的所有振值是否都升高，一个转子两端都有振动探头，如果转子的一端振值突然升高，而另一端没有变化，多数属于仪表故障。两端振值都升高，很有可能是机械方面的故障，但也有可能是仪表传输电路的故障。如果转子转速升高，振值增大，相应的轴温升高，那就可以判断是机械方面引起的。

由仪表故障引起的设备振值升高通常表现为：设备各工艺参数正常稳定，转速、轴温、轴位移正常，振值瞬间上涨或下降至某一数值，不再出现任何变化，振值曲线成一条直线。通常都是由测点损坏、受外界干扰（如静电接地不良、外部信号）、

仪表接线端子松动、仪表接线端子氧化、安全栅损坏等引起的仪表故障。

166 离心式压缩机的排气量不足的原因及处理措施有哪些？

答 1）离心式压缩机工作原理

离心式压缩机用于压缩气体的主要部件是高速旋转的叶轮和通流面积逐渐增加的扩压器。简而言之，离心式压缩机的工作原理是通过叶轮对气体做功，在叶轮和扩压器的流道内，利用离心升压作用和降速扩压作用，将机械能转换为气体的压力能。

更通俗地说，气体在流过离心式压缩机的叶轮时，高速运转的叶轮使气体在离心力的作用下，一方面压力有所提高，另一方面速度也极大增加，即离心式压缩机通过叶轮首先将原动机的机械能转变为气体的静压能和动能。此后，气体在流经扩压器的通道时，流道截面逐渐增大，前面的气体分子流速降低，后面的气体分子不断涌流向前，使气体的绝大部分动能又转变为静压能，也就是进一步起到增压的作用。显然，叶轮对气体做功是气体得以升高压力的根本原因，而叶轮在单位时间内对单位质量气体做功的多少是与叶轮外缘的圆周速度密切相关的，圆周速度越大，叶轮对气体所做的功就越大。

2）排气量不足的原因

影响离心式压缩机排气量的因素很多，除与设计、制造、安装有关外，在压缩机运行中能够影响排气量的因素主要有：

（1）入口空气过滤器堵塞或阻力增加，引起压缩机吸入压力降低。在出口压力不变时，使压缩机压比增加。根据压缩机性能曲线，当压比增加时，排气量减少；

（2）空分设备管路堵塞，阻力增加或阀门故障，引起压缩机吸入压力升高。在吸入压力不变的情况下，压比增加，造成排气量减少。

（3）压缩机中间冷却器阻塞或阻力增大，引起排气量减少。不过，不同位置的阻塞，情况还有所区别：如果冷却器气侧阻力增加，就只增加机器内部阻力，使压缩机效率下降，排气量减少；如果是水侧阻力增加，则循环冷却水量减少，使气体冷却不好，从而影响下一级吸入，使压缩机的排气量减少。

（4）密封不好，造成气体泄漏。包括：

① 内漏，即级间窜气。使压缩过的气体倒回，再进行第二次压缩。它将影响各级的工况，使低压级压比增加，高压级压比下降，使整个压缩机偏离设计工况，排气量下降。

② 外漏，即从轴端密封处向机壳外漏气。吸入量虽然不变，但压缩后的气体漏

掉一部分，自然造成排气量减少。

③ 冷却器泄漏。运行一定时间后冷却器内部易造成结垢、堵塞，使空气流量减少。如果中间冷却器泄漏，因气侧压力高于水侧，压缩空气将漏入冷却水中跑掉，使排气量减少。

（5）汽轮机叶片结垢导致转速达不到额定转速，造成空压机排气量减少。

（6）任一级吸气温度升高，气体密度减小，也都会造成吸气量减少。

3）解决排气量不足的处理措施

（1）定期清理入口空气过滤器或用淋水法降低入口管道吸气温度（尤其夏天注意），减小管道阻力增加，根据压缩机性能曲线，减小压比，稳定排气量。

（2）定期排查空分设备管路，及时疏通清理管路堵塞，减少阻力增加或阀门故障。定期检查压缩机中间冷却器的运行情况，如有阻塞或阻力增大影响生产，应及时安排停车检修中间冷却器。

（3）定期检查压缩机各管道阀门、法兰、气阀是否有泄漏，及时消漏。

（4）如果中间冷却器泄漏，应根据情况，安排检修消漏并清理污垢。

（5）定期清洗汽轮机转子。

（6）监控压缩机各级温度变化情况，保证压缩气体的压力和温度正常。

167 列管式换热器泄漏的原因及预防措施有哪些？

答 列管式换热器是目前空分设备应用最广泛的一种换热设备，其传热面积大，传热效果好，设备结构紧凑、坚固，适应性强。但是在装置运行过程中，时常会发生换热器泄漏事故，对设备本身及装置运行带来较大影响，甚至导致一些事故的发生。因此，分析列管式换热器泄漏的原因，制定对策，以尽量避免换热器泄漏事故的发生。

1）泄漏原因分析

（1）制造质量问题

① 换热器角焊缝质量差，存在气孔、未焊透现象，在生产运行中较为普遍。

② 换热管本身有质量问题，造成管束破裂。

③ 密封面加工精度不高，冲刷造成密封面处泄漏。

④ 换热器端部管板存在大量裂纹。

⑤ 质量管控不严，换热器投用前试压的压力不足。

（2）设计选型不当

① 管径、管板尺寸设计不合理，管壁薄厚不均，胀接处过胀等。

② 选材不当，材质不能满足换热介质、工艺环境的使用要求，换热管出现腐蚀、磨损导致换热器泄漏。

（3）循环水不合格

循环水中氯离子、氨氮含量高，pH 较低或电导率超标等情况导致循环水质不合格，造成换热器管板、角焊缝及管束腐蚀，从而引起换热器泄漏。

（4）操作及维护保养不到位

① 冷热介质投用顺序不当，温差应力大，造成换热器损坏引起泄漏。

② 装置跳车或紧急停车时，未及时停用蒸汽，造成换热器管束高温引起泄漏。

③ 投用时操作不规范造成水击等引起管束泄漏。

④ 换热器未及时进行清理检修，长期带病运行，造成换热器泄漏或泄漏问题加剧。

⑤ 投用前，未进行合理的试压及查漏实验。

2）预防措施及建议

（1）提高设备制造质量，加强过程质量监控，制定监造标准，按照标准对材质、结构、焊接质量、机加工质量、试验过程等进行监检。投用前做好试压记录。

（2）合理选材，设计时综合考虑工艺参数及介质。

（3）加强对循环水的检测，对循环水的 pH、电导率、氯离子等参数做好化验分析并记录，保证水质合格。

（4）认真贯彻“泄漏就是事故”的理念，切实做好日常检查、维护保养，对关键极易发生泄漏的换热器加强巡检力度，发现隐患及时处理。对于不能及时交出检修的泄漏换热器，制定特护方案及滚动检修计划方案。定期对设备进行检修，拒绝“带病”运行。

（5）严格执行换热器投用操作规程，先投冷、再投热，细化标准，规范执行。

（6）换热器首次投运前，必须进行严格的试压查漏实验，发现问题及时处理。

168 什么原因造成空分设备换热器结垢堵塞，常用的清洗方法及预防措施有哪些？

答 1）换热器结垢形成的原因

（1）析出结垢。空分设备除板换外的换热器全部以水为冷流体，水中含有 $Ca(HCO_3)_2$ 和 $Mg(HCO_3)_2$，在与介质换热后水的温度升高时，会析出微溶于水的 $CaCO_3$ 和 $MgCO_3$。析出的盐类附着于换热管表面，形成水垢。

（2）微粒结垢。流体中悬浮的固体颗粒，如：砂粒、灰尘等杂质，在换热面上

积聚而形成结垢。

（3）化学反应结垢。加热表面与流体之间，由于化学反应而造成的沉积物形成。

（4）腐蚀结垢。由于流体具有腐蚀性或含有腐蚀性的杂质而腐蚀换热面，产生腐蚀产物沉积于换热面上而形成结垢。

（5）生物结垢。是由微生物群体及其排泄物与化学污染物、泥浆等组分黏附在换热管壁面上形成的胶粘状沉积物，称生物型结垢。

（6）凝固结垢。在过冷的换热面上，清洁液体或多组分溶液的高溶解组分凝固沉积而形成的结垢。空分设备换热器中，造成换热器结构堵塞的主要原因是析出结垢和微粒结垢。

2）换热器常用的清洗方法

换热器常用的清洗方法有化学清洗、物理清洗、机械清洗和微生物。

（1）化学清洗。化学清洗是通过化学清洗液产生某种化学反应，使换热器传热管表面的水垢和其他沉积物溶解、脱落或剥离。

化学清洗不需要拆开换热器，简化了清洗过程，也减轻了清洗时员工劳动强度。其缺点是化学清洗液选择不当时，会对换热器表面腐蚀破坏，造成设备损坏。

化学清洗的基本方法：

循环法：用泵强制清洗液循环，进行清洗。

浸渍法：将清洗液充满设备，静置一定时间清洗。

浪涌法：将清洗液充满设备，每隔一定时间把清洗液从底部卸出一部分，再将卸出的液体装回设备内以达到搅拌清洗的目的。

（2）物理清洗。物理清洗是借助各种机械外力和能量使结垢粉碎、分离并剥离离开物体表面，从而达到清洗的效果。

物理清洗方式都有一个共同点：高效、无腐蚀、安全、环保。其缺点是在清洗结构复杂的设备内部时其作用力有时不能均匀达到所有部位而出现“死角”。

常见的方法有：超声波除垢、PIG 清管技术、电场除垢技术等。

（3）机械清洗。机械清洗又叫加压清洗，是靠机械作用提供一种大于结垢黏附力的力而使结垢从换热面上脱落。

机械清洗可以除去化学方法不能除去的碳化结垢和硬质垢，但要清理干净管内垢层一般需要 5～6 遍，有时多达 10 遍，清洗效率低。常用于列管式换热器的清洗。

（4）微生物清洗。微生物清洗是利用微生物将设备表面附着的油污分解，使之转化为无毒无害的水溶性物质的方法。这种清洗把污染物（如油类）和有机物彻底分解，是一种真正意义上的环保型清洗技术。

3）防止换热器结垢堵塞的措施

（1）运行中严把水质关，对空分设备供应的循环水进行水质分析。

（2）在换热器前加入口过滤器，对循环水中的颗粒杂质进行过滤。

（3）增加过滤器反冲洗装置，定期对入口过滤器进行反冲洗。

169 空分设备冷冻机组常见的故障原因及处理方法是什么？

答 冷冻机组是空分设备的冷量来源之一，也是空分设备预冷系统非常重要的制冷设备，尤其对于单层床的分子筛纯化器系统，降低空冷塔出口空气温度，对分子筛纯化器的稳定运行至关重要。

空分设备常用的冷冻机组为螺杆式压缩机，制冷剂为氟利昂。冷冻机组由控制柜及操作显示屏、压缩机、冷凝器、蒸发器、节流阀、经济器等部件组成。

常见的几种故障原因及处理方法：

1）压缩机自身故障

由压缩机转子损坏等原因导致压缩机自身故障，应停机检修压缩机。

2）压缩机运行体温过高

原因：

① 吸气温度过高。

② 压力比过大。

③ 油冷器冷却效果差。

处理措施：

① 适当调大截流阀。

② 降低排气压力。

③ 清理油冷器。

3）压缩机运行过载

原因：

① 压缩机过载继电器损坏。

② 制冷剂充装过量。

③ 系统中含有不凝气。

处理措施：

① 更换过载继电器。

② 排出过量制冷剂。

③ 排出系统中的不凝气。

4）过度制冷

原因：

① 过度制冷的主要原因是温控器失灵，应及时调整或更换温控器。

② 蒸发器结晶堵塞、冷却器结垢，使换热效果下降。

③ 冷冻水温度低，冷冻水结晶，堵塞蒸发器；循环水水质不好造成冷却器结垢，使冷冻机组换热效果下降。

处理措施：

定期清洗蒸发器和冷却器。

5）蒸发器冻结，损坏设备

空分设备发生故障停车，未及时停冷冻机组，造成蒸发器冻结。

处理措施：

增加联锁控制，空分设备停车时，联锁冷冻机组停车。

170 预冷系统冷冻机发生故障时，对空分设备的运转有何影响，应该如何操作？

答 空冷塔出口空气温度一般控制在 5 ~ 15℃，在这个范围内能够正常工作，一旦超出这个范围，将会增加分子筛负荷，影响吸附效果甚至失去吸附能力。

在正常运行阶段，当冷冻机发生故障时，冷冻水温度升高，空冷塔温降效果下降，空气进入分子筛纯化器的温度升高，相应的空气中饱和含水量也增高。在吸附周期和加工气量不变的情况下，分子筛纯化器后二氧化碳、碳氢化合物含量会上涨，被加工空气带入主热交换器和精馏塔中，致使主热交换器、筛板（填料）堵塞，精馏塔阻力上升，装置能耗增加。严重时必须停车，对冷箱进行全加温。

在装置开车阶段，由于冷箱没有污氮气，需投用开车空气，同时启动冷冻机组进行降温。若冷冻机发生故障，则无法进一步降低开工空气温度，冷冻水温度也会偏高，导致空气进分子筛温度偏高，对装置安全运行造成危害。

为了避免空分设备堵塞，可在冷冻机故障期间，加大冷却水、冷冻水流量，同时适当减少产品氮流量，增加去污氮冷却塔氮气流量，以尽可能降低冷却水的温度。注意监控好纯化器出口空气中二氧化碳的含量，若发现上涨，可适当减少空气量。缩短吸附周期，减轻纯化器的负荷。在此调整期间，对冷冻机组及时进行检查处理，尽快恢复启动。

171 预冷系统冷冻水泵启动后不打量的原因有哪些，如何进行改造？

答 冷冻水是空分设备预冷系统的冷源之一，在启动和运行过程中，时常会出现冷冻水泵不打量的现象，结合实际情况，对此现象进行原因分析并提出建议措施。

1）冷冻水泵不打量的原因分析

（1）水冷塔液位过低，泵入口压力不足引起气蚀

通常在启动冷冻水泵前，要对水冷塔进行补液操作，保证水冷塔一定高度的液位。若水冷塔液位不足，启动冷冻水泵就可能造成水泵气蚀。

根据静液柱压强公式 $p=\rho gh$，其中水的密度：$\rho=1000\text{kg/m}^3$，重力加速度 $g=9.8\text{N/kg}$ 若水冷塔液位满量程为10m，根据公式计算：

$$p=\rho gh=1000\text{kg/m}^3\times9.8\text{N/kg}\times10\text{m}=98\text{N/m}^2=98\times10^3\text{N/m}^2=98\text{kPa}。$$

当水位不足一半时，冷冻水泵的入口压力不足50kPa，当水泵启动后产生局部真空，导致水汽化从而引起水泵气蚀。

（2）空气倒入泵体，导致水泵气缚

多数空分设备冷冻水流量调节阀设置水泵启动自开联锁，即当冷冻水泵启动后，冷冻水流量调节阀会自动打开一定开度，当冷冻水泵启动后，由于冷冻水流量调节阀会自动打开，空冷塔内空气会迅速窜至冷冻水冗长的管道内，当水泵的出口手阀打开后，水虽逐渐充入管道，但由于高点的气排不掉，导致气体窜入泵内造成气缚现象。

（3）备泵灌泵操作不当，引起主泵气蚀

在主泵运行情况下，备泵因检修交出等原因需重新灌泵，灌泵时若操作人员野蛮操作，打开备泵入口阀速度过快，导致主泵入口压力突然降低，在主泵入口处形成局部真空而导致泵气蚀。

2）操作建议及改造措施

（1）启泵前向水冷塔补液正常

冷冻水泵启动前必须向水冷塔进行补液，以保证冷冻水泵合适的入口压力，水冷塔补液至满液位的70%～80%为宜。

（2）缩短管道布置，设置高点排气导淋

冷冻水出口至冰机及水冷塔的管道设置不宜过长，冗长的管道会使塔内气体倒入更多，使排气更加困难，更容易引起水泵气缚。同时，在冷冻水流量调节阀前设置高点排气导淋，在打开冷冻水泵出口阀前先打开此高点排气导淋，排尽管道内气体。

（3）备泵逆向灌泵

为了防止备泵灌泵时引起主泵入口压力不足问题，采取备泵逆向灌泵操作。逆

向灌泵时利用主泵出口压力较高的水，从备泵出口灌入备泵，如图 4-6 所示，泵后灌泵可采取两种措施，一是从两台泵的出口止逆阀前加联通管线，灌泵时先不打开备泵的入口阀门，缓慢打开联通阀给备泵灌泵，灌泵结束后关闭联通阀和排气导淋后，再打开备泵入口阀。二是在两台泵的出口止逆阀处加旁通阀，灌泵操作与第一种措施相同。

操作注意事项：逆向灌泵操作时，要注意打开联通阀或旁路阀时缓慢，一是防止主泵出口压力波动，二是防止备泵倒转。

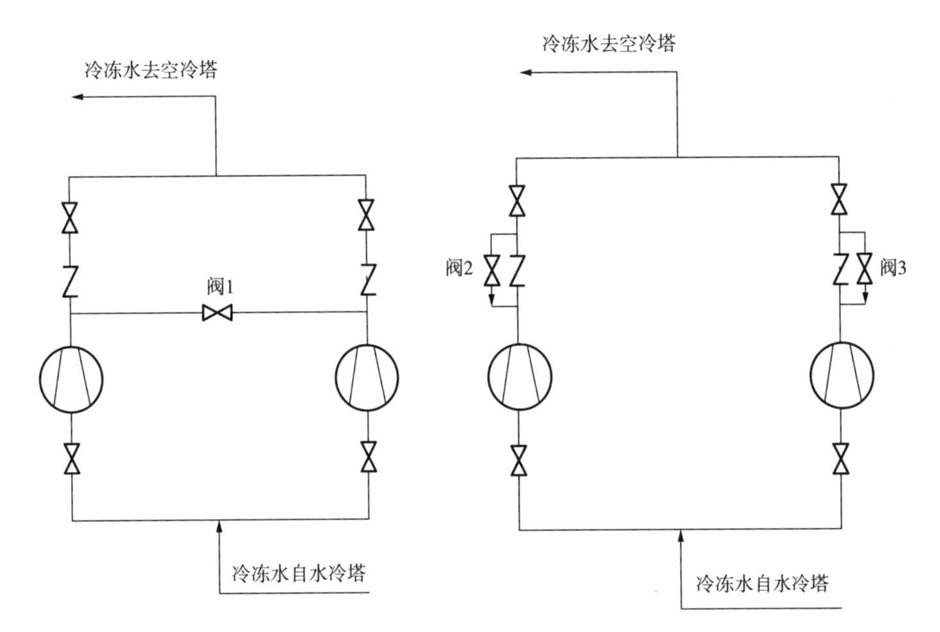

图 4-6　备泵逆向灌泵流程简图

172 为什么离心泵会产生轴向推力，如何解决？

答 1）离心泵轴向推力产生的主要原因

液体泵叶轮前后介质压力不平衡、液体动量的轴向分量发生改变、立式泵内部转子本身重量等原因。

（1）液体泵叶轮前后介质压力不平衡引起

当液体泵工作起来时，叶轮带动介质转动，在这个过程中，介质经过转动机械的叶轮前后，作用在叶轮吸入口与作用在叶轮背面的介质面积不相等。同时转动机械的叶轮吸入口部位是低压，背部是高压，这样由于叶轮前后的气压不同，会在叶轮的前轮盖和后轮盘之间形成压差，作用于前盖板与后盖板上的介质压力不能互相平衡，故而产生一个轴向的力。

（2）液体动量的轴向分量发生改变

通过液体从叶轮吸入口处流入，从叶轮出口处流出这个过程，在液体轴向力方向上的动量分量会发生变化，原因是作用在叶轮前后的液体，其速度的大小不仅发生改变，速度的方向也有很大变化，从而产生轴向力。

（3）立式泵内部转子本身重量

立式泵内部转子的本身重量，在液体泵运行过程中也会成为轴向力的一部分；卧式泵内部的转子重力则不会对水泵产生轴向力。

2）平衡离心泵轴向推力的措施

为了解决离心泵轴向推力的问题，可以采取以下措施：

（1）单级泵平衡轴向力的措施有：

① 采用双吸式叶轮。采用双吸叶轮后，由于叶轮两侧形状完全对称，而且两侧吸入液体的压力也相等，因此作用在叶轮两侧的压力保持平衡，没有轴向力产生。

② 开平衡孔。在靠近轮毂的后盖板上钻有数个小孔，由于后部密封环与前部密封环直径相同，所以密封环以外的两侧盖板受压面积是对称的，因而没有轴向力，当叶轮后部的液体从密封环的间隙漏到密封环以内，便又从小孔流回到叶轮入口去，使两侧压力保持相等。

③ 平衡管。这种方法与平衡孔原理相似，只是它不在叶轮后盖板上钻孔，而是将带压漏进后部密封环内的液体经平衡管引回到泵入口管线，使前后密封上压力保持一致。

（2）多级离心泵轴向力平衡措施有：

① 叶轮对称布置，离心泵工作时叶轮两侧（在吸入口面积上）存在着压力差，也就产生轴向力，轴向力的方向与轴平行且指向叶轮吸入口。根据这一特点，两级或两级以上的离心泵上将叶轮背靠背或面对面对称安装在一根轴上，这样轴向力即可自动平衡。

② 采用平衡鼓加平衡管，平衡鼓是多级泵的一种专门平衡装置，它是装在末级叶轮之后的一个圆柱体。它的外圆与泵体上平衡套之间有很小的间隙，平衡毂的后面有一空间，俗称平衡室，用连通管与入口管连通，这样平衡毂的前面是高压区（与末级叶轮背后压力相同），而平衡室里的压力与入口管压力相近，因此平衡毂的前后产生一压力差。在这一压差的作用下，平衡毂受向后的推力（叶轮入口向后盖板方向），这个力叫作平衡力。平衡力与平衡毂承压面积和两侧压差有关。

③ 采用平衡盘加平衡管：平衡盘加平衡管的方法是在多级泵上应用最广泛的一种平衡装置。

173 分子筛纯化器发生带水事故的原因及防范措施有哪些?

答 引起分子筛纯化器发生带水事故的原因有很多，主要从预冷系统、蒸汽加热器素及其他因素来进行分析。

1）预冷系统

① 正常运行时，由于空冷塔回水阀门故障或回水管网压力高，导致空冷塔液位高，液位超过空气入口管高度，造成分子筛大量带水。

② 停车后水冷塔液位过高，循环水进入污氮气管线，开车时通过污氮气管线进入分子筛。

③ 空冷塔填料局部堵塞，空气通过时速度增加，形成雾沫夹带或液泛，水被气流托住而不易下流，使空气带水增加。

④ 纯化系统切换过快，造成空冷塔空气压力突然下降，空气流量猛增，气流速度过大，使空气带水增多。

⑤ 机组加负荷操作幅度过大，导致气体流速过大，使空气带水。

⑥ 空冷塔水泵启动时员工违规操作，没有先充压后启泵，造成气流速度过大，空气带水。

⑦ 循环水药剂使用不当，水中产生大量泡沫，堵塞除雾器，造成前后压差过大，空气带水。

2）蒸汽加热器系统

① 蒸汽加热器列管内漏，蒸汽凝液在加热时进入分子筛，使分子筛带水。

② 冬季停车时，凝液窜入蒸汽加热器，导致封头或列管冻裂，大量凝液进入蒸汽加热器壳程，下次开车时，使分子筛进水。

3）其他因素

① 夏季长期停车，分子筛阀门未隔离，空冷塔内循环水不断蒸发，湿空气进入分子筛。

② 纯化底部导淋被粉化分子筛堵塞，水不能及时排出。

③ 纯化器再生不彻底就进行吸附。

④ 分子筛检查期间，遇阴雨天气，分子筛人孔未及时封盖，导致分子筛进水。

分子筛纯化器发生带水的危害：分子筛进水后，会导致分子筛吸附性能降低，出口二氧化碳等参数超标，轻则冻堵板换，严重时主冷总烃超标引起爆炸。

防范措施：

（1）设置预冷系统液位联锁，液位过高时联锁空压机卸载，并设置空冷塔底部液位快开阀。

（2）严格执行操作规程，开车操作时先充压后启泵，加强操作人员技能培训。

（3）机组加负荷时要缓慢，注意观察空冷塔阻力及除雾器阻力变化情况。

（4）改善水质，对填料定期检查，循环水加药时及时告知岗位，监控除雾器压差，并设置除雾器压差联锁，保护分子筛，避免分子筛由于循环水加药而进水。

（5）定期检查空冷塔水位和调节阀动作是否灵活好用，维护和监测仪表。

（6）巡检时检查纯化器入口导淋保持微开长排状态，观察导淋是否大量带水。

（7）微量带水时，缩短分子筛的运行时间，注意冷吹峰值，发现严重带水现象，停车处理。

（8）在蒸汽加热器出口设置露点分析仪，监控蒸汽加热器运行情况。

（9）纯化器底部导淋保持排水畅通。

（10）调整再生气量、再生温度以及再生时间，使冷吹峰值达到设计值。

（11）长期停车时将分子筛系统隔离，并充压进行保护。

（12）阴雨天气及时封盖入孔，避免分子筛进水。

174 空分设备中透平膨胀机常发生哪些故障？

答 1）膨胀机超速失控

当制动风机的出口调节阀全开时，透平膨胀机就能达到额定转速，或者超过额定转速而制动风机无法进行转速控制的故障。此故障除由转速检测系统发生故障引起外，大多是由制动风机进口过滤器或出口消声器阻力过大，或由于风机进口管道或出口管道设计的通径过小所致。

透平膨胀机失控超速，如果是因过滤器或消声器的阻力过大引起，那么只要减少这两部分的阻力，就能消除。如果是因管道通径设计过小引起，那么扩大通径以减小阻力、增大流量就能消除故障。

2）转速表指示偏高或偏低

当膨胀机启动后，如发现转速表指示值与实际转速不符，且有较大差异，那么故障产生的原因一般是转速检测系统发生了故障。

如果径向轴承和止推轴承温度比同样转速的轴承温度要高，喷嘴后压力也比同样转速的压力偏高；膨胀机发出的声音，比同样转速的膨胀机要大。那么转速表所指示的膨胀机转速可能比实际转速偏低。反之，膨胀机的指示转速比实际转速可能偏高。当怀疑膨胀机转速与实际转速有差异时，应检查并校验转速表与转速检测系统。

3）透平膨胀机的共振（共鸣）现象

透平膨胀机的共振（共鸣）现象，发生这种故障时，膨胀机发出一种较大的异常响声，当改变膨胀机转速时这种异常响声有可能消失。应当指出，膨胀机产生共振（共鸣）时，对膨胀机有较大的破坏性，应当引起足够的重视。

4）膨胀机运转时，发生突然的转速升高，甚至报警和停车故障

这种故障应与转速表受干扰而产生的假超速报警和停车现象加以区别，这是一种真正的突然转速升高超速的故障。真超速和假超速的区别在于，真超速时，膨胀机发出的声音突然增大；而假超速时，膨胀机发出的声音无变化。此故障一般发生的原因是膨胀机导叶突然失控全开，导致膨胀机进气量大幅增多，或增压机一段压力上涨过快，导致膨胀机转速上升。

5）膨胀机制动增压机的喘振故障

透平膨胀机与透平空压机一样，也会发生喘振故障。在喘振时，同样会严重破坏膨胀机，应引起重视。当增压端出口压力升高，流量减小到一定程度时，便发生膨胀机制动增压机喘振现象。

6）膨胀机带液故障（不包含设计制造本身就带液的膨胀机）

大型全低压空分设备启动阶段，尤其是在积液阶段，易发生板式过冷、膨胀机带液的故障，其主要原因是冷量分配不合理，使板式冷端过冷，膨胀机进口温度控制得过低。

膨胀机带液故障破坏性很大。当膨胀机带液时，膨胀机出口压力表针会严重振动，蜗壳吹除阀和出口吹除阀都能排出液体。膨胀机带液后，应迅速降低膨胀机转速，或停止膨胀机运行，并打开蜗壳吹除阀和出口吹除阀，排净液体，同时设法提高膨胀机进口温度。

7）膨胀机启动时，喷嘴冻堵

膨胀机在开车前，加温不合格或加工空气质量不合格，致使膨胀机启动时，喷嘴冻堵无法正常动作。

175 透平膨胀机反转的原因及危害，常见的控制措施有哪些？

答 1）引起透平膨胀机反转的主要原因

（1）加温时加温气流量过大，造成膨胀机反转。

（2）膨胀机紧急切断阀故障，增压机跳车后，阀未关闭，返流气体造成膨胀机反转。

2）透平膨胀机反转的危害

反转的危害不是在于正反而在于膨胀机的低速转动，低速转动不利于油膜的形成；膨胀机是允许低速反转的，在这种低速情况下是不会对膨胀机造成损害的；过

高则对膨胀机有严重损害，比如打坏叶轮、烧毁密封等。紧急切断阀故障，塔内冷气倒流，造成增压机碳钢管线损坏，严重时损坏增压机设备。对于液体膨胀机，主油泵一般为轴头泵，当液体膨胀机发生反转，主油泵无法供油，造成轴瓦损坏。

3）常见的控制措施

（1）加温时缓慢操作，防止加温气气量过大导致膨胀机反转。

（2）开车前对膨胀机紧急切断阀进行联锁动作检测。

176 离心式液氧泵容易产生气蚀的原因及处理措施有哪些?

答 离心式液氧泵通过旋转的叶轮对液体做功，使液体能量增加，在做功过程中，液体的速度和压力发生变化。通常，离心式液氧泵叶轮入口处是压力最低的地方。如果叶轮入口的压力等于或低于在该温度下液体的汽化压力，液氧会出现沸腾现象，形成许多小气泡。这些小气泡随液氧流到高压区时，由于气泡周围的压力大于气泡内压力，在这个压差作用下，气泡受压破裂而重新凝结。在凝结过程中，液体质点从四周向气泡中心加速运动，在凝结的一瞬间，质点互相撞击，产生很高的局部压力。这些气泡如果在金属表面附近破裂而凝结，液体质点就像无数小弹头一样，连续打击在叶轮表面上。叶轮金属表面在压力很大、频率很高的液体质点连续打击下，发生疲劳破坏。

1）引起离心式液氧泵气蚀的主要原因

① 进口管路阻力大（如过滤网堵塞）或管路设计过小。

② 入口压力低。液氧泵安装高度过高，或上、下塔平行布置的精馏塔，若液氧取样口设置在低压塔底部，由于取样口高度较低，取样口与泵入口之间的静压差较小，当上塔液位降低时，容易引起泵入口压力不足，液氧泵发生气蚀。

③ 保温不良。低温泵阁箱保温不良，管线内低温液体汽化，导致泵气蚀。

④ 泵预冷不彻底。液氧泵在启动前要进行充分的气冷和液冷，一般预冷时间不少于8小时。若预冷不充分，液氧进入管线及设备后部分汽化，导致泵气蚀。

⑤ 设计或安装时，管线坡度不足。一般要求液氧泵入口管线坡度≥2%，出口管线坡度≥3%，若在设计及安装过程中，管线坡度不合理，也会导致泵气蚀。

⑥ 泵体排气不畅。通常高压液氧泵都会设置泵体回气阀，在泵预冷及运行过程中，要打开泵体回气阀，将泵内产生的气体排出，若未及时打开泵体回气阀，液氧泵也会发生气蚀。

2）离心式液氧泵产生气蚀现象的处理

为保证离心式液氧泵安全运行，预防液氧泵发生气蚀，可以采取以下措施：

① 控制进口管路阻力。加强离心式液氧泵日常运行监控，密切关注液氧泵进口过滤器压差变化情况，压差过高或达到报警值时，立即汇报领导进行手动切泵操作，并及时清理过滤器，防止进口管路阻力大，造成液氧泵入口压力低，引起液氧泵气蚀。

② 加强液氧管路的保冷，以防液氧因吸收热量温度升高而气化。

③ 降低泵的安装高度，增加液氧液面与泵入口的高度差，以提高泵的进口压力。

④ 避免离心式液氧泵在出口阀关闭的时候长时间运行。当液氧泵的出口阀关闭时，有效功率为零，电机消耗的功率只用于搅拌泵内的液体，将使液氧的温度升高，造成液氧汽化。应在泵启动正常后及时打开出口阀。

⑤ 离心式液氧泵预冷要彻底。离心式液氧泵要预冷彻底。如果预冷不彻底，液氧进入离心泵后会部分汽化，使泵内液氧带气，因此预冷离心式液氧泵时应确认进出口导淋有液体排出时再关闭导淋，且冷却时间不少于 8 小时。

177 如何选择空分设备低温泵密封气？

答 离心式液体泵采用密封气的目的是为了防止液体的外漏，但不允许出现带气现象。因此，调节密封气压力的原则是让泵在极少量的液体外漏、汽化的情况下进行运转。当密封气压力过低时，就会出现液体泄漏，低温液体就可能泄漏出来冻住轴承内的润滑脂，使油温降低，起不到润滑作用，可能有烧轴的危险。当密封气压力过大时，将有气体通过迷宫密封漏到泵内，造成叶轮内带气甚至空转，因此打不上液体或出口压力下降。而通常密封气介质的选用也很讲究，一般用低压氮气或仪表空气作为密封气。

1）密封气工艺参数对密封效果的影响

（1）密封气压力的影响

在空分设备试车初期，低温泵密封气是由空气增压机一级压缩后抽取去仪表空气储罐的压缩空气，压力为 0.7MPa，尽管将自力式减压阀后压力调整至最大值，低温泵排气温度抗干扰的能力还是很弱；并且密封气压差也达不到说明书要求的数值。经过分析排查，认为可能是由于密封气主管管径小、弯头多造成压力损失严重，使密封气到达液氮泵密封气操作盘的总表压力已经不足 0.5MPa，无法利用自身压力将低温液体封住，造成排气温度过低直至联锁动作而使低温泵无法平稳运行。

（2）密封气流量的影响

密封气需要有足够的流量来加温从迷宫密封泄漏的低温液体。当密封气流量逐渐减小时，密封气排气温度就会逐渐下降，当密封气减少到某一临界点后，密封气

的排气温度就会大幅度下降直至联锁停运泵。影响密封气流量的原因有阀门开度、管路堵塞、自力式减压阀未工作、单向阀故障未全开等。

随着低温泵在不平稳状态下运行的时间越来越长，泵和电机振动等原因会造成迷宫密封磨损，使之间隙越来越大，反映出来的现象就是密封气耗气量增加，迷宫密封混合气出口出现带液现象，密封气排气温度降低等。

机械杂质也会导致密封气流量过低。因为机械杂质会堵塞密封气入口管线过滤器、自力式减压阀入口滤网等密封气管线中的关键部件，从而造成密封气流量过低。

（3）密封气温度的影响

夏季气温较高，低温泵的排气温度基本可以维持在 -70℃左右。进入冬季天气逐渐转凉，低温泵的排气温度随之下降，经常达到报警值以下，威胁到设备安全运行，密封气压力稍有波动就有可能引发联锁停泵，后续系统全部停产，损失重大。排查发现，由于改造后密封气管线增加了减压阀，存在节流现象，减压阀后的氮气温度基本维持在 0℃左右。由于减压阀与低温泵密封气入口的距离较远，当密封气到达低温泵密封气入口时已经是负温状态，与低温气体的温差变小，从而导致排气温度过低。

2）仪表空气作为密封气可能出现的问题分析

（1）由来自仪表气管网的仪表空气作为密封气，当低温泵密封装置存在缺陷或损坏时易造成介质纯度受到污染，容易导致产品纯度不合格。

（2）若仪表空气露点不合格时，造成密封气带水使低温泵密封装置发生冻堵，引发低温泵跳车事故，严重时造成低温泵轴承损坏。

（3）仪表空气中油含量严重超标时，造成密封气带油进入到低温液氧泵内与液氧接触时易发生燃爆事故。

3）低压氮气作为密封气可能出现的问题分析

① 由来自低压氮气管网的氮气密封气，在低压氮气管网用量过大的时候低压氮气管网的压力低，同时造成密封气管网压力过低，使低温泵密封气压差低联锁低温泵跳车。

② 低压氮气作为密封气时，在低温泵检修期间易发生人员窒息事故，存在重大的安全隐患。

通过两种密封气的对比分析，仪表空气作为低温泵的密封气时，无论是对产品纯度还是设备本身，都会造成一定的影响；而低压氮气作为密封气，稳定性更高，建议选择低压氮气作为空分设备低温泵的密封气。对于纯度要求极高的产品，建议使用产品气作为密封气源。

178 低温液体泵用迷宫密封和干气密封，各有什么特点？

答 1）干气密封和迷宫密封都是非接触式密封，采用干气密封，有以下特点：

（1）采用干气密封技术，可有效提高机泵密封的质量与使用时间，确保设备安全、可靠、稳定运行。

（2）避免了工艺气体被油污染的可能性。

（3）干气密封技术应用到的辅助系统较为可靠，操作简单，在使用过程中不需要任何维护手段。

（4）密封气泄漏量较少，密封驱动功率消耗小，应用效果良好。

（5）干气密封检修方便，只需将低温泵电机下线，更换干气密封。

（6）适用范围广，最高压力可以达到42MPa、最大轴径350mm、最高转速可以达到50000rpm。

（7）干气密封不适宜在高温及水分、杂质、粉尘等含量较高的场合；不适宜在介质容易结焦、结垢的设备上使用。

（8）炼油催化装置的核心机组比如烟机、主风机、汽轮机以及增压机到目前为止还无法使用干气密封。

（9）干气密封附属、安保系统复杂，仪表误报、操作不当或系统波动过大容易引起停机；干气密封容易损坏。

2）采用迷宫密封有以下特点：

（1）迷宫密封是非接触密封，无固相摩擦，适用于高温、高压、高速和大尺寸密封条件。

（2）迷宫密封工作可靠，功耗少，维护简便，寿命长。

（3）迷宫密封漏泄量较大，如增加迷宫级数，采取抽气辅助密封手段，可把漏泄量减小，但要做到完全不漏是比较困难的。

（4）相较于干气密封，迷宫密封稳定性好，不容易损坏。

（5）迷宫密封的缺点是检修较复杂，需将低温泵阁箱扒砂，然后将泵体整个抽出。

179 机泵填料密封的优、缺点有哪些？

答 1）什么是填料密封

将富有压缩性和回弹性的填料放入填料函内，依靠压盖的轴向压紧力转化为径向密封力，从而起到密封作用。这种密封方法称为填料密封，这种填料称为密封填料。由于填料密封结构形式简单，更换方便、价格低廉、适应转速、压力、介质宽泛而在泵的设计中得到普遍采用。输送常温介质时，填料密封一般都设有填料环，其或与泵的高压腔相通，或外接具有一定压力的液体介质，可起到冷却、润滑、密封或冲洗作用。

2）填料密封的优缺点

由于填料密封是一种接触密封，因此必然存在摩擦和磨损问题。而摩擦和磨损的大小，主要决定于填料压盖的压紧力。压力大可提高密封效果，但却会加大动力消耗和轴套的磨损，反之则会产生较大泄漏。因此应根据泄漏量大小和泄漏介质的温度对压盖的压紧力进行调整，必要时应对填料进行更换或补充。填料密封的合理泄漏一般为10～20mL/min。当从外界引入液体时，应保证这种液体有良好的化学稳定性，既不污染泵所输送的介质，又不与介质发生反应产生沉淀物和固体微粒，还应与填料有良好的浸渍性和持久的保持性，这样就能起到良好和持久的密封效果。

优点：

（1）有一定的弹塑性。当机泵填料受轴向压紧时能产生较大的径向压紧力，以获得密封；当机器和轴有振动或偏心及填料有磨损后能有一定的补偿能力（追随性）。

（2）有一定的强度。使机泵填料不至于在未磨损前先损坏。

（3）化学稳定性高。即其与密封流体和润滑剂的适应性要好，不被流体介质腐蚀和溶胀，同时也不污染介质。

（4）不渗透性好。由于流体介质对很多纤维体都具有一定的渗透作用，所以对填料的组织结构致密性要求高，因此填料制作时往往需要进行浸渍、充填相应的填充剂和润滑剂。

（5）导热性能好。易于迅速散热，且当摩擦发热后能承受一定的高温。

（6）自润滑性好。即摩擦系数低耐磨损。

（7）填料制造工艺简单，装拆方便，价格低廉。

缺点：

（1）填料密封的贴紧接触力来源于压盖对填料的轴向压力而使填料产生径向扩张力，造成填料与轴套之间形成较大的摩擦，因而需要经常更换磨损的轴套。

（2）需要损耗10%～15%的轴功率来克服轴套与填料之间的摩擦力而实现密封。

（3）填料密封的泄漏极易使漏液进入轴承箱，造成轴承的损坏。

（4）填料密封在使用过程中，由于填料经常处于非正常的使用状态，加剧了填料磨损和轴套的损坏，使得填料密封的使用处于恶性循环。

（5）为了将填料与轴或轴套之间的摩擦热带走，必须有定量的泄漏，造成冷却水的流失。总之，填料密封的优点是简单易行，缺点是维修工作量大，功率的损失也较大，且由于它总是有一定的泄漏，故不适用于输送易燃、易爆、有毒和贵重液体。

同时能满足上述要求的材料较少，如一些金属软填料、碳素纤维填料、柔性石墨填料等，它们的性能好，适应的范围也广，但价格较贵。而一些天然纤维类填料，如麻、棉、毛等，其价格不高，但性能稍差，适应范围比较窄。所以，在机泵填料材料选用时应对各种要求进行全面、综合的考虑。

180 常见的几种密封形式密封失效的原因及预防措施有哪些？

答 1）干气密封

（1）密封原理

当端面外侧开设有流体动压槽的动环旋转时，流体动压槽把外径侧的高压隔离气体泵入密封断面之间，由外径至槽径处气膜压力逐渐增加，而自槽径至内径气膜压力逐渐降低，因端面膜压增加使所形成的开启力大于作用在密封环上的闭合力，在摩擦副之间形成一层很薄的气膜，从而使密封工作在非接触状态下。所形成的气膜完全阻塞了相对低压的密封介质泄漏通道，实现了密封介质的零泄漏或者零逸出。

（2）失效原因

主要原因：

① 低温泵频繁启停。

② 低温泵在长时间状态下低速备用。

③ 低温泵在设计过程中密封槽的选型不符合要求。

④ 低温泵泵箱内保冷材料装填不足。

次要原因：

① 低温泵在检修加温后，预冷不彻底。

② 低温泵在运行过程中由于各类原因，长时间入口压力偏低。

③ 低温泵在启动过程中频繁发生高低气蚀现象。

④ 低温泵运行过程中密封气压力低。

（3）防护措施：

① 低温泵电气在线加润滑脂。

② 后备低温泵改为一台低速备用，其余冷备。

③ 联系厂家，根据实际需求选用合适密封槽。

④ 定期检查冷箱内保冷材料。

⑤ 检修后低温设备预冷彻底。

⑥ 调整设备密封气压力至正常。

⑦ 操作精准，避免高频次出现气蚀跳车。

2）迷宫密封

（1）密封原理

迷宫密封内有多个依次排列的环状密封齿组成，齿与转子间形成一系列节流间隙与膨胀空间，流体经过许多曲折的通道，经多次节流产生很大的阻力，使流体难以泄漏。

（2）失效原因

① 密封片或者气封环与齿因磨损变钝，长期磨损后受热容易发生变形，造成损坏不能够使用。

② 长时间使用，使弹簧发生弹性变形，不能够恢复弹性变形，使密封环不能够到位，运转后杂质的沉淀堆积，使密封的介质压力低于工作介质压力。

③ 密封径向间隙过大，或者密封环的间隙太小。

（3）防护措施

① 密封选材耐温耐压耐腐蚀。

② 密封环的弹性形变恢复快，使用周期长。

③ 安装密封按照标准设计安装，尺寸精确。

④ 设备操作过程严格按照操作规程以及技术规程进行操作。

3）机械密封

（1）密封原理

机械密封是指由至少一对垂直于旋转轴线的端面在流体压力和补偿机构弹力的作用以及辅助密封的配合下保持贴合并相对滑动而构成的防止流体泄漏的装置。

（2）失效原因

① 机械密封失去弹性出现断裂而导致密封损坏。

② 机械密封中石墨环的磨损严重而引起的密封失效。

③ 硬质合金环出现表面的热裂导致密封失效。

④ 密封垫片失效导致密封失效。

（3）防护措施

① 根据设备介质选用合适的机械密封元件以及型号。

② 机械密封在安装过程中严格按照标准安装（防止密封安装过松过紧等）。

③ 选用密封质量高的机械密封。

4）填料密封

（1）密封原理

填料装入填料腔以后，经压盖螺丝对它作轴向压缩，当轴与填料有相对运动时，由于填料的塑性，使它产生径向力，并与轴紧密接触。与此同时，填料中浸渍的润滑剂被挤出，在接触面之间形成油膜。由于接触状态并不是特别均匀的，接触部位便出现“边界润滑”状态，称为“轴承效应”；而未接触的凹部形成小油槽，有较厚的油膜，接触部位与非接触部位组成一道不规则的迷宫，起阻止液流泄漏的作用，此称“迷宫效应”，这就是填料密封的机理。

（2）失效原因

① 填料选用不合适，选用填料应耐腐蚀，耐高温高压，耐低温等。

② 填料压紧盖未压紧。

③ 选用的填料太细。

④ 填料安装圈数太少，达不到使用要求。

⑤ 填料安装不正确。

⑥ 填料润滑剂选用不当。

⑦ 填料老化，失效等。

⑧ 填料磨损严重。

⑨ 设备扬程高。

⑩ 填料中杂质多。

（3）防护措施

① 根据设备工作介质选用合适的填料。

② 严格按照标准进行安装。

③ 根据设备性能选用合适的填料圈数。

④ 根据设备工作介质选用合适的润滑剂。

⑤ 填料发生老化，失效，杂质多时应及时更换。

⑥ 设备操作严格按照操作规程。

⑦ 设备运行中控制性能参数，防止超过设计值。

181 上、下塔平行布置的空分设备，哪些原因造成高压液氧泵密封频繁损坏？

答 高压液氧泵在运行过程中，时常发生密封损坏现象，对设备本身及装置的运行造成了一定影响，对此，要从设计、操作及运行过程中严格控制，降低损坏率。高压液氧泵密封频繁损坏主要由以下原因造成：

（1）密封气不合格。密封气质量差或密封气压力不足，导致密封损坏，在液氧泵运行过程中，要严格控制好密封气的质量及压力。

（2）加温时未进行固定，导致机泵转动，磨损机封。

（3）低转速备用时，转速偏低，未超过最低转速，机泵未能形成良好的油膜，导致机封磨损。

（4）液氧泵气蚀，导致液氧泵气蚀的原因主要有以下几条：

① 进口管路阻力大（如过滤网堵塞）或管路设计过小。

② 入口压力低。液氧泵安装高度过高，或上、下塔平行布置的精馏塔，若液氧取样口设置在上塔底部，由于取样口高度较低，取样口与泵入口之间的静压差较小，当上塔液位降低时，容易引起泵入口压力不足，液氧泵发生气蚀。

③ 保温不良。低温泵阁箱保温不良，管线内低温液体汽化，导致泵气蚀。

④ 泵预冷不彻底。液氧泵在启动前要进行充分的气冷和液冷，一般预冷时间不小于8小时。若预冷不充分，液氧进入管线及设备后部分汽化，导致泵气蚀。

⑤ 设计或安装时，管线坡度不足。一般要求液氧泵入口管线坡度≥2%，出口管线坡度≥3%，若在设计及安装过程中，管线坡度不合理，也会导致泵气蚀。

⑥ 泵体回气不畅。通常高压液氧泵都会设置泵体回气阀，在泵预冷及运行过程中，要打开泵体回气阀，将泵内产生的气体排出，若未及时打开泵体回气阀，液氧泵也会发生气蚀。

182 冷箱内珠光砂下沉对空分设备有什么影响？

答 空分设备在长时间运行后，因管道振动或泄漏等原因，时常会发生珠光砂下沉现象，发生珠光砂下沉对空分设备主要有以下影响：

（1）珠光砂下沉后势必造成冷箱内部分低温管线裸露在珠光砂外部，低温管线失去保冷会造成冷量损耗，管道内低温液体汽化装置冷损增大，导致装置产品产量降低，能耗增大。

（2）失去珠光砂阻隔冷量传递还会对附近冷箱造成冻结，因冷箱板为普通碳钢材质，低温下极易脆化破裂，造成冷箱珠光砂大量泄漏。

（3）冷箱内压力降低，湿空气进入冷箱内，珠光砂受潮和膨化度低结块，会造成冷箱内管线、阀门、支架受压产生形变，严重时造成管线、设备拉扯破裂发生漏液。

预防措施：要定期检查冷箱珠光砂，发现珠光砂下沉要及时进行补砂，并保持冷箱密封气的干燥度。

183 大型空分设备冷箱保冷材料膨胀珍珠岩（珠光砂）性能要求是什么？

答 本标准适用于空气分离设备和低温储槽使用的绝热保温材料，使用温度范围 -200 ~ 800℃。

膨胀珍珠岩（珠光砂）是一种火山爆发时喷出的酸性熔岩流入到海洋、湖泊中后，急速冷却形成的天然玻璃质火山岩矿石，经破碎、预热、焙烧膨胀而制成的具有多孔结构的，白色、颗粒状松散材料，具有良好的保温隔热性能，其特征和性能如表 4-1、表 4-2 和表 4-3 所示。

（1）物理特征

表 4-1　珠光砂物理特征

外观	软化点	熔点	燃点
白色颗粒	850 ~ 1100℃	1300 ~ 1350℃	不燃

（2）化学性能

表 4-2　珠光砂化学性能

成分和含量	SiO_2：70% ~ 75%；Al_2O_3：12% ~ 16%；Fe_2O_3：0.15% ~ 1.5%； MgO：0.2% ~ 0.5%；CaO：0.1% ~ 2.0%；Na_2O：2.5% ~ 5.0%；K_2O：1.0% ~ 4.0%
化学特性	pH 值 6.5 ~ 7.5 不溶于强碱和氢氟酸；微溶于浓矿物酸；难溶于浓有机酸

（3）材料性能（技术指标）

表 4-3　珠光砂技术指标

区分		CP501	备注
松散密度	kg/m^3	35 ~ 55	
振实密度	kg/m^3	48 ~ 65	
含水率	%	≤ 0.3	重量比
有效导热率	W/（m·K）	≤ 0.022	77 ~ 293K
粒度分布（%）	＞ 1.18mm	≤ 10	
	1.18 ~ 0.15	70 ~ 95	
	＜ 0.15mm	≤ 20	
适用范围		空气分离设备低温储槽	

（4）性能检测方法

① 松散密度。将完全自然松散状态下的膨胀珍珠岩倒入内壁光洁的 0.002m^3（内径 108mm，高 218mm）金属量筒中，用直尺刮平，用精度为 0.1g 的天平测量其重量，然后按下列公式计算松散密度。

$$\rho=(m_2-m_1)/v$$

式中　ρ——材料松散密度，kg/m^3；

m_1——量筒重量，kg；

m_2——量筒和试样的重量，kg；

v——量筒的容积，m^3。

② 振实密度。按国际珍珠岩协会振实密度确定方法，倒满量筒并刮平后，利用特制振动仪将量筒提升至 75mm 高度后使其自由下落至 5mm 的橡胶板上，每 50 次后添加试样，直至试样没有明显沉降为止，称重并按下式计算振实密度。

$$\rho'=(m_3-m_1)/v$$

式中　ρ'——材料振实密度，kg/m^3；

m_1——量筒重量，kg；

m_3——量筒和试样的重量，kg；

v——量筒的容积，m^3。

③ 含水率。按珍珠岩含水率确定方法取样，在 383K ± 5K（110℃ ± 5℃）温度下烘干至恒重后称重，按下式计算含水率。

$$M=(m_9-m_8)/m_9\times100\%$$

式中　M——试样含水率，%；

m_9——试样干燥前重量，g；

m_8——试样干燥后重量，g。

④ 粒度分布。按级配筛分检测标准方法取样后倒入装有筛孔规格分别为 1.18mm、0.15mm（美国标准筛）的筛分仪内，按 150 次 /min 的频率进行振动，使物料充分筛分，然后分别测量试样重量，按以下式计算筛余量和通过量。

$$W_1=m_5/m_4\times100\%$$

$$W_2=m_6/m_4\times100\%$$

$$W_3=m_7/m_4\times100\%$$

式中　W_1——1.18mm 标准筛筛余量，%；

W_2——1.18 ~ 0.15mm 标准筛中间量，%；

W_3——0.15mm 标准筛通过量，%；

m_4——试样重量，g；

m_5——筛余物料重量，g；

m_6——中间物料重量，g；

m_7——通过物料重量，g。

⑤ 导热系数。膨胀珍珠岩的导热系数应依据 ASTM C177 或 C518 标准所提供的方法进行测试，由国内权威机构（上海交通大学低温工程研究所）提供的测试报告。

184 大型空分设备冷箱采用自动化负压式扒珠光砂有哪些优势？

答 冷箱检修工作是维护空分设备长期稳定运行的一个重要环节。一方面，空分设备投入运行后，在长期运行中由于温度应力和材料疲劳等会引起一些问题，如不及时处理，严重时就会发生冷箱内管道及设备泄漏等重大事故；另一方面，需要对旧空分设备进行技术改造以节能降耗或满足生产需求。所以，空分设备检修也是空分设备安全生产必不可少的环节之一。

而冷箱检修首要工作就是冷箱内珠光砂进行卸除。随着空分设备规模越来越大，这项工作也变得特别耗时耗力，并存在很多危险因素。过去国内冷箱扒砂发生了不少“喷砂”与“砂爆”等安全事故，造成冷箱结构严重破坏，甚至造成人员死亡。为减小劳动强度、控制经济成本，避免安全事故发生，现研发出自动化负压式扒砂。与传统人工扒砂比较，自动化负压式扒砂有以下几方面的优势：

（1）安全性方面：使用自动化负压式扒砂方式，实时监控输出的产品流速及温度，缓冲装置的设计会使空气缓慢对流，避免液体急剧气化造成安全事故的发生。分层扒砂，降低液体汽化导致冷箱板坍塌的风险。同时喷砂埋人等安全事故的风险降低。

（2）环保性方面：自动扒砂设备，采用负压，将冷箱内的珠光砂吸出。密闭性设备、管道操作；扒砂时，自动缝包，环境得以保护；而且作业人员接触珠光砂粉尘少，职业病发病率较低。

（3）材料损耗方面：密闭性设备，损耗较少。

（4）经济性方面：全自动化操作，劳动强度较低，雇工较少；设备往返运输费用少。

（5）工作效率方面：自动化负压式扒砂，扒砂单套设备平均日输送量约 1000～1200m^3/d，工期时间短。受天气影响制约性小。

自动扒砂的缺点是对冷箱内有结块的珠光砂难以处理，目前正在研发解决。

在超低温扒砂领域，目前国内比较领先的如天津英康公司，研制开发出具有完全自主知识产权的全自动扒、填砂装置，具有全自动、无污染、安全、经济、高效等显著特点，是目前较为先进的扒、填砂方式。

185 大型空分设备冷箱珠光砂充填采用现场膨胀自动充填有哪些优势?

答 珠光砂现场膨胀自动装填作为目前国际上普遍采用的最先进的装填方法，不仅方便管理、安全环保、减少仓储运输环节、节约物流和管理费用。

同人工装填相比较，现场膨胀自动充填方式有以下几方面的优势：

（1）安全性方面。现场膨胀自动充填方式，管道输送装填，安全性高。人工装砂，从冷箱顶部人孔处装填，并且需要吊车运送珠光砂，人员坠落等事故安全风险较大。

（2）环保性方面。密闭输送方式，对环境污染较小；作业人员接触珠光砂粉尘少，引发职业病发病率低。

（3）材料损耗方面。全封闭式操作，损耗接近为零，可以忽略不计。

（4）珠光砂含水量方面。现场制作，密闭输送方式，减少空气交换，含水量极低。

（5）装填质量方面。微压风送装填，堆积效果好，角落用软性输送管道装填，空隙小，后期补充量较少。

（6）经济性方面。现场充填价格含材料、运输、包装、装填、现场清理（服务）等各种费用，经济性好，终端能耗较低。

（7）工作效率方面。单套设备平均日生产量约400m^3；且阴雨（大雨除外）天气可以进行装填；原料运输量小，可保障工期。

珠光砂现场膨胀充填方式的缺点是不适用于冷箱因泄漏或沉降等原因需要二次补砂的情况，补砂量较少的情况更适合采用人工装填；现场膨胀充填方式因使用时需要动火，故不适用于在冷箱内有液体或对禁火要求高的场所。

综上所述，现场膨胀充填方式在安全、环保、效率及经济性方面都具有一定优势。

186 空分设备冷箱扒、填珠光砂时要注意哪些事项?

答 1）空分设备冷箱扒砂的注意事项

（1）冷箱装置全面停车，系统停止进气，打开各排液阀排放液体。待各设备液位计指示为零，各排放口无液体排出时排液结束。排液完成后，系统开始加温吹除，冷箱内各设备、管线温度达到0℃以上，充分复温完成，复温不彻底会使珠光砂中留存的泄漏液体急剧汽化，严重时会引起喷砂甚至冷箱爆炸。

（2）需要高度重视冷箱顶部珠光砂结块问题。空分冷箱顶部呼吸筒密封硅胶失效，密封气缺少使得顶部空间处于负压状态，冷箱顶板存在腐蚀漏水情况等，这些都是造成湿空气进入冷箱使得珠光砂结块的可能原因。珠光砂结块从高处坠落或者崩塌将对冷箱内管道及设备造成严重损伤，甚至也会对施工人员造成伤害。在扒砂前应将冷箱顶部比较大的结块吊出或者处理成小块。

（3）工具准备完毕，防护用品齐全，在卸珠光砂的过程中不定时的用木锤或是橡胶锤敲打冷箱壁。

（4）遵循由上层至下层逐层扒砂的原则，首先检查冷箱卸料口，由专人慢慢把螺丝拧开，同时预留两根螺栓，并套好编织袋。在打开时，工作人员要站在卸料口两边，防止大量珠光砂喷出造成伤害，未经允许任何人不得擅自打开冷箱人孔盖。放砂时，确保人员的撤离通道畅通。

（5）珠光砂装袋后，要及时封口，存放到指定的地点。施工现场出现大风及雨雪天气时严禁扒砂，并做好防雨防潮工作。

（6）施工人员进入场地时要带防尘镜，披肩帽、纱布和口罩，如有珍珠岩不慎进入眼睛，严禁用手去揉，应用清水冲洗，严重时及时送医。

（7）在卸料过程中，冷箱顶部设置专人进行观察冷箱内珍珠岩的下降情况和下降速度。当珠光砂排放至各层人孔下方时，从高至低依次打开各层人孔，对珠光砂的排放情况进行监控，如有冻块或部分区域堆积过高无法正常下降时及时向负责人进行汇报，由专人用工厂风或仪表气将此区域的珠光砂吹下，或用长竹竿等木质器具将冰冻块敲碎防止大块珍珠岩坠落，砸坏管线设备。

（8）卸砂过程中需要时刻检测冷箱内气体的氧含量，若其含量超过21%，需及时采取防范措施，如静置或缓慢增加冷箱密封氮气量等措施，有效控制珠光砂下降速度防止引起砂爆造成安全事故并损坏冷箱内管道、设备等。

（9）扒砂完毕后，将冷箱人孔全部打开，充分置换，检测内部氧浓度达标后，清扫人员由冷箱顶部进入，用扫帚清扫或用气体吹扫，必须有安全保证。

（10）做好安全教育，确保工作人员都进行安全培训；安全人员要坚守岗位，时刻进行监控；夜间作业应有充足的照明，在施工现场处设置大功率探照灯，保证光线充足；冷箱内照明使用12V行灯；施工作业前应办理相关作业票证，必须有专业安全员进行监督；施工现场应配备专用交通工具和通信设备，出现事故后能在第一时间进行救助工作。

2）空分设备冷箱装砂的注意事项

（1）现场照明符合施工要求；严禁在阴雨天气装填珠光砂，若工期需要，则需要相应的防范措施。

（2）作业人员必须佩戴安全帽、防尘口罩、防尘眼镜等劳保用品；为防止输送过程中高空坠物发生意外，由专人负责指挥和检查工作；严防装填作业过程中，人员陷入珠光砂中。充填人孔处应放置篦子板，且有专人监护。

（3）定时更换装填作业人员，使操作人员精力充足，防止发生意外；施工时应设立警戒区，防止无关人员进入现场；如发生人员受伤等意外时，应及时采取现场急救，同时紧急通知生产调度联系救护车，进行施救。

（4）施工人员进场作业前接受监理公司和业主的安全教育和安全提示，施工时服从监督与指挥，接受安全教育和培训。

（5）施工人员进入施工现场时，必须佩戴安全帽，不准在禁烟区域吸烟，配备灭火器具放在明显位置上。

（6）熟知逃生路线和方法。

（7）在生产前办理动火许可手续。

187 哪些原因造成气动薄膜调节阀发生故障？

答 气动薄膜调节阀是气动单元组合仪表的执行机构部分，用来改变输送管道上流体的流量，以达到调节流量、液面、压力或温度的目的。在空分设备中，绝大多数自调阀门都是气动薄膜调节阀，调节阀的运行状况直接影响到设备及工况的稳定运行。

1）气动薄膜调节阀的组成及工作原理

气动薄膜调节阀由气动薄膜执行机构和调节阀两部分组成。气动薄膜执行机构由上下膜盒、波纹膜片、压缩弹簧、推杆、行程刻度、指针等组成。当调节器或手动操作器的信号压力进入由膜盒膜片构成的膜室时，在膜片上产生推力，使推杆移动，弹簧压缩。当弹簧产生的反作用力与薄膜的推力平衡时，推杆停止移动。

调节阀由阀盖、阀芯、阀座、阀杆、填料函等组成。阀杆上端与薄膜机构推杆下端相连，推杆带动阀杆移动，使阀芯移动，改变了阀芯与阀座间流体的流通面积，从而改变了流体的流量，达到调节的目的。

气动薄膜调节阀备有手轮机构，在气源中断时可以随时进行手动调整。有的还配有阀门定位器，可以提高调节阀的性能。

气动薄膜调节阀又分为气开式和气关式，当没有压力信号输入时，阀门关死；有压力信号时，阀门开始打开，而且输入信号越大，阀门开度越大，这种薄膜调节阀称为气开式薄膜调节阀。反之则称为气关式薄膜调节阀。

2）气动薄膜调节阀常见的故障及原因分析

① 阀不动作

无信号：调节器无输出或信号线短路、断路。

无气源：仪表气源阀未打开或气源管漏气。

阀门故障：阀芯与阀杆脱开、阀杆弯曲或折断、阀门卡死等。

② 阀动作不稳

气源压力不稳：仪表气压力不稳定或过滤减压阀故障。

阀自身动作不稳：执行器刚度太小或阀杆摩擦太大。

③ 阀动作迟钝

单方向动作迟钝：执行机构膜片破裂或执行机构密封圈泄漏。

往复动作迟钝：阀被堵塞或填料硬化干涩。

④ 阀振动过大

阀接近全关时振动大：阀口径过大，常在小开度工作。

任何开度均振动大：支撑不稳、附近有振动源或阀芯与衬套磨损。

⑤ 阀门内漏

阀无法全关：介质压差大，执行机构刚度不足，阀体内有异物卡涩。

阀全关仍泄漏：阀芯被腐蚀、破损。

填料及密封部分泄漏：填料盖未压紧、填料老化、密封垫被腐蚀。

188 如何保证空分设备重要阀门的可靠性？

答 1）选择合适的阀门

空分设备中包含高温高压气体、低温高压液体以及氧气、氮气等不同性能参数的介质，在选用阀门时需考虑各种介质的化学性能及工艺参数，选择合适材质的阀门，同时，也要考虑故障状态下阀门的状态，选择合适的气开或气关阀。

2）试车前期的管线吹扫

在装置试车前期要对各管线进行严格的吹扫，以保证管道内清洁。若管道内存在固体杂质，在运行时极易堵塞或卡涩阀门，导致阀门不能正常动作。

3）开车前进行阀门校对

空分设备在每次开车前，工艺人员与仪表人员配合进行自调阀阀门校对，一是确保阀门正常动作，二是检查阀门实际刻度与 DCS 画面开度保持一致，以保证装置运行后阀门的正常动作。

4）定期进行低点排凝

空分设备大多数自调阀都是气动阀门，气动阀的气源为仪表空气，若仪表空气露点控制不合格，或因下雨天等原因导致水分漏入气源管中，就会导致仪表空气带水，影响阀门的正常动作。所以在运行过程中，要定期对仪表空气管线进行低点排凝。

5）设置仪表气缓冲罐

对于装置中一些重要的阀门，需要专门配备仪表缓冲罐，在仪表气源压力波动或者中断时，以保证阀门动作稳定或者正常关闭阀门。

189 空分设备重要阀门加装仪表气源缓冲罐的意义是什么？

答 空分设备重要阀门的稳定性，对整个装置的运行十分重要，气动阀门都需要气源作动力，一般是全厂统一进行供气。对于一些重要的阀门，如压缩机组防喘振阀门、产品外送阀门、分子筛纯化系统阀门、空气进塔阀门等，这些阀门动作是否正常对空分设备的稳定运行至关重要，需要专门配备仪表气缓冲罐，从而保证阀门的稳定性。

缓冲罐主要用于各系统中缓冲压力波动，使系统工作更平稳。缓冲罐的缓冲性能主要通过压缩罐内的压缩空气来实现。主要作用如下：

① 当仪表气压力出现波动时，仪表气缓冲罐会起到缓冲的作用，减小压力的波动，保证阀门的稳定。

② 当全厂仪表气供应中断时，仪表气缓冲罐能提供短暂的供气，来保证重要阀门关闭或打开。

190 常温氧用控制阀的金属材料如何选择？

氧气是大型空分设备的主要产品，它虽然本身不会燃烧，但却是强烈的助燃剂（或氧化剂）。碳钢、不锈钢等在空气中难以燃烧的金属，在较高压力的氧气中都是不稳定、易燃的。常温氧用控制阀金属材料选择非常关键，错误的选择会引发严重的燃烧、爆炸事故。

1）豁免压力及豁免材料

豁免压力是指材料在可能发生颗粒冲击的富氧气体中不受速度限制的最大压力。在低于豁免压力下，基于通常的“点火机理”，认为点燃和燃烧传播不太可能发生。

豁免材料是在限定的压力，材料厚度和氧气纯度限制内免除任何氧气流速限制的金属材种。

在标准《Oxygen pipline and piping systems（氧气管道及系统）》（IGC Doc 13/12/E）标准中，常用金属材料在氧气中的豁免压力和最小厚度见表4–4。

表 4-4　标准 IGC Doc 13/12/E 中，常用金属材料在氧气中的豁免压力和最小厚度

合金	最小厚度 /mm	豁免压力 /MPa
Monel 400	0.762	20.68
Monel K-500	0.762	20.68
CF-3/CF-8, CF-3M/CF-8M, CG-8M	3.18	1.38
	6.35	2.6
304/304L, 316/316L, 321, 347	3.18	1.38
	6.35	2.58
410/430	3.18	1.72
17-4PH	3.18	2.07
Inconel 600	3.18	8.61
Inconel 625	3.18	6.90
Gray cast iron	3.18	0.17
Nodular cast iron	3.18	0.34
Stellite 6/Stellite 6B	无定义	3.44
Tin bronzes	无定义	20.68

表 4-4 中列出的合金的豁免压力是基于行业经验和根据标准《Standard test method for determining the combustion behavior of metallic materials in oxygen- enriched atmospheres（富氧空气中金属材料燃烧性能测定方法）》（ASTM G124—10）测试的引燃燃烧试验。这些豁免压力适用于≤ 200℃的温度。然而，行业内的实践证明，不锈钢材料（如 300 或 400 系列）应当不属于豁免材料，在小于表 4-4 中压力的情况下，也非常容易燃烧。

2）金属材料选择

标准 GB 16912—2008 对氧气阀门金属材料的选用要求见表 4-5。

表 4-5　标准 GB 16912—2008 对氧气阀门金属材料的选用要求

工作压力 p/MPa	材料
$p \leqslant 6$	阀体、阀盖采用可锻铸铁、球墨铸铁和铸钢；阀杆采用不锈钢，阀瓣采用不锈钢
$0.6 < p \leqslant 10$	采用不锈钢、铜合金或不锈钢与铜合金组合（优先选用铜合金）、镍及镍基合金
$p > 10$	采用铜合金、镍及镍基合金

注：工作压力为 0.1MPa 以上的压力或流量调节阀的材料，应采用不锈钢、铜合金或以上 2 种的组合材料。

标准 IGC Doc 13/12/E 对氧气阀门金属材料的选择要求如下：

（1）在撞击场合，使用非豁免材料时，采用有撞击场合的限制速度。如果速度超过限制速度，在阀门设计中必须使用豁免材料。

（2）在非撞击场合，使用非豁免材料时，可以采用非撞击场合的限制速度。如果速度超过限制速度，在阀门设计中必须使用豁免材料。

由于实际情况有许多不可控制因素，为了保证人身安全，除清洁氧系统外，氧气阀门应当均按撞击场合控制流速。

工程实践中将管道、阀门安装于防护墙内是一个较佳的设计方案，其阀门金属材料的选择根据与没有防护墙的应当有所差别，国家标准、规范上都没有涉及这一点。液化空气集团大量的国内外设计运行实践证明，这是一种非常好的综合可靠性与安全性的设计方案。

3）主要阀门材料的选择要求

下面分别以产品主管路上的调节阀、隔离阀、放空阀、旁路阀举例说明阀门金属材料的选择。

（1）调节阀

节流阀通常会选用截止阀（调节性能好），其最小截面积（阀座面积，略小于管道面积）S=0.0388m^2；氧气流速 =V1 ÷ S=0.312 ÷ 0.0388 ≈ 8.04m/s；压力与流速的关系：pV=6 × 8.04=48.2MPa·m/s。

截止阀的阀体和阀内件被定义为撞击场合，pV 不能大于 45MPa·m/s，实际计算值 48.2MPa·m/s，大于 45MPa·m/s，在这种情况下如果没有防护墙保护则阀体和阀内件必须采用豁免材料，应选择表 4–4 中的 Inconel 或 Monel 合金；如果有防护墙保护，根据 IGC Doc13/12/E 等设计标准，阀体可以采用不锈钢，阀内件采用豁免材料。

如果空分设备的产量是 50000m^3/h，不是 60000m^3/h，在其他数据不变的情况下，氧气的流速 6.70m/s；pV=40.2MPa·m/s，小于 45MPa·m/s；在防护墙的保护下，阀体可以选择不锈钢材料，阀内件不能选用不锈钢，应选择表 4–4 中的 Inconel 或 Monel 材料。主要有以下两点考虑：

① 在调整运行中的流量或压力时，节流阀可能在阀门行程之内任何位置活动并固定在该位置，此时阀座和阀芯处的流速变化很大，会出现高速。

② 阀内件是相对较薄的部分，容易被点燃。

（2）隔离阀

隔离阀通常会选用偏心蝶阀（蝶阀压损要小于截止阀）。偏心蝶阀的阀座直径大约是管道的 95%，约 245mm，阀座面积 S_1 为 0.0443m^2，阀杆面积 S_2 约为 0.0131m^2，总面积 S 为 0.0312m^2。

氧气在阀座的流速 =$V1 \div S$=0.312 ÷ 0.0312=10m/s；pV=60MPa·m/s，蝶阀阀体是非撞击场合，在清洁氧系统或有防护墙时可以使用不锈钢；蝶板及其他内件是撞击场合，需用豁免材料。

（3）放空阀

放空阀通常会选用截止阀（大的差压）放空阀阀体会小于主管路上的调节阀和隔离阀，阀门内最高流速会超过主管路上的调节阀和隔离阀，即使阀体大小与主管路上的调节阀保持一致，由于需要进行降噪减速处理（通常阀后带降噪孔板），阀门出口的压力会大于大气压 1bar，阀门出口在低压下的流速也会超标，如果出口压力在 10bar 以下，则速度高于 48ms（根据理想气体状态方程计算得到）。在没有防护墙的场合，放空阀整体选择豁免材料；如果有防护墙保护，根据 IGC Doc 13/12/E 等设计标准，阀体可以采用不锈钢，阀内件采用豁免材料。

（4）旁路阀

当控制阀是连接主管路隔离阀上下游的旁路阀时，它的主要作用是平衡上下游的压力，通常采用 DN25mm 的小口径截止阀，在升压或降压过程中阀体中的速度会非常高，通常设计最高流速会达到 100m/s。

在没有防护墙的场合，旁路阀整体选择豁免材料；如果有防护墙保护，根据 IGC Doc 13/12/E 等设计标准，阀体可以采用不锈钢，阀内件采用豁免材料。

总之，氧气阀门金属材料的合理选择，不仅要考虑金属材料的豁免压力与管道中氧气最高允许流速、阀门的类型及功能，还需要考虑是否有防护墙，保证氧气管道系统安全、可靠运行。

191 集群化空分设备备品备件如何分类管理？

答 空分设备中的备品备件是指设备在检修维护过程中需要更换的零部件，集群化空分设备通常采用相同或者近似相同的设备或工艺，故其设备的同一性就决定了备品备件不需要过多种类。在相同资金的情况下，可以储存更多数量的备品备件，尤其是部分单价较高、备货周期较长重要备件，如机组转子、干气密封、纯化器分子筛等。

1）备品备件的分类

（1）易损件。易损件指的是指使用周期比较短的一些备件，如：机封、垫片、O 型圈等。

（2）关键件。关键件指的是制造周期比较长、购置困难、所占用的资金较多、对装置运行影响较大、需重点进行管理的备品。如汽轮机、压缩机、膨胀机转子及

叶轮、轴瓦、油封等关键设备备件。

（3）标准件。指的是结构、规格和技术参数都符合国家生产标准或者是行业标准的，并且各种仪器中广泛使用的备件。如轴承、螺栓、法兰及垫片等。

（4）通用件。指的是仪器上的通用零件，通用件不仅作为主机制造厂被广泛使用的配套部件，而且还是市场仪器维修时所需量非常大的备件。如阀门、压力表、温度计等。

2）备品备件的管理方法

（1）在备件库存的占用资金方面可以运用“ABC 分析法”。“ABC 分析法”又称之为重点选择法及不均匀分布定律法，它是一些借助数理统计进行分析来选取对象的一种方法。它的原理是“关键的少数和次要的多数”，找准关键的部分能够处理问题的多少。

（2）基本管理思路。首先将一个商品的各个零配件，根据购置保管经费额度的大小从高到低进行排列，再汇成经费使用累计统计表。接着再把占总成本费用百分之七十到八十，而占零配件总数量百分之十到二十的备件，划分成 A 类备件；把占总成本经费百分之五到十，而占零配件总数量百分之六十到八十的备件，划分到 C 类备件区域；其他的则为 B 类部件。其中 A 类部件应为最重要的对象。选择“ABC 管理法”，可以最大程度地缩减库存经费占用，因为成本分配上的不合理性，导致成本经费比重不大，但用户觉得作用重大的对象可能会被漏选或者是排序上的推后，面对该情况也要纳入企业重点重视的对象，纳入 A 类区进行管理，不足在于应该借助经验法来进行修正。

（3）备件的动态化管理（以一个周期，月、季或年为单位，实行 PDCA 管理）。备件的管理作为一个动态性的程序，应该时刻关注各环节中的任何一个变化，并及时地进行调节。“P”表示的是计划，指的是构建改进的目标和行为方案；“D”表示的是实施，也称为执行，它指的是根据计划来推进；“C”表示的是检查核实，它指的是确认有没有根据设置的进度来实行，有没有实现预设的计划；“A”表示的是处置，是指新作业流程的进行和规范化，从而避免原先的问题再一次出现，或者是设置新的改善目标。在 PDCA 的旋转与循环下，如果实现改进目标，那么改进之后的状况就成为了下一个改进的目标。惟有在动态化的管理循环过程中，结合实践的相关经验不断进行总结，方能让定额管理和成本管理日趋合理最大化。

（4）从细节入手，实施“二级三定”管理制度。要从细节入手，实施严格的管理制度。比如，首钢长钢轧钢厂连轧车间结合生产实际，从细节入手，实施“二级三定”管理制度，规范了备品备件的使用管理，取得了很不错的效果。所谓“二级”，即通用备件按一级管理、普通备件按二级管理。

所谓“三定”，指所有现场备件按指定的区域堆放，所有现场备件按指定的数量堆放，所有现场备件定时由各班长、材料管理人员按台账进行核实检查，每周对领用备品备件及使用地方跟踪复查，检查结果纳入经济责任制月底进行考核。

所有用过的工具备件实行以旧换新，能修复使用的要求各区域进行修复使用，不能修复使用的由车间统一回收管理。通过实施新的管理办法，有效避免了备品备件乱领、乱放、乱用现象，现场治理明显改观。

192 集群化空分设备大检修如何统筹安排？

答 集群化空分设备由于空分设备数目较多、管线错综复杂、系统隔离困难，检修项目众多，人员、检修现场管理难度大，这些无疑都加重了检修难度。为了实现检修的安全可控，清洁高效的开展，应做好合理的统筹安排。

（1）确定项目。提前梳理检修项目，对于装置运行中存在的隐患和设备缺陷，列入检修项目，日常形成滚动检修计划，检修项目主要针对这些滚动检修计划的汇总和现场改造等进行确定。检修项目确定后，将这些项目进行分级，分为 A 类（关键项目）、B 类（主要项目）和 C 类（一般项目）。

（2）编制方案及一单五卡。根据检修项目分类，进行方案及一单五卡的编制。A 类项目编制方案及一单五卡，由车间级、厂级、公司级逐级审签；B 类项目编制方案及一单五卡，由车间级、厂级进行审签，C 类项目编制一单五卡，由车间审批后实施。

（3）培训交底。方案审批完成后，车间组织各级人员进行学习。检修前进行技术交底，由工艺人员向设备人员交底，设备人员向检修人员交底。

（4）物资及人员准备。设备人员根据检修项目，提前申报物资，在检修开始前将所需设备备品备件全部备齐。同时，公司应提前联系好第三方检修人员。

（5）编制检修计划。按照煤化工项目的开停车统筹和具体检修项，制定空分设备的检修计划和时间节点，各车间、检修组共同管控，按照检修计划和节点有序开展作业。

（6）制定好停车检修计划。集群化空分设备停车检修，往往都是逐套停车，从首套装置停车到最后一套空分设备停车持续时间很长，若是待空分设备全停后检修，无疑会大大增加检修时间，造成人力物力浪费。大检修应提前编制单套空分停车交出方案，实行停一套、隔离一套、交出一套、检修一套，与总管相连的交不出的管线，待一个系列或全停后进行抢修。

（7）过程管控。检修过程管控尤为重要，按照车间人员安排成立专项小分队，各分队明确分工，统一管理。检修过程严格把控，精细操作。检修现场标准化、文明化，从检修前至检修后，都有专人对检修标准化进行检查，使检修从前至后安全可控，检修完毕按“工完料尽场地清”的原则进行，每一项作业完成后，都要做好现场的文明卫生工作。

（8）专人负责、验收合格。每一项检修结束后，都组织专人按照质量验收卡对检修项目进行验收，验收合格后，方可投入生产。

（9）组织开车。检修结束，各项目验收合格后，需提前打好开车申请，待调度通知后，组织开车工作。集群化空分设备，可根据各套空分设备检修情况及后系统需求，逐套进行开车。

（10）总结。大检修结束，组织专人进行大检修总结的编写，查找问题，进行反思，为下次检修打好基础。

193 压力容器安全检查的内容有哪些?

答 压力容器的运行环境恶劣，频繁承受压力载荷，在温度变化下，金属材料的韧性和塑性都会发生变化，如果压力容器装有腐蚀性的介质，长时间也会造成金属材料强度的下降，为保证装置的安稳运行，必须对压力容器进行定期安全检查。

1）压力容器定期检验

压力容器定期检验工作包括年度检查、全面检查和耐压试验三种。

① 年度检查：是指压力容器运行中的在线检验，每年至少一次。

② 全面检验：是指压力容器停机时的检验。

a. 安全状况等级 2 级的，一般每 6 年一次；

b. 安全状况等级 3 级的，一般每 3 ~ 6 年一次；

c. 安全状况等级 4 级的，其检验周期由检验机构确定。

d. 连续生产装置中 2 级的压力容器，其检验周期可按生产周期确定。

③ 耐压实验：是指压力容器全面检验合格后，所进行的超过最高工作压力液压实验或气压实验。每两次全面检验期间内，原则上至少进行一次耐压实验。

2）压力容器检查的内容

压力容器定期检验项目，以宏观检验、壁厚测定、表面缺陷检测、安全附件检验为主，必要时增加埋藏缺陷检测、材料分析、密封紧固件检验、强度校核、耐压试验、泄漏试验等项目。

① 宏观检验，主要是采用目视方法（必要时利用内窥镜、放大镜或者其他辅助仪器设备、测量工具）检验压力容器本体结构、几何尺寸、表面情况（如裂纹、腐蚀、泄漏、变形），以及焊缝、隔热层、衬里等。宏观检验，一般包括以下内容：

a. 结构检验：包括封头型式、封头与筒体的连接，开孔位置及补强，纵（环）焊缝的布置及型式，支承或者支座的型式与布置，排放（疏水、排污）装置的设置等；

b. 几何尺寸检验：包括筒体同一断面上最大内径与最小内径之差，纵（环）焊缝对口错边盘、棱角度、咬边、焊缝余高等；

c. 壳体外观检验：包括铭牌和标志，容器内外表面的腐蚀，主要受压元件及其焊缝裂纹、泄漏、鼓包、变形、机械接触损伤、过热，工卡具焊迹、电弧灼伤，法兰、密封面及其紧固螺栓，支承、支座或者基础的下沉、倾斜、开裂，地脚螺栓，自立容器和球形容器支柱的铅垂度，多支座卧式容器的支座膨胀孔，排放（疏水、排污）装置和泄漏信号指示孔的堵塞、腐蚀、沉积物等情况。

② 壁厚测定，一般采用超声测厚方法。测定位置应当有代表性，有足够的测点数。测定后标图记录，对异常测厚点做详细标记。

厚度测点，一般选择以下位置：

a. 液位经常波动的部位；

b. 物料进口、流动转向、截面突变等易受腐蚀、冲蚀的部位；

c. 制造成型时壁厚减薄部位和使用中易产生变形及磨损的部位；

d. 接管部位；

e. 宏观检验时发现的可疑部位。

壁厚测定时，如果发现母材存在分层缺陷，应当增加测点或者采用超声检测，查明分层分布情况以及与母材表面的倾斜度，同时作图记录。

③ 表面缺陷检测，应当采用 JB/T 4730 中的磁粉检测、渗透检测方法，铁磁性材料压力容器的表面检测应当优先采用磁粉检测。

④ 安全附件检验的主要内容如下：

a. 安全阀，检验是否在校验有效期内；

b. 爆破片装置，检验是否按期更换；

c. 压力表，检验是否在检定有效期内（适用于有检定要求的压力表）。

⑤ 气密性试验，气密性试验压力为本次定期检验确定的允许（监控）使用压力，其准备工作、安全防护、试验温度、试验介质、试验过程、合格要求等按照有关安全技术规范的规定执行；

⑥ 无法进行内部检验的压力容器，应当采用可靠的检测技术（例如内窥镜、声发射、超声检测等）从外部检测内部缺陷。

第五章

集群化空分设备安全与应急管理

194 如何进行工艺安全风险评估？

答 1）装置安全风险评估流程（见图 5-1）

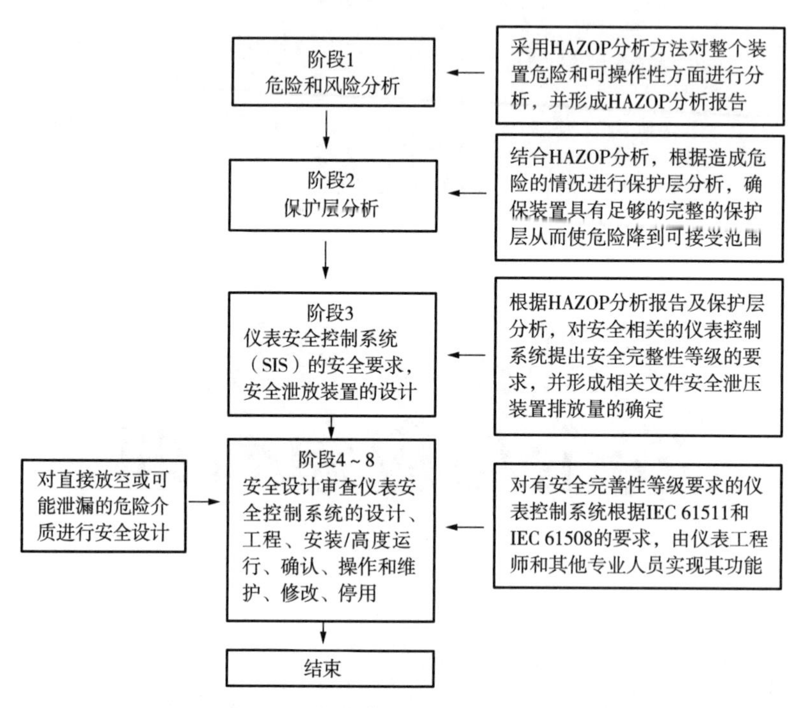

图 5-1　装置安全风险评估流程图

2）危险和风险分析

采用 HAZOP 分析方法（危险和可操作性分析）定性地识别出装置潜在的危险，因其分析全面、系统、细致等优势，故在空分设备使用。在基础设计阶段，由各专业人员组成的分析组用 HAZOP 分析方法按结构化的方式系统的研究每一个节点每一条管线，根据一定引导词的帮助下，分析偏离设计工艺条件的偏差所导致的危险和可操作性问题。预先识别、分析和评价装置中潜在的危险，识别出装置设计及操作和维护程序的缺陷，并提出改进意见和建议，将危险尽可能消灭在项目实施的早期阶段，意味着能够识别基础设计中存在的问题，并能够在详细设计阶段得到纠正，节省投资，并确保装置设计能够提供安全和经济的操作避免潜在的危险。

3）保护层分析

因 HAZOP 分析是一种定性分析方法，可识别出危险但无法确定危险的程度，故在 HAZOP 基础上进一步使用保护层分析。保护层分析是半定量的分析方法，可确定危险程度，定量计算危险发生的概率，已有保护层的能力及失效概率，如发现保护措施不足，可以推算出需要的保护措施的安全完整性等级（SIL），进一步提出仪表安全控制系统（SIS）的要求。结合 HAZOP 分析报告，并利用编制的风险矩阵由各专业人员组成的分析组对装置保护层进行分析，保护层分析大致步骤为：首先找出导致危险发生的频率（例如，控制阀失效 0.25 ~ 0.05 次 / 年）和危险发生造成结果的严重程度（例如，可导致超过设计压力和造成 1 ~ 2 人员伤亡）；其次找出现有独立的保护层（例如，具有足够流量的安全阀避免超压）由各个专业人员共同确定已有的独立保护层，即安全措施可以将风险降低到什么程度，从而定义出现有风险与可容忍风险之间的差距，如果现有风险仍在可接受范围，则需确定仪表安全功能（SIF）所需要的安全完整性等级（SIL），最后提出对整个仪表安全系统（SIS）的要求。

195 化工生产区实行网格化管理的意义是什么？

答 网格化管理，即根据属地管理、地理布局、现状管理等原则，将管辖地域划分成若干格状的单元，并对每一格实施动态、全方位管理，它是一种数字化管理模式。根据国家应急管理部、国家煤矿安全监察局工作要求以及安全风险预控管理体系中有关强化责任体系建设的规定，鉴于大型空分设备的规模较大，为了便于生产、安全管理及设备日常维护，推行安全责任网格化管理，对满足生产装置长周期运转及保障长效管理机制具有积极作用。

第一，有利于建立长效管理机制。通过实施安全生产网格化管理，建立公司、厂、车间、班组四级安全生产管理体系，进一步明确网格管理责任人在安全生产网格监管中的职责，做到定区域、定人员、定责任，确保安全生产监管工作无遗漏、全覆盖，达到安全隐患排查工作“横向到边、纵向到底”，安全隐患整治责任明确、落实到位的要求，逐步形成安全生产监管工作制度化、规范化的长效管理机制。

第二，有利于明确职责，落实责任。充分依靠基层和班组员工，坚持专群结合、群防群治，按照属地管理原则，以厂各科室为单元，在车间以班组为单元，划分若干安全管理网格，对网格内的设备、场所、安全环保文明生产相关作业实施动态管理，构建“全覆盖、无盲区”的安全管理网络。各责任网格明确各自的安全生产责任，严格落实安全生产责任制，全面掌握挂点责任区的安全生产状况，及时研究、部署、指导挂点责任区的安全管理工作，积极开展专项整治和重大隐患治理工作，确保责任网格生产安全。

第三，有利于提升安全管理整体工作水平。推行安全责任网格化管理，按照网格层级、单位大小和监管任务多少进行人员均衡分工，能最大限度地促进安全工作的各级管理，最大限度地激发网格监督员的活力，最大限度地提升重大隐患的查改力度。通过固定责任人、工作任务，统一工作目标和标准，形成“人—工作—责任

区”捆绑的监管责任体系，从而更好地实现安全生产监管的全覆盖；通过立足各自监管网格，建立科学、公平、公正的绩效考核、评估和奖惩机制，最终以所有网格监管责任的全落实，实现安全监管的全覆盖。

196 设备隐患采用分级管理有何意义？

答（1）汽化器进行产品外送后现场要加强巡检，重点检查各法兰有无泄漏，现场人员进入汽化器区域应佩戴四合一气体检测仪（主要检测 O_2、H_2S、CO、CH_4 含量）。

（2）企业应建立健全安全风险隐患排查治理工作机制，建立安全风险隐患排查治理管理制度，全员要参与风险隐患排查治理工作。

（3）企业应充分利用安全检查表（SCL）、工作危害分析（JHA）、故障类型和影响分析（FMEA）、危险和可操作性分析（HAZOP）等安全风险分析方法，或多种方法的组合，开展过程危害分析，排查生产过程中的安全风险隐患。

（4）选用风险评估矩阵（RAM）、作业条件危险性分析（LEC）等方法进行风险评估，有效实施安全风险分级管控。事故隐患可按照整改难易及可能造成的后果严重性，分为一般事故隐患和重大事故隐患。

（5）隐患排查方式包括日常排查、综合性排查、专业性排查、季节性排查、重点时段及节假日排查、事故类比排查、复查复工前排查和外聘专家诊断式排查。

（6）排查频次：装置操作人员现场巡检间隔不得多于 2h，涉及“两重点一重大”的生产、储存装置和部位的操作人员现场巡检间隔不得多于 1h；基层车间（装置）直接管理人员（工艺、设备技术人员）、电气、仪表人员每天至少两次对装置现场进行相关专业检查；基层车间应结合班组安全活动，至少每周组织一次安全风险隐患排查；基层单位（厂）应结合岗位责任制检查，至少每月组织一次安全风险隐患排查；企业应根据季节性特征及本单位的生产实际，每季度开展一次有针对性的季节性安全风险隐患排查；重大活动、重点时段及节假日前必须进行安全风险隐患排查；企业至少每半年组织一次，基层单位至少每季度组织一次综合性排查和专业排查，两者可结合进行；当同类企业发生安全事故时，应举一反三，及时进行事故类比安全风险隐患专项排查。

197 什么是职业卫生、职业病，空分设备中存在哪些职业病危害因素？

答 职业卫生是为预防、控制和消除职业危害，保护和增进劳动健康，提高工作生命质量，依法采取的一切卫生技术或者管理措施。它的首要任务是识别、评价和控制不良的劳动条件，保护劳动者的健康。

职业病在学术上的定义：凡是劳动者在从事职业活动中，因接触职业危害因素而导致的疾病是职业病。立法定义：指企业、事业单位和个体经济组织等用人单位的劳动者在职业活动中，因接触粉尘、放射性物质和其他有毒、有害因素而引起的疾病。

职业病危害是指对从事职业活动的劳动者可能导致职业病的各种危害。职业病危害因素包括：职业活动中存在的各种有害的化学、物理、生物因素以及在作业过程中产生的其他职业有害因素。按其来源可分为三类：

（1）生产工艺过程中的有害因素：化学、物理、生物因素。

（2）劳动过程中组织不当的有害因素：劳动组织和制度不合理；作息制度不合理；精神（心理）性职业紧张；劳动强度过大或定额不当；个别系统或器官过度紧张、长时间不良体位或使用不合理工具等。

（3）生产劳动环境中的有害因素：太阳辐射、工作场所异常温度、环境污染、作业环境不良。

1）空分设备中存在的职业病危害因素主要有

（1）生产过程中存在的职业病危害因素

粉尘：珍珠岩粉尘、分子筛。

物理因素：噪声、高温、低温。

（2）劳动过程中存在的职业病危害因素

实行倒班制度，作业人员存在夜班作业；外操巡检人员存在高处作业；内操作业人员在控制室通过 DCS 控制系统控制工艺参数，实施作业现场监控，存在视频作业。

工作环境中如果通风、采暖、采光、照明等设置不合理也会对作业人员的健康产生不良影响。

（3）生产环境中存在的职业病危害因素

生产设备均露天布置，受自然气象条件影响较大。作业人员在巡检时，容易受到夏季高温、太阳辐射、冬季低温等有害因素的影响。

2）预防生产过程中存在的职业病危害因素的防护措施

噪声对人体健康的危害：听力下降；神经衰弱综合征；血压不稳；胃肠功能紊乱。

（1）空分设备主要噪声排放源为空气压缩机组、膨胀增压机和其他泵类设备，噪声源的工作情况为连续。其中空压机所产生的噪声值最大，为 105 ~ 120dB（A），布置在压缩厂房内，利用建筑进行隔音。对各类机泵底座采用隔振、减振措施，有效减少噪声。

将造成噪声较大的空气压缩机组、膨胀增压机集中布置在压缩机厂房，设备安装时设有减振基础；放空管均设消音器、软管接头；并在压缩机厂房外设有消声塔，蒸汽暖管设有消声器；为高噪区工作的操作人员巡检时配备耳塞、耳罩等个人防护用品，以减少噪声对人体造成的伤害。

（2）高温、低温

夏季高温天气在机组巡检、检修作业时，厂房内汽轮机驱动高压蒸汽产生热辐射会引起员工中暑。

低温：接触液氧 / 液氮能引起严重冻伤。

对表面温度超过 50℃的设备、管道及其附件，采取隔热设施；工艺生产中不需保温的设备、管道及其附件，其外表温度超过 60℃，均做防烫处理，在距地面或工作台高度 2.1m 以内，距操作平台周围 0.75m 以内，均设有防烫隔热层，并合理配管，以防蒸汽和冷凝液从管接头处喷出而引起烫伤。

此外，对于需要散热的设备加隔离护栏和高温警示标志。处理低沸点的液化气体时，工作人员必须穿戴劳动保护服（手套、护目镜、质地紧密的衣服，裤腿不能塞入靴子中），防止接触到低温液体。对低温管线也采取隔热保冷措施。

198 为何要求空分设备岗位操作工穿棉织物的工作服？

答 空分设备岗位操作工如同其他工种的工人一样，在生产时必须穿工作服。但是，对空分设备岗位操作工更有特殊的要求：只能穿棉织物的工作服。由于在氧气生产现场免不了与高浓度氧气接触，这是从生产安全的角度规定的。其主要原因有：

（1）化纤织物在摩擦时会产生静电，容易产生火花。在穿、脱化纤织物的服装时，产生的静电位可达几千伏甚至一万多伏。当衣服充满氧气时是十分危险的。例如，当空气中含氧量增加到 30% 时，化纤织物只需 3s 的时间就能起燃。

（2）当达到一定的温度时，化纤织物便开始软化。当温度超过 200℃时，就会熔融而呈黏流态。当发生燃烧、爆炸事故时，化纤织物可能因高温的作用而黏附在皮肤上无法脱下，将造成严重伤害。

棉织物工作服则没有上述的缺点，所以，从安全的观点，对空分设备岗位操作工的工作服应有专门的要求。同时，空分岗位操作工自己也不要穿化纤织物的内衣。

199 压力管道试压的安全措施有哪些？

答 全低压空分设备中，压力管道较多，压力管道试压成为焦点，为保证压力管道试压安全，应采取以下措施：

（1）试压前对每一个施工人员进行安全技术交底，并做好相应的交底记录。

（2）施工现场设置专职安全员，负责现场安全监督检查工作，发现不安全因素，及时提出整改，符合要求后方可施工。

（3）所有参与试压的设备、工具都要自检，合格贴标后用于试压作业。

（4）与加压部位连接的管段，必须使用专用连接件紧固。

（5）每一个试压系统在试压前，派专人从头到尾检查一遍，保证尾项工作全部完成。

（6）按要求安装临时盲板，盲板及螺栓使用级别不得低于正常管道压力级别。

（7）进出口设压力表指示，保证压力表的准确性。

（8）系统加压开启阀门要缓慢匀速的进行，严格按作业指导书要求进行操作。

（9）查漏及登高作业要系挂好安全带。

（10）所有工具使用手绳，螺栓垫片使用容器盛装，防止发生坠物事件。

（11）登高使用脚手架、升降机、直梯，要按各种使用规范进行操作。

（12）紧固法兰螺栓要对称，防止把偏。

（13）稳压阶段严禁撞击管道，发现漏点要将管道内压力卸掉后再进行处理、严禁带压操作。

（14）试压过程中，受压管道如有异常声响、压力突降、表面油漆脱落等现象，必须立即停止试验，查明原因并妥善处理后方可继续试验。

（15）对于氧管线试压，禁止接触油脂。

（16）对冷箱相连的管线试压，严禁用水试压，防止水进入冷箱与铝填料反应，损坏填料。

（17）对重要阀门如需要进行上锁，挂警告标识，专人负责。

（18）试压用电要联系专业电工进行操作，不可私自乱接电源，电缆线高挂注意绝缘。

200 碳氢化合物在空分设备中有哪些风险？

答 原料空气中没有被分子筛吸附的部分杂质（水分、二氧化碳、一氧化碳、碳氢化合物等）和通过其他污染渠道如公用管线（润滑油、仪表空气、水路如冷却器泄漏等）夹带的污染物会进入空分冷箱。这些杂质的低挥发度导致其在冷箱的富氧液体蒸发器内蒸发浓缩，当这些杂质的浓度达到其溶解度极限时，就会有杂质以固态或不溶液体的形态析出。空分设备富氧蒸发的设备和场所包括：主冷、粗氩冷凝器、主换热器、液氧内压缩流程、富氧盲端（低点、死点）等。水分、二氧化碳、氧化亚氮等惰性杂质不燃烧，但它们的冻结可以堵塞换热器通道，导致富氧液体在换热器内部局部干蒸发或盲端蒸发，加剧富氧液体内可燃杂质的浓缩集聚；而碳氢化合物和臭氧等则为可燃杂质。

冷箱内碳氢化合物集聚浓缩到一定程度后可能导致燃烧或爆炸事故的发生。由于在富氧液体内碳氢化合物的燃烧爆炸需要的能量很小，所以不可能确定和控制触发冷箱内可燃杂质燃烧爆炸的点火能量，当冷箱内碳氢化合物集聚浓缩到一定程度后，没有可靠有效的方式来防止可能发生的燃烧或爆炸事故。在富氧液体中蒸发器的组成材料铝不会自动燃烧（因其自燃温度很高），铝的燃烧需要较大的点火能量，主冷内铝的燃烧是由于碳氢化合物的燃烧爆炸引起的多米诺效应（或称点火链效应）。因此空分设备中碳氢化合物风险的控制就在于控制空分设备中碳氢化合物的浓缩集聚，防止集聚的易燃杂质达到危险水平。

201 空分设备中碳氢化合物风险应做哪些安全管理？

答 基于对碳氢化合物风险的高度认识，空分设备工厂应当制定碳氢化合物控制程序标准来控制相关的风险。主要生产管理要求如下。

1）空气过滤器

风险：吸入的空气被碳氢化合物及二氧化碳污染。

生产管理要求：

（1）定期（如每年）对工厂周围3km范围内的污染源情况（排放口方位、距离，排放高度，排放介质组分，排放温度）进行一次审核回顾，识别可能的环境条件变化，并制定相关的应急措施。

（2）工厂运行期间，空气过滤器周围禁止停放车辆，禁止进行焊接、切割等易产生碳氢化合物排放的作业。

（3）对于污染现场（碳氢化合物含量超标），碳氢化合物的气溶胶需要更完全地去除，需要安装HEPA高效颗粒空气过滤器。

2）空气预冷系统

风险：出口温度过高导致二氧化碳穿透分子筛床层。

生产管理要求：监控空气预冷系统出口空气温度，如果高于报警值，采取措施恢复正常运行温度或者降低空分设备负荷。

安全保护回路：分子筛吸附器入口空气温度高高联锁。

3）分子筛纯化系统

风险：分子筛吸附器出口空气中二氧化碳含量超标导致主冷通道堵塞，液氧干蒸发，碳氢化合物积聚引起爆炸。

生产管理要求：

（1）监控分子筛吸附器出口空气中二氧化碳含量，如果含量超标发生在分子筛吸附器并行阶段，提前切换运行分子筛吸附器。

（2）监控分子筛吸附器进气温度，如果出现问题，按前述要求处理。

（3）运行过程中如发现分子筛吸附延时，再生时应延长加热时间以保证合适的冷吹峰值，同时可以适当降低分子筛吸附负荷。

（4）监控分子筛再生期间冷吹温度峰值，防止再生不彻底，使水进入分子筛吸附器而影响分子筛对二氧化碳的吸附性能。

安全保护回路：分子筛吸附器出口空气中二氧化碳含量高高联锁。

4）浸浴式主冷

风险：主冷干蒸发导致碳氢化合物集聚引起爆炸。

生产管理要求：

（1）监控主冷液位，确保全浸操作；如果不能全浸操作，要调查原因，采取措施实现全浸操作（如增加制冷量，调节液氮产量，调查泄漏的可能性）。

（2）每半年做一次主冷液位全浸测试和液位计校验，确保液位显示准确。

安全保护回路：主冷液位低低联锁。

风险：主冷二氧化碳含量超高而析出，导致主冷通道堵塞，液氧干蒸发，导致碳氢化合物集聚引起爆炸。

生产管理要求：监控主冷二氧化碳含量。

（1）触发高于报警值超过 4h，需要通过增加液氧排放量来降低主冷二氧化碳含量，也要采取措施避免分子筛吸附器出口空气中二氧化碳穿透或湿空气短路。

（2）触发高于高高报警值超过 2h，空分设备应手动停车加温。

风险：氧化亚氮含量超高而析出，导致主冷通道堵塞，液氧干蒸发，碳氢化合物集聚引起爆炸。

生产管理要求：对于防浓缩排放不能可靠计算或主冷倍数大的空分设备，需要安装氧化亚氮分析仪：

（1）如果氧化亚氮含量高报警，应该加大排液量以恢复正常工况。

（2）如果触发高高报警持续 8h，空分设备应该停车并进行大加温。

5）膜式主冷

风险：碳氢化合物集聚引起爆炸。

生产管理要求：对于膜式主冷，液氧吸附器、喷淋的液氧流量、氧化亚氮含量的监控，二氧化碳含量的监控，碳氢化合物含量的监控都需要有详细、明确的要求。

安全保护回路：有喷淋流量低低联锁的要求。

6）外置式主冷

风险：碳氢化合物集聚引起爆炸。

生产管理要求：对于外置式主冷全浸操作，主冷氧通道阻力的监控、液氧吸附器的操作、主冷液体的进料要求，都要求有详细、明确的要求。

7）防浓缩排放

风险：防浓缩排放不足，导致碳氢化合物集聚引起爆炸。

生产管理要求：

（1）防浓缩排放的排放率需要被验证，对于防浓缩排放不能可靠计算或主冷浓缩倍数大的空分设备，防浓缩排放通过氧化亚氮含量的监控来验证。

（2）防浓缩排放的安全保护回路设计液氧排放流量低低联锁或排放管线温度低低联锁。

安全保护回路：液氧排放流量低低联锁或放管线温度有低低联锁的要求。

7）盲端

风险：富氧/液氧盲端不正常干蒸发，导致碳氢化合物集聚引起爆炸。

生产管理要求：对于所有液空、液氧盲端建立盲端清单，并进行挂牌管理，以便现场巡检时快速准确地发现不正常的盲端蒸发，及时报告并处理。

8）定期加温和干燥

风险：碳氢化合物集聚引起爆炸。

生产管理要求：装置供应商定义的加温频率应该被执行。如果出现分子筛重复性地被二氧化碳穿透，主冷液位多次低于90%，主冷中碳氢化合物含量不正常的高，或冷箱设备压降不正常，冷箱取样管堵塞，或空分设备多次停车或冷备用，装置的加温期限需要重新评估并采取适当措施以保证装置安全运行。

9）冷备用期间主冷的维护

风险：主冷（粗氩冷凝器）污染物的不断浓缩导致排放、取样管线堵塞，碳氢化合物集聚引起爆炸。

生产管理要求：

（1）2天内的停车冷备用期间，继续监控主冷中污染物含量（碳氢化合物、二氧化碳如果出现高报警或主冷（粗氩冷凝器）液位低于80%，排放主冷（粗氩冷凝器）中所有液体，需要特别强调，如果放任其中液体自然蒸发，污染物的不断浓缩可能导致排放管线或取样管线堵塞，甚至更严重的安全事故发生；如果高高报警，排放所有液体，对冷箱进行加温。

（2）超过2天的停车冷备用期间，除了遵照第一条的要求外，还需要定期排放所有的盲端，再生所有的液氧液空吸附器。

10）装置重新启动的运行管理

风险：碳氢化合物集聚引起爆炸

生产管理要求：空分设备启动期间，主冷的全浸操作要优先于产品纯度恢复，运行中需要采取如下可能的措施来尽快恢复主冷液位：液氮辅助；最大化膨胀机的制冷能力；较小的进塔空气量仅用于维持下塔所需的压力；启动期间全浸液位建立优先于防浓缩排放；监控主冷中污染物含量。

11）其他污染源的控制

风险：污染物堵塞换热器通道，导致干蒸发，碳氢化合物集聚引起爆炸。

生产管理要求：

（1）监控机器密封气系统，监控并记录机器润滑油消耗，监控油雾器和油风扇的操作，确认油雾排放管排放位置是否污染空气过滤器的进风口。

（2）中间连接的交叉污染：工厂自产仪表气避免被外来仪表气（含二氧化碳、露点较低）污染；空冷塔内空气要避免被外来冷却水（来自工艺泄漏）污染；工厂密封气避免外来气源污染。

202 空分设备中针对碳氢化合物风险应如何做好安全设计？

答（1）对浴式主冷和液氧干蒸发板翅式换热器的设计应当有特别的要求，如翅片类型、尺寸等，以保证蒸发器的运行安全。

（2）主冷（粗氩冷凝器）液位控制的安全设计和要求：① 液位变送器（1个或2个）需要根据设计要求制造、安装，以保证主冷全浸操作的监控；② 设计液位低低联锁保护回路，确保主冷安全运行；③ 设计主冷（粗氩冷凝器）测满口，确保液位计的准确性及能够定期校验。

（3）主冷（粗氩冷凝器）防浓缩排放的安全设计和要求：① 防浓缩排放的排放率需要被验证，不同的空分工艺流程有不同的验证方式：内压缩流程采用气氧送出量进行验证；液体空分流程采用液氧流量计进行验证；对于防浓缩排放不能可靠计算或主冷浓缩倍数大的空分设备，防浓缩排放通过氧化亚氮含量的监控来验证；② 通过液氧排放流量低低联锁或排放管线温度低低联锁的安全保护回路来确保装置的安全运行保护。

（4）空分设备中污染物监控的安全设计：① 氧化亚氮含量监控的安全设计。根据浓缩倍数、蒸发器氧浓度和防浓缩排放的可监控度决定是否安装氧化亚氮含量分析仪，并定义不同形式蒸发器的氧化亚氮含量的控制要求和高报警及高高报警水平，如通常的主冷/膜式主冷氧化亚氮含量报警值、通常的主冷/膜式主冷氧化亚氮含量高高报警值等。② 二氧化碳含量监控的安全设计。安装一个专门的二氧化碳含量分析仪用于监控分子筛吸附器出口空气和主冷二氧化碳含量，设计分子筛吸附器出口空气的二氧化碳含量高高联锁保护回路，防止主换热器/主冷换热通道被二氧化碳堵塞，设置二氧化碳含量高报警值、高高报警值，延时冷箱自动停运。主冷二氧化碳含量设置有高、高高报警，并定义相关的行动计划。③ 碳氢化合物含量监控的安全设计。对于氧气外压缩和内压缩流程，碳氢化合物含量的高高报警值有不同的要求。对于外压缩流程空分设备，这些污染物的高高报警值，如二氧化碳、一氧化氮、甲烷、碳氢化合物、丙烷有确定的值；对于内压缩流程空分设备，这些污染物的高高报警值随液氧在主换热器内的蒸发压力而增大。

203 低温伤害其急救原则是什么？

答 低温环境会引起作业人员冻伤、体温降低，甚至造成死亡。低温作业人员受低温环境影响，操作功能随温度的下降而明显下降。如手皮肤温度降到15.5℃时，操作功能开始受到影响；降到4～5℃时，几乎完全失去触觉的鉴别能力和知觉。

在生产的液氧、液氮、液氩等产品，一旦由于输送这些产品的泵、阀门、管道及贮罐等设备密封不严，设备发生裂纹或破碎，将发生泄漏事故，喷洒到操作人员的身体上，由于它们的沸点非常低，加之汽化时要吸收大量的热量，所以会造成人体冷冻伤害。在处理盛有这些液体的管道、阀门或容器等时，必须带上保温手套，防止造成冻伤。化验工为了检验液化空气，液化氧气中的乙炔含量，需要取液态产品，也很容易造成冻伤事故。这些液化气体的沸点等具体数据见表5-1。

表5-1 空气组成

主要成分	体积百分数/%	沸点/℃
氧气	20.99	-183
氮气	78.03	-195.8
氩气	0.94	-185.7
二氧化碳	0.035～0.04	-78.5（升华）

1）低温液体冻伤的分级

冻伤的发生除了与寒冷有关，还与潮湿、局部血液循环不良和抗寒能力下降有关。一般将冻伤分为冻疮、局部冻伤和冻僵三种。局部冻伤按其程度分为四度：

一度冻伤：伤及表皮层。局部红肿痛热，约1周后结痂而愈；

二度冻伤：伤达真皮层。红肿痛痒较明显，局部起水泡，无感染结痂后2～3周愈合；

三度冻伤：深达皮下组织。早期红肿并有大水泡，皮肤由苍白变成蓝黑色，知觉消失，组织呈干性坏死；

四度冻伤：伤及肌肉和骨骼。发生干性和湿性坏疽，需植皮和截肢。

2）低温液体冻伤急救原则

当发生低温冻伤事故时，需要第一时间对受伤人员进行科学、正确的处理，以使得受伤人员的伤害降到最低程度。另外，错误的处置方法会给伤者带来不必要的麻烦甚至是终身残疾。

① 发生冻伤时，如有条件可让患者进入温暖的房间，同时将冻伤的部位浸泡在38～42℃的水温中，水温不宜超过45℃，浸泡时间不能超过20分钟。如果冻伤发生时无条件进行热水漫浴，可将冻伤部位放在自己或救助者的怀里取暖，使冻伤部位迅速恢复血液循环。在对冻伤进行紧急处理时，绝不可将冻伤部位用雪涂擦或用火烤。现场处理的过程中，应立即向医疗机构求助。

② 发现冻僵伤员已无力自救，救助者应立即将其转移到温暖的房间内，然后迅速脱去伤员潮湿的衣服和鞋袜，将伤员放在38～42℃的温水中漫浴，如果衣物已冻结在伤员的肌体上，不可强行脱下，以免损伤皮肤，可连同衣物一起漫入温水，待解冻后取下。

204 如何防止空分设备发生物理爆炸？

答 空分设备中空气预冷系统、空气纯化系统，分馏塔冷箱系统、液氧、液氮储槽、液氮真空储槽、仪表气事故球罐、高压氮气缓冲罐等均为压力容器。

1）如果压力超过设计允许值或压力表、安全阀失灵，均存在着裂纹、破碎、爆炸的危险。

（1）压力超过设计值

根据《压力容器安全技术监察规程》，压力容器的设计压力（P）分为低压、中压、高压、超高压4个压力等级，具体划分如下：低压0.1MPa ≤ P<1.6MPa，中压1.6MPa ≤ P<10MPa，高压10MPa ≤ P<100MPa，超高压P>100MPa。空分设备中，很

多装置的最高工作压力都会处在高压段，所以避免压力容器超压。

（2）压力表损坏

空分设备有很多的压力表，应定期进行检查维护。

（3）安全阀失灵

很多管道，压力容器都装有安全阀，起到保护设备，泄压等作用，所以应当定期校验安全阀。

（4）阀门等存在裂纹

不同管线，输送的介质不同，温度不同，材料也不同，如果发现有裂纹及时汇报，拉警戒带，及时处理。

（5）冷箱内管线泄漏，低温液体汽化，导致冷箱超压，冷箱板冻裂，强度减弱，发生冷箱爆炸事故。

2）预防物理性爆炸的措施

为了空分设备的安全运行，可以采取以下措施：

（1）严格执行管道的管理制度，定期对管道实施检查，例如蒸汽管道保温层是否脱落，蒸汽管道系统上疏水器保持灵敏可靠，及时疏放管道中的冷凝水，各管道阀门是否存在异常情况，各支、吊架是否牢固等，发现问题的要及时整改落实到位。

（2）对管道阀门进行合理设计，管道的布置应当力求简捷，尽量减少不必要的弯头、大小头等。另外在管道转弯处宜尽量采用大曲率半径弯管替代弯头：宜用斜面连接替代直角连接：宜用顺向连接替代对向连接：宜用顺向分支替代死端直角连接。蒸汽管系的支撑位置和支撑刚度要进行分析设计，使管道固有频率避开激发频率，以避免机械共振的发生。另外，支承应“落地生根”，不可生根在墙、平台或栏杆上，尽量用深埋坚固的管墩作为独立支撑。

（3）确保介质参数相对稳定，防止阀门的突然开启和关闭造成管道内的压强迅速的上升或下降。

（4）定期检查校验安全阀等安全措施，早发现早处理。

（5）对于主冷防爆应采取具体措施：① 加强安装质量控制，预防阀门法兰连接处发生泄漏；② 试车 / 开车期间，严格遵循降温速率及最低温度，避免因降温速度过快或超出材料所能承受最低温度导致管道材料冻裂造成管道泄漏；③ 运行期间加强监控，提前发现阀门、法兰连接处泄漏；④ 从设计初期抓起，严格执行国标、行标及企标，确保管道设备材料选型正确；⑤ 利用在线分析仪表监控主冷等烃类含量并及时处理；⑥ 运行期间定期排查冷箱呼吸阀情况，防止堵塞；⑦ 对冷箱分程设置远传压力表计，并集成到 DCS 中，超出范围立即报警，提醒操作人员及时采取措施。

205 空分设备防静电措施有哪些?

答 1）工艺控制法

工艺控制法是从工艺流程、设备构造、材料选择及操作管理等方面采取措施，限制电流的产生或控制静电的积累，使之控制在安全范围之内。主要措施有：

① 限制输送速度；

② 正确区分静电产生区和逸散区，采取不同的防静电危害措施；

③ 对设备和管道选用适当的材料；

④ 适当的安排物料投入顺序；

⑤ 消除产生静电的附加源。

2）泄漏导走法

泄漏导走法即静电接地法。静电接地是消除导体上静电简单又有效的方法，是防止静电的最基本措施。可以利用工艺手段对空气增湿、添加抗静电剂。静电接地连接是接地措施中重要的一环，可采取静电跨接、直接接地、间接接地等方式，把设备上各部分经过接地极与大地连接，静电连接系统的电阻不应大于100Ω。

3）静电中和法

静电中和法主要是将分子进行电离，产生消除静电所必要的离子（一般正负离子成对）。其中与带电物体极性相反的离子，向带电物体移动，并和带电物体的电荷进行中和，从而达到消除静电的目的。这种方法已经被广泛地应用于生产薄膜、纸、布等行业，但是应用不当或失误会使消除静电的效果减弱，甚至会导致事故发生。利用此原理制成了静电消除器，静电消除器的类型主要有自感应式、外接电源式、放射线式、离子流式和组合式等；在生产中根据生产需要选择适合的静电消除器。

4）人体的防静电措施

人体带电除了能使人体遭受电击和对安全生产造成威胁外，还能在精密仪器或电子元件生产过程中造成质量事故，因此必须解决人体带电对工业生产的危害。消除人体带静电的措施有：

① 人体接地。在人体接地的场所，应装设金属接地棒。工作人员随时用手接触接地棒，以消除人体所带的静电。在坐着的工作场所，工作人员可佩戴接地的腕带。在防静电的场所入口处、外侧，应有裸露的金属接地物。在有静电危害的场所应注意穿着，工作人员应穿戴防静电衣服、鞋和手套，不得穿化纤衣物。穿防静电鞋的目的是将人体接地。

② 工作地面导电化。特殊危险场所的工作地面应是导电性的或造成导电条件，

工作地面泄漏电阻的阻值，既要小到能防止人体静电积累，又要防止人体触电时不致受到伤害，故阻值要适当，一般为 $10^6\Omega \leqslant R \leqslant 3\times10^4\Omega$。

③ 安全操作。

a. 工作中应尽量不搞可使人带电的活动；

b. 合理使用规定的动防护用品；

c. 工作时应有条不紊，避免急性动作；

d. 在防静电的场所不得携带与工作无关的金属物品；

e. 不准使用化纤材料制作的拖布或抹布擦洗物品及地面。

化工企业的安全生产管理者应重视静电在化工生产中的危害，把静电的危害通过合理的安全措施给予消除，从而保证企业安全生产，避免事故的发生。

206 空分设备动火安全规程包含哪些内容?

答 空分界区氧气浓度可能增高的区域（如厂房内、精馏塔附近、球罐和氧气管道附近，液氧槽车充装区域等），一般严禁吸烟和明火，如因工作需要，必须在上述地点动火时，应按照以下规程执行：

1）动火作业流程及注意事项

（1）由需要动火的班组提出动火申请，申请表中填写动火时间、地点、动火原因和采取的防火措施，动火人姓名，监护人姓名，化验结果和化验员的姓名以及批准人姓名等。

（2）含氧量在18%~23%时方可动火，动火前，施工现场必须打开门、窗。使空气流通，清理好现场的易燃易爆物品，准备好消防器材。

（3）动火过程中，所有与动火地点相通的氧气管道上的阀门，都必须关严（或断开）并加警示牌，严禁开启。

（4）当动火的地点氧气浓度高于23%时，应立即停止动火，查明原因，切断气源，然后用空气置换，直至氧气浓度符合标准后，方可动火。

（5）如在冷箱内或较大的容器内动火，而含氧量又较低时，严禁用氮气置换，以防窒息。

（6）割（焊）枪中途熄火时，必须将氧气阀门关严，防止因氧浓度增高，在打火时发生危险。注意用气焊切割时，氧气瓶与乙炔瓶的距离间隔5米，氧气瓶、乙炔瓶与动火点的距离间隔10米。

（7）对贮氧容器或氧气管道动火前，必须做认真的置换，不许留有“死角”。

（8）施工现场焊工不准用火线头、烟头、棉丝等做点火用具，乙炔发生器必须放在室外，最好放在与动火点逆风方向。

（9）接上一班未完成的动火项目，本班必须重新化验含氧量，并重新填写动火申请，待批准人签字后再继续动火。

（10）动火过程中，如接到附近空分设备排液氧（或液空）的通知，应立即停止动火，待液体排放完毕后，重新分析动火地点含氧量，合格后方可继续动火。

（11）凡发现动火人员不符合本规定时，主管人员要提出意见并采取措施，如有不听者，应及时上报有关领导，严重者，要先行制止，再逐级上报。

2）动火作业执行原则

（1）动火作业票未经批准不动火。

（2）动火作业票的安全措施没有落实不动火。

（3）动火部位、时间与动火作业票不符不动火。

（4）监护人不在场不动火。

（5）可动可不动的动火作业，不动火。

（6）能拆下来进行动火作业的，拆下移至安全地带动火。

（7）节假日动火作业进行升级管理。

（8）动火作业票不得涂改、代签，如填写错误需重新办理时，重新办理。

（9）作业票进行交接时，接收人必须确认现场安全措施，并在作业票中监护人栏签字。

动火作业票有效时间：特殊动火、一级动火不超过 8h；二级动火不超过 24h，但不得跨越双休日（装置停车检修或改造除外）；固定动火不得超过 3 个月；一张动火作业票只限一处动火。

207 在检修水冷塔时，要注意哪些安全事项？

答 在检修水冷塔时，因预冷系统氮水塔的填料是塑料、易燃、注意施工时防火检修，最需注意的是防止氮气窒息事故的发生。国内已发生过几次检修工人因氮气窒息而死亡的案例。因此在检修时，需注意以下事项：

（1）空分设备均已停车，且空冷塔泄压完毕。

（2）污氮气进水冷塔阀门处于关闭状态，或加盲板隔离。

（3）水冷塔排水完毕，且确认上水阀门及旁路关闭。

（4）打开上、下人孔，接轴流风机进行置换通风，当分析水冷塔内的氧含量在 19%～21% 之间，才允许检修人员进入（间隔两小时定期分析一次氧含量）。

（5）检修前必须办理安全作业票证，做好有限空间作业登记，必须有专人监护，并戴好隔离式面具（正压式空气呼吸器、长管式呼吸器、四合一气体检测仪等）。

（6）使用安全照明。

（7）检修验收合格后，要及时封堵人孔；暂不能及时封堵时，则要挂醒目的警告标识。

208 大型空分设备贫氪氙提取工艺过程有哪些风险及控制措施？

答 随着社会和经济的发展，稀有气体氪、氙的需求量越来越大。随着空分设备大型化特大型化发展，从空分设备中提取氪、氙气体的工艺流程日益成熟，各大空分技术专利商都已经拥有成熟的工艺设计方案。目前我国广泛应用的主要是从深冷法空分设备中提取氪、氙气体。近几年，国内各地多套贫氪氙浓缩提取设备已相继建成投产，并稳定运行。在贫氪氙气浓缩提取工艺中，甲烷随之在液氧中富集，所以贫氪氙气的提取存在较高的风险，国内外均有贫氪氙提取设备发生爆炸的安全事故。

1）风险分析

无论是从液空中还是从液氧中提取贫氪氙液，贫氪氙提取设备存在的风险相差无几。

（1）甲烷等碳氢化合物和氧化亚氮积聚带来的安全风险

空气中含有甲烷等烃类易爆杂质以及氧化亚氮等有害杂质，分子筛纯化系统对甲烷几乎没有吸附净化能力，如果没有配置专用分子筛，常规分子筛对氧化亚氮的吸附效果也较差。

随着氪、氙蒸发浓缩过程的进行，甲烷及氧化亚氮等危险杂质会在液氧和液空中同步浓缩。氪氙浓缩塔底部液氧中甲烷等碳氢化合物的含量最高可达到与氪氙浓度相等甚至略高一些，这一浓度已远远超过空分设备对主冷液氧中碳氢化合物含量的控制值。如果出现操作失误等不可控因素，碳氢化合物浓度极有可能在短时间上升至爆点，引发事故。这也是贫氪氙提取工艺过程的最主要危害因素和最大风险点。

此外，由于氧化亚氮和二氧化碳在液氧中的溶解度较小，在贫氪氙提取设备中其含量会随着氪氙的浓缩进一步增高，远高于空分设备主冷中的含量。当其在液氧中的浓度超过溶解度后，会析出固相氧化亚氮和二氧化碳，可能堵塞氪氙浓缩塔底部再沸器内翅片间的狭窄的通道，导致部分通道空间干蒸发，这一区域内的碳氢化合物会进一步富集，远远超过分析仪显示的氪氙浓缩塔底部的碳氢化合物含量。甚至由于液氧中氧化亚氮和二氧化碳固体颗粒存在，相互之间摩擦也有可能产生静电，引发富含碳氢化合物的液氧发生爆炸事故。

（2）厂区大气中的二氧化碳和烃类易爆物含量突然超标带来的安全风险

对于化工企业来说，厂区内的气化、净化、甲醇、烯烃等其他化工装置会排放一定量的烃类和二氧化碳，若这些化工装置的生产发生异常或泄漏等其他极端情况，使空分设备吸入口大气中的烃类和二氧化碳含量严重超标，导致分子筛被穿透，使空分设备贫氪氙中的烃类及二氧化碳在短时间内超标，容易导致空分设备联锁跳车，甚至引发爆炸等严重风险。

（3）贫氪氙在低温真空罐中长期储存时蒸发带来的风险

由于氪、氙在大气中的含量极小，即便是大型空分设备，贫氪氙液的产量也极小，贫氪氙液一般需要积累到一定的量后才会一次性用罐车运送至粗制装置进行下一步提纯，因此贫氪氙需要在低温真空罐中储存较长时间。在储存过程中，贫氪氙液氧中沸点低的氧组分首先大量蒸发、放空，而沸点较高的氪、氙、甲烷、二氧化碳和氧化亚氮会进一步浓缩。若储存时间过长，可能会产生碳氢化合物含量超标的风险。

（4）影响主空分设备运行工况带来的风险

无论是从液氧还是从液空中浓缩提取贫氪氙液，都需要对空分主塔和主冷以及部分工艺管线做一定的设计、制造变更，且贫氪氙提取设备的工艺流程与上、下塔及全精馏制氩系统存在高度的耦合，贫氪氙提取设备与主空分设备的工况相互影响。贫氪氙提取设备运行，势必对主空分设备的工况产生影响，主空分设备的精馏工况易发生波动，影响液体产品的产量、提取率及能耗。

（5）人为操作因素的影响

由于贫氪氙提取设备的安全要求比主空分设备高得多，对操作人员的素质要求也相对较高。若操作人员缺乏责任心和发生误操作，即便是对主空分设备的误操作，都有可能导致氪氙浓缩塔出现干蒸发、氧化亚氮和烃类物质含量超标等风险，并且有可能危及主空分设备的安全。贫氪氙提取设备与主空分设备的操作息息相关，通常需要熟悉各种因素的相互影响关系、有经验的人员操作，以避免不安全因素和危险操作。

2）风险控制措施

对于贫氪氙设备的风险控制必须全面而且到位，才能保证设备安、稳、长、满运行，从设计、制造、安装、运行等角度考虑，主要的风险控制手段有以下几种：

（1）从安全性的角度考虑，尽量选择从液空中提取贫氪氙液。从液空中浓缩提取贫氪氙液，整个生产过程的原料及产品中氧含量相对较小，风险相对较低。

（2）完善、可靠的贫氪氙提取设备的设计、建设和运行各阶段的风险评估，对各阶段进行严格的 HAZOP 分析，及时化解潜在风险源。例如，设计阶段就选择与空分设备隔离单独运行、设置防爆墙、相关氧气管线设置阻火器，考虑贫氪氙提取设备停车时各相关管线和设备死角设置充分的排放点等。

（3）采用对氧化亚氮有特殊吸附能力的分子筛净化空气，有效吸附空气中的氧化亚氮、二氧化碳等杂质，减少进入冷箱的原料空气中的有害杂质。再配置液空吸附器（专用低温吸附剂）清除随空气进入液氧和液空中浓缩积累的氧化亚氮、二氧化碳等杂质。

（4）需要对分子筛纯化系统的稳定切换进行专门的控制切换优化，防止切换波动对贫氪氙提取设备的影响。

（5）贫氪氙提取设备单独配置可靠性高的烃类在线分析仪，分析仪保持连续运行状态，并定期对在线分析仪表进行检测标定。

（6）严格监控大气和液空、液氧中甲烷等烃类含量，严格控制氪氙浓缩塔的液氧液位以及烃类和氧化亚氮、二氧化碳杂质含量，并有多重监控措施和完备的应急预防措施。

（7）贫氪氙液在低温真空罐中长期储存时，定期对低温真空罐有害杂质含量进行检测，杂质含量超标或低温真空罐长期闲置时要排空，然后彻底加温吹扫；或者及时向低温真空罐中补充适量的液氧。也可降低氪氙浓缩塔的产品浓度，稀释低温真空罐中贫氪氙液氧。

（8）系统各个死角点要定期进行排放，防止烃类等杂质富集发生危险。

（9）装置长期停车前，要对全系统进行加温吹扫，合格后备用。

（10）认真编写并严格执行操作规程，不断加强员工业务培训。加强管理人员、操作人员的风险意识教育，提高工厂全员风险意识和操作人员的责任心。

3）结论

（1）空分设备的流程形式对贫氪氙提工艺的选择有较大的影响。从液氧中提取贫氪氙的流程较适用于外压缩流程，从液空中提取贫氪氙的流程较适用于膨胀空气不进上塔的内压缩流程。

（2）相比于主空分设备，贫氪氙提取设备存在较高风险隐患，主要有氪氙浓缩塔底部甲烷等碳氢化合物，氧化亚氮积聚，大气中危险组分超标，贫氪氙液氧长期贮存在低温真空罐中浓缩，与主空分设备工况互相影响，人为操作因素等。

（3）从设计、制造、安装运行等方面，全面采取可靠完善的风险预防机制；可以有效确保贫氪氙提取设备安、稳、长、满运行。

209 在接触氧气和氮气时应注意哪些安全问题?

答（1）接触氧气时应注意的安全问题

氧气是一种无色、无味的气体。它是一种助燃剂，它与可燃性气体（乙炔、甲烷等）以一定的比例混合，能形成爆炸性混合物。当空气中氧浓度增加到 25% 时，能激起活泼的燃烧反应，氧浓度达到 27% 时，有个火星就能发展到活泼的火焰，所以在氧气富集区域要严禁烟火。当衣服中的氧气达到饱和时，遇到明火即迅速燃烧，特别是沾染油脂的衣物，遇到氧气可能自燃。因此，被氧气饱和的衣物应立即到室外通风稀释，同时，空分设备操作工或接触氧气，液氧的人员不准涂抹头油。

（2）接触氮气时应注意的安全问题

氮气为无色、无味的惰性气体，它本身对人体无危害，但是空气中氮含量增高时，就减少了其中的氧气含量，使人呼吸困难。若吸入纯氮气时，会因严重缺氧而窒息以致死亡。

为了避免车间内空气中氮含量增多，不得将空分设备内分离出来的氮气排放于室内，在有大量氮气存在时，应戴空气呼吸器。检修充氮设备、容器和管道时，需先用空气置换，分析氧含量合格后方可允许作业，在检修时，应设专人监护，对氮气阀门严加看管，以防误开阀门而发生人身伤亡事故。

210 影响空分设备冷箱安全运行措施分析有哪些?

答（1）冷箱结露分析

空分设备冷箱内精馏塔、换热器、管道、阀门的冷量通过渗入珠光砂扩散至冷箱碳钢面板，冷箱碳钢面板温度下降至高于 0℃（小于其空气饱和温度）时，空气中水分析出，凝结在冷箱碳钢面板中，使冷箱结露。

在空分设备运行时，因冷箱密封气系统中管道、转子流量计故障泄漏或阀门卡阻及外漏，进入冷箱内的密封气压力降低、流量减小；或因冷箱安全阀、呼吸阀故障泄漏，冷箱内的密封气压力降低，造成冷箱内精馏塔、换热器、管道、阀门的冷量在较大面积内的扩散量增大。冷箱较大面积碳钢面板结露。

在空分设备运行时，因冷箱碳钢面板锈蚀、人孔垫片及低温阀门保温套筒损坏，外界空气导入，空气中水分在冷箱内析出、冻结，冷箱内珠光砂板结成块状，珠光砂导热系数增大，使冷箱内低温设备冷量在较小面积内的扩散量增大，冷箱较小面积碳钢面板结露。

在空分设备运行时，因冷箱内珠光砂质量不佳，珠光砂导热系数较大；或因冷箱内珠光砂沉降，珠光砂装填量不足，使冷箱内低温设备的冷量在大面积扩散，冷箱大面积碳钢面板结露。

在空分设备冷箱发生结露现象时，冷箱基础温度未降低，冷箱压力未上升，空分设备精馏工况与运行能耗发生变化，跑冷损失较大，空分设备运行危险性较低，可较长时间运行。

针对冷箱发生结露现象的具体原因，可通过检修冷箱密封气系统设备、更换人孔垫片与低温阀门保温套筒、定期进行碳钢面板防腐处理、更换或补填珠光砂等，消除冷箱结露现象。

（2）冷箱结霜分析

空分设备冷箱内精馏塔、换热器、管道、阀门的冷量通过渗入珠光砂扩散至冷箱碳钢面板，冷箱碳钢面板温度下降至0℃时，空气中水分析出，冷凝在冷箱碳钢面板中，使冷箱结霜。

在空分设备运行或停机时，因冷箱内密封气系统设备故障、密封气露点高、密封气系统设计不全面，冷箱内无密封气导入，造成冷箱内精馏塔、换热器、管道、阀门的冷量在较大面积内的扩散量增加，冷箱较大面积碳钢面板结霜。

在空分设备运行时，因冷箱内珠光砂未填实，存在间隙、空穴，导热系数增大，冷箱内低温设备冷量在较小面积内的扩散量增加，冷箱较小面积碳钢面板结霜。

在空分设备运行时，一方面，因冷箱内低温液体排液管道配管设计方式不合理，低温液体排液管与冷箱碳钢面板连接处未设计成U形管道，不能形成有效气封，使低温液体冷量在排液管与冷箱碳钢面板连接处小面积扩散，冷箱小面积碳钢面板结霜。另一方面，因冷箱内低温液体、气体管道配管方式不佳，低温液体、气体管道与冷箱碳钢面板距离小。使低温液体、气体冷量在邻近的冷箱碳钢面板较小面积扩散，冷箱较小面积碳钢面板结霜。

在空分设备运行时，因冷箱内精馏塔、换热器、管道、阀门发生故障，少量低温气体泄漏，低温气体冷量渗入珠光砂在冷箱大面积扩散，冷箱大面积碳钢面板结霜。

在空分设备冷箱发生结霜现象时，冷箱基础温度小幅度降低、冷箱压力上升不明显，空分设备精馏工况与运行能耗变化较明显，跑冷损失大，空分设备运行安全系数小。必须根据冷箱结霜位置、面积及其对冷箱安全运行的影响，针对性地确定空分设备运行时间或停车检修处理。

针对冷箱发生结霜现象的具体原因，通过检修冷箱密封气系统的故障设备及密封气系统技术改造、珠光砂填实、低温液体气体管道配管方式技术改造、低温设备泄漏故障检修等，消除冷箱结霜现象。

（3）冷箱结冰分析

空分设备冷箱内精馏塔、换热器、管道、阀门的冷量通过渗入珠光砂扩散至冷箱碳钢面板，冷箱碳钢面板温度下降至低于0℃时，空气中水分析出，冻结在冷箱碳钢面板中，使冷箱结冰。

在空分设备运行时，因冷箱内精馏塔、换热器、管道、阀门发生故障，较大量低温气体及少量低温液体泄漏，低温气体、液体冷量渗入珠光砂在冷箱内大面积扩散，冷箱大面积碳钢面板结冰。

空分设备在冬季低温环境运行，因冷箱内珠光砂未填实空间较大、低温设备与冷箱碳钢面板距离过小，导热系数增大，使冷箱内低温设备的冷量在小面积内的扩散量增大，冷箱小面积碳钢面板结冰。同时，空分设备冷箱长期处于结箱状态运行，在冬季低温环境时，部分冷箱结霜变为结冰。

在空分设备冷箱发生结冰现象时，冷箱基础温度降幅较大，空分设备精馏工况与运行能耗变化大，跑冷损失大，空分设备运行安全系数低，冷箱长时间在结冰状态下运行，将促使冷箱碳钢面板发生低温脆裂，因此，必须根据冷箱结冰时对设备的危险性，对空分设备择期实施停车检修处理。

针对冷箱发生结冰现象的具体原因，通过处理低温设备故障、配管方法技术改造、改进冷箱保温材料的材质及装填方式等，消除冷箱结冰现象。

（4）冷箱低温脆裂分析

空分设备冷箱内精馏塔、换热器、管道、阀门发生故障，低温液体发生泄漏，低温液体渗入珠光砂，冷量扩散至冷箱碳钢面板，冷箱碳钢面板温度下降至低于-30℃时，碳钢面板金相组织被破坏，冷箱低温脆裂。在冷箱碳钢面板发生低温脆裂时，碳钢面板同时出现结霜、结冰、喷砂现象。

因冷箱内精馏塔、换热器、管道、阀门安装方法不合理及受到冻结块状珠光砂压迫，又因空分设备加温吹除、热开车、冷开车次数频繁，使低温设备变形量大，冷箱内低温设备易产生泄漏点。同时因低温管道焊接质量不佳、仪表及分析管道配管方式不佳，低温管道易产生泄漏点。

在空分设备冷箱发生低温脆裂现象时，冷箱基础温度大幅度降低、冷箱内压力高及安全阀启跳，精馏工况不稳定，设备运行危险，空分设备发生联锁跳车或手动紧急停车。在空分设备停运时，必须立即对冷箱内低温设备进行排液处理，同时将主冷箱、主换热器与过冷器冷箱顶部人孔全部开启卸压。

针对冷箱发生低温脆裂现象的具体原因，通过对低温设备故障检修处理及安装方式技术改造、空分设备加温开车操作方法及运行方式改进，消除冷箱低温脆裂现象。

211 空分设备氧气管道燃爆事故原因分析，如何预防？

答 1）氧气管道燃爆事故发生的主要原因

（1）管道吹扫清洗不彻底。施工问题导致新安装的管道中存在残留异物或者油脂，在投用前未进行清洗，在氧气高速流动时成为引火物。

（2）管道材料的选用不合理。未按氧气站设计的相关标准规范选材料。

（3）操作的原因。过快地开启阀门，高速的气流会加剧氧气管道燃爆的风险。

2）氧气管道燃爆机理

从燃爆“三要素”的机理进行分析。氧气管道本身材质一般是碳素钢或不锈钢，因含碳，属可燃性材料，而且铁素体燃烧时放热量大，温升很快。氧气管道内输送的高纯氧气，是极强的氧化剂，纯度愈高，压力愈高，氧化性愈强，愈危险。导致氧气管道燃烧爆炸的激发能源有多种：

（1）阀门在高低压段之间突然打开时，低压段氧气急剧压缩，由于速度很快，来不及散热，形成所谓“绝热压缩”，局部温度猛升，成为着火能源。

（2）启闭阀门时，阀瓣与阀座的冲击、挤压、阀门部件之间的摩擦。

（3）高速运动的物质微粒（如铁锈、灰尘、焊渣、杂质等）与管壁的摩擦，相互冲击和在阀门、弯头、分岔头、导径管及焊瘤等处的冲击碰撞。

（4）加热面、火焰、辐射热等外部高温。

（5）静电感应。

（6）油脂引燃。

（7）铁锈、铁粉的触媒作用等。

为了杜绝或减少氧气管道燃爆事故，在设计、制造、安装、使用、管理等各个环节采取必要措施，防止激发能源的形成，是氧气管道安全技术的要害与关键。

3）预防措施

（1）氧气管道设计方面

① 氧气管道的选材应严格按照 GB 16912—2008《深度冷冻法生产氧气及相关气体安全技术规程》和 GB 50030—2013《氧气站设计规范》的要求执行。

② 氧气管道的布置应遵循 GB 50160—2008《石油化工企业设计防火规范》及 GB 50030—2013《氧气站设计规范》的相关规定，与其他可燃介质管道共架敷设时，平行净距不应小于 500mm，交叉净距不小于 250mm，两类管道支架间宜用公用工程管道隔开。应尽量少设弯头和分岔，工作压力大于 0.1MPa 的氧气管道管件应采用无缝管件。分叉头的气流方向应与主管气流方向成 45°～60°。

③ 氧气管道应设有良好的消除静电装置，接地电阻应小于 10Ω，法兰间电阻应

小于 0.1Ω，且氧气管道的法兰连接处，无论是否有可靠的金属螺栓连接，必须进行静电跨接。

（2）氧气管道安装方面

① 在确定氧气管道施工单位时应选择具有相应资质和有氧气管道施工经验的施工队伍。

② 氧气管道在安装之前应按《氧气及相关气体安全技术规程》进行严格的酸洗、脱脂处理；酸洗、脱脂后管道用不含油的干燥空气或氮气吹净。

③ 氧气管道安装施工后较长时间未投运时应充干燥氮气进行保护，以防潮湿空气进入，使管道生锈。

④ 氧气管道施工完毕后应进行严密的吹扫、试压及气密性试验。吹扫应不留死角，吹扫气体应选用干燥无油空气或氮气且流速不小于 20m/s；严禁采用氧气吹扫。

⑤ 氧气管路焊接时应采用氩弧焊打底，并按相关标准的有关规定上升一级处理。

（3）操作维护使用方面

① 开关氧气阀门时应缓慢进行，操作人员应站在阀门的侧面，开启要一次到位。

② 严禁用氧气吹刷管道或用氧气试漏、试压。

③ 实行操作票制度，事先对操作目的、方法、条件作出较详细的说明和规定。

④ 直径大于 70mm 的手动氧气阀门，当阀前后压差缩小到 0.3MPa 以内时才允许操作。

⑤ 氧气管道要经常检查维护，除锈刷漆，每 3～5 年一次。

⑥ 管路上的安全阀、压力表，要定期校验，1 年 1 次。

⑦ 动火作业前，应进行置换，吹扫。

⑧ 建立技术档案，培训操作，检修，维护人员。

⑨ 提高施工、检修及操作人员对安全的重视程度。

⑩ 提高管理人员的警惕性。

212 空分设备在停车排放低温液体时，应注意哪些安全事项？

答（1）禁止低温液体排放口对着人体及人行道，以免冻伤行人。

（2）禁止将低温液体直接排放于水泥地面，以免损坏地面结构。

（3）禁止将低温液体排放于密闭的空间，以免空间内浓度增加，造成缺氧人员窒息或富氧引发火灾。

（4）禁止低温液体液氧处附近有油脂、可燃物及其他能发生化学反应的物品。

（5）禁止将低温液体直接排放于阴井、地沟，以免产生安全隐患。

（6）禁止将低温液体排放于设备、仪器上，以免引起燃爆或冻伤设备、仪器。

（7）低温可燃液体排放时，周围禁止有明火或高温物质，同时禁止启动机器、设备、汽车及电器开关等，以免引起燃爆事故。

（8）低温液体宜排放于专用的气体喷射或液体蒸发器中，让其复热至常温后排放。不具备条件的可排放于清洁无油流动的水中或空旷的沙石或专用坑中。

（9）严禁借排放液体蒸发的气体来降低体温，人在液氮液氩蒸汽中数分钟就产生窒息，甚至发生死亡事故。

（10）低温液体的容器、法兰、管道要用低温材料，防止材料脆裂。

（11）低温液体管道要有足够的热胀冷缩余量，防止拉裂。

（12）液体排放者应穿规定的长袖衣、长裤、靴子、手套、戴好防护面罩，长裤的裤脚管应放在靴子外面，手套应放在袖子里面，防止进入人体内。严禁在外露的情况下，去排放液体。

（13）排放低温液体时，先投用残液蒸发器蒸汽，再打开排液导淋，控制排液量，防止残液蒸发器冻堵。

（14）严格控制液氧排放速度，避免发生燃烧爆炸事故。

（15）低温液体与皮肤接触，将造成严重冻伤。轻则皮肤形成水泡，红肿、疼痛；重则将冻坏内部组织和骨关节。如果落入眼内，将造成眼损伤。因此，在排放液体时要避免用手直接接触液体，必要时应戴上干燥的棉手套和防护眼镜。万一碰到皮肤上，应立即用温水冲洗。

（16）在排放低温液体时，设置警戒区。氮排放时由于氮气浓度高，严禁行人穿过，造成氮气窒息。液氧排放时由于局部浓度偏高，严禁行人及车辆穿过，严禁动火作业。防止残液蒸发器喷出冰块砸伤行人。

213 低温液体汽化器在使用中应注意哪些安全问题?

答 低温液体汽化器作为换热器的一种，用于加热低温液体，使之汽化为不低于设计温度下的气体。低温液体汽化器根据加热方式，可分为空浴式汽化器和水浴式汽化器。汽化器的进出口端均采用法兰连接，安装拆卸简单方便。

水浴式汽化器是通过蒸汽加热水浴式汽化器中的脱盐水，再通过热水加热盘管中通过的液态气体。因此外送前要检查确认汽化器液位正常，液位开关无报警，蒸汽已投用且水浴循环泵启动运行，防止在进行产品外送时水浴式汽化器水温过低，出口管路出现结霜或出现管道冻裂现象而影响正常运行。同时在进行外送操作时要缓慢进行，调整外送产品流量时要注意出口温度变化情况，如蒸汽阀门自动调节无法维持温度稳定，应及时手动干预。坚决不允许在水浴汽化器温度偏低或蒸汽中断情况下使用汽化器外送。

空浴式汽化器是采用高换热效率的铝翅片管作为换热主体，实现空气与工作介质的热能传递。所以空浴式汽化器日常使用中受采光状况、湿度、工作时间、环境温度等因素影响较大，汽化器连续工作时应密切监控出口温度，确认电加热器能够正常投运，一旦出口温度偏低电加热器自动投用。

注意事项：

（1）汽化器进行产品外送后现场要加强巡检，重点检查各法兰有无泄漏，现场人员进入汽化器区域应佩戴四合一气体检测仪（主要检测 O_2、H_2S、CO、CH_4 含量）。

（2）注意水浴汽化器的温度。水温度过低，导致出汽化器氮气温度低冻坏碳钢管道。水浴温度过高，使汽化器内的脱盐水沸腾，摩擦换热盘管，导致泄漏。工作过程中由于流量的改变，会影响气化后的温度，所以要及时调整水温。

（3）水浴汽化器使用前一定要确认循环泵运行。若水浴循环泵未运行，则会使汽化器内上下部温差偏大，造成汽化器下部水因温度过低而结冰，严重时将可能冻裂盘管或汽化器外壳。

（4）水浴汽化器使用前必须先将水槽的水充满，并加热到 40～60℃后才能供入液体，汽化过程中应经常注意水位，及时补充水量。

（5）空浴式汽化器运行时，当环境空气湿度大时，在空浴式汽化器表面形成一层冰，导致换热效果差，出口温度低，造成碳钢管线及仪表附件损坏。

（6）空浴式汽化器运行时，不能超负荷运行，防止出汽化器产品温度过低，冻坏设备管线。

214 移动式低温液体充装的安全注意事项有哪些?

答（1）低温液体槽车充装必须由专人操作并持证上岗。

（2）检查槽车充装各项票证齐全，各类证件与司机本人相符，检查槽车排气管处安装阻火器，车后门内安全附件齐全、完好。

（3）充装前检查槽车罐内压力，如压力过高则让槽车开至指定泄压点及时卸压，严禁在厂区内泄压。

（4）检查充装现场及槽车操作箱不得有易燃易爆物品。

（5）充装现场按相关规定准备好消防器材。雷雨等不安全气象环境及周边存在动火施工作业等不安全因素时，充装人员不得进行充装。

（6）不能充装过量，充装过量后，要在指定泄压区排液。

（7）充装过程中，充装人员、司机及押运人员不得离开现场。

（8）操作人员穿戴棉手套等防护用品，避免皮肤接触低温液体。操作人员所戴手套严禁带有油脂。

（9）连接充装输液管前及充装过程中，槽车必须停稳，始终处于熄火、制动状态，轮胎下垫防滑行设施。

（10）装卸充装输液管时，严禁用铁器敲打接口或管道，应用铜锤或橡胶锤装卸管道。

（11）液氧充装过程中必须挂接地线且静电接地无报警，严禁有机动车辆在充装区域通过。

（12）充装过程中要随时检查接口处是否紧固、是否漏液，否则应处理完毕后再进行充装。

（13）当从槽车充满指示阀内流出液体时，立即停泵，关闭充装出液阀，充液结束。打开槽车残液阀，放掉残液。确认无压力后方可卸下充装输液管，避免液体喷溅伤人。

（14）出现充装管路冻结时，严禁用铁锤敲打或明火加热，应用干净无油的热空气，热氮气进行融化解冻。

（15）充装现场车辆应停放有序，确保交通顺畅。

215 空分设备中哪些设备应设置应急电源？

答 为保证空分设备在发生停电时安全停车，空分设备设置应急电源。

（1）机组事故油泵应设置应急电源，防止装置因停电跳车后，机组润滑油无法供应，损坏轴瓦。

（2）顶轴油泵、盘车电机应设置应急电源，防止转子发生热弯曲。

（3）后备高、低压液氮泵、空浴式汽化器后电加热器应设置应急电源，保证在全厂停电时，能及时供应应急保安氮气，防止发生安全事故。

（4）空压站仪表空气压缩机应设置应急电源，在全厂停电时，能供应仪表气，确保整个装置能安全停车。

（5）空分设备中的重要电动阀门应设置应急电源，如纯化后空气进精馏塔阀门、高压蒸汽电动阀等，在停电时，能够及时关闭，防止发生安全事故。

（6）空分设备中DCS、SIS等仪表控制系统应设置应急电源，保证装置能安全停车。

另外，还应设置应急照明等。

216 空分设备中电气设施安全检查包括哪些内容？

答（1）厂房内动力线、电缆应地下敷设；厂外架空时离厂房间距应大于1.5倍电线杆高度。

（2）电缆沟底的坡度不小于0.5%，在最低处设集水井和排水措施。

（3）电气线路和设备应绝缘良好，裸露带电处须设置安全遮栏和明显的示警标志与良好照明。

（4）电气设备的金属外壳及有金属的电缆，必须保护性接地和接零，接地电阻应小于12V。

（5）携带式照明灯具的电压不超过36V，在金属容器内和潮湿处的灯具电压不超过12V，有爆炸危险场所的灯具必须防爆。

（6）在氧防爆墙、富氧聚集区域作业要求使用防爆型电气设备。

（7）各厂房应设应急照明。

（8）导线铺设应平直，无明显松弛。

（9）电气设备应使用有认证标志的产品。

（10）各类低压用电设备、插座应安装漏电保护器。

（11）不准在易燃易爆区域接临时开关按钮和一切电气设备。

（12）电机启动过程出现异常现象，应查明原因，消除故障后再启动。

（13）电机的保护装置与保护系统，应有专人管理，定期检查，作好记录并保存，不得任意改变保护参数。

（14）电气设备新安装后送电前必须进行耐压、升温和绝缘保护等试验；控制系统应进行电路测试，功能控测，以确保灵敏可靠。

（15）各种电气安全信号装置要定期检查，执行巡回检查制度，发现电线上有火花、火焰时应立即与电工联系，必要时断开电源采取措施灭火。

（16）电缆沟内禁止有杂物、油脂和酸碱类等物品，防止发生火灾。

（17）电气设备修理时应在开关上加锁并挂上严禁合闸的标志牌。检修完毕在确保安全前提下才能合闸。

（18）配电间内应有防止小动物进入的措施以及防雨和降温措施。

（19）电机的温升不得超过规定（一般温升不大于60℃）。

（20）检查配电室火灾报警器完好，灭火器齐全。

217 大型空分设备紧急停电时如何处理？

答（1）注意机组事故油泵启动正常，油压正常。

（2）尽快停轴封，破真空，减少汽轮机惰走时间。

（3）注意机组顶轴油泵启动且油压正常，汽轮机惰走结束时，确认电动盘车运行正常，若电动盘车未启动，则要进行手动盘车。

（4）仪表气事故球罐减压阀工作正常，仪表气管网压力大于报警值。

（5）投用后备高、低压液氮泵，外送高、低压氮气。

（6）注意冷箱各阀门关闭封塔，防止跑冷，冻坏设备管线。

（7）关闭液氧、液氮产品进储槽阀门，防止不合格产品污染储槽。

（8）确认转动设备冷冻水泵停车、冷却水泵停车、冷冻机组停车、膨胀机停车、液体膨胀机停车、液氧泵停车、高压氮泵停车、液氧循环泵停车。

（9）冷箱封塔后，注意精馏塔压力，防止超压，发生安全事故。

（10）注意高压蒸汽管网压力不超压。

（11）打开汽轮机缸体疏水导淋及速关阀前放空泄压。

（12）全面检查各阀门状态。

（13）后备储槽外送时，注意监控储槽液位及水浴汽化器的温度。

218 大型空分设备循环水中断如何处理?

答 1）现象

（1）空分设备各换热器温度高。

（2）压缩机排气温度高联锁跳车。

2）危害

全厂循环水中断后，机组由于排气温度高或油温高联锁跳车；空分设备紧急停车，外送产品中断。空压站压缩机无法正常运行，外送工厂空气、仪表空气突然中断，下游装置仪表阀门无法正常工作，空分设备外送氮气中断，煤化工其他生产装置密封、置换、应急、保安氮气无法正常供应。循环水长时间无法恢复，机组油温过高，轴承损坏。如果仪表空压机不及时启动可能导致下游装置工艺物料互窜、可燃气体、有毒有害气体泄漏等重大事故发生。

3）应急处理

（1）立即汇报调度及领导，组织进行处理。

（2）空分设备立即采取紧急停车处理。

（3）仪表气由仪表空气事故球罐减压后供应，密切监控仪表空气事故球罐的压力。

（4）启动后备应急氮系统，向后系统供应应急氮气。

（5）立即关闭空压机级间换热器、增压机级间换热器、预冷系统冷冻机组、气体膨胀机后冷却器、氮压机级间换热器、油冷器、凝汽器、空压站各压缩机级间换热器循环水上、回水阀，自然降温；打开各换热器的高点排放导淋，防止负压吸瘪膨胀节。

（6）确认待汽机完全停止转动后，确认顶轴油泵、盘车装置运转正常，确认油系统运转正常。

（7）机组停车后，根据润滑油温度情况对油冷却器采取轴流风机强制对流、其他水源（如生活水、消防水等）喷淋等方法确保润滑油温度不致过高。

（8）确认各转动设备如气体膨胀机、液体膨胀机、高压液氧泵、高压液氮泵、低压液氮泵、循环液氧泵、氮压机、空压站压缩机、冷冻水泵、冷却水泵停车。

（9）确认进出精馏塔各阀门关闭，防止跑冷，冻坏设备管线。

4）注意事项

（1）循环水恢复后，待各换热器温度降至70℃以下，再投用循环水。

（2）停车期间，监控精馏塔压力，防止超压，损坏设备。

（3）后备供应应急氮气时，注意监控液氮储槽液位。

（4）短期空分设备停车需检测精馏塔主冷总烃含量不得超标，长期停车精馏塔需排液。

219 大型空分设备晃电如何处理？

答 空分设备在正常运行时，可能发生晃电事故，晃电即电力系统因故突然中断，短时间后又重新恢复正常，在此期间空分设备因电力中断导致停机事故，称为晃电事故。发生晃电事故后，空分设备应做以下紧急处理：

（1）立即汇报调度及值班领导，并通过调度联系动力迅速降低高压蒸汽管网压力，防止各套空分设备高压蒸汽安全阀起跳；若高压蒸汽安全阀起跳，必须待安全阀回座后方可进入现场。

（2）确认仪表空气事故球罐减压阀工作正常，仪表气管网压力正常。待电力恢复后，及时启动空压站外送仪表风、工厂风。

（3）投用液氮真空储罐，向管网外送低压氮气。待电力恢复后立即启动低压液氮后备泵、高压液氮后备泵外送中高压氮气，监控好外送中高压氮气的温度。

（4）确认空压机密封气压力、增压机密封气压力正常，事故油泵自动启动且压力正常。

（5）确认顶轴油泵、盘车电机自动启动，润滑油温度在42~48℃，否则，联系现场主操调节润滑油温度。

（6）现场打开各套汽轮机缸体导淋，打开高压蒸汽暖管放空阀，蒸汽管线泄压。

（7）确认转动设备冷冻水泵停车、冷却水泵停车、冷冻机组停车、膨胀机停车、液体膨胀机停车、液氧泵停车、高压氮泵停车、液氧循环泵停车，并点击紧急停车按钮。

（8）现场打开高压液氧泵、高压液氮泵、液体膨胀机排液导淋排放低温液体；打开气体膨胀机后导淋，排放低温液体，防止低温液体蒸发超压。

（9）确认膨胀机密封气系统运行正常，待电力恢复后立即启动油系统。

（10）确认空气进塔阀门全关。

（11）确认产品气外送阀门全关，液氮、液氧进储槽阀门关闭。

（12）确认精馏塔压力塔与低压塔压力正常，若压力塔压力偏高，可通过开大污液氮、贫液空阀门将压力塔压力向低压塔转移。若低压塔压力偏高，通过放空阀进行调节。

（13）确认氮压机停车，密封气系统正常，待电力正常后投用滑油系统。

（14）确认液氧储罐、液氮储罐压力控制阀工作正常，储罐压力在正常范围内。

（15）对系统全面检查，做好开车前的各项准备工作。接到启机通知后，根据现场事故处理情况及开车准备情况，逐套启动。

220 大型空分设备蒸汽中断如何处理？

答 1）现象

（1）汽轮机高压蒸汽压力低联锁跳车。

（2）各等级蒸汽压力低。

2）危害

全厂停蒸汽后，机组跳车，空分设备停车，全厂氧气、高压氮气、低压氮气中断。蒸汽停止，后备系统水浴式汽化器无法投用。外送低压氮气停止，长时间停车时，空分冷箱内低温液体无法排放，造成碳氢化合物超标。如果仪表空压机不及时启动、应急氮气不及时外供可能导致下游装置工艺物料互窜、可燃气体、有毒有害气体泄漏等重大事故的发生。

3）应急处置

（1）立即汇报调度及领导，空分设备采取紧急停车处理。

（2）确认仪表气由仪表空气事故球罐减压后供应，密切监控仪表空气事故球罐的压力。

（3）立即启动空压站仪表空气压缩机供应仪表空气、工厂空气。

（4）立即启动后备应急氮系统，投运空浴式汽化器供应应急氮气。

（5）确认汽轮机顶轴油泵运行且出口油压正常，汽轮机惰走结束，电动盘车运行，若电动盘车未启动，则手动盘车。

（6）确认汽轮机缸体导淋打开，速关阀前导淋打开泄压。

（7）确认各阀门状态正确。

（8）确认各转动设备如气体膨胀机、液体膨胀机、高压液氧泵、高压液氮泵、低压液氮泵、循环液氧泵、冷冻水泵、冷却水泵停车。

（9）确认进出精馏塔各阀门关闭，防止跑冷，冻坏设备管线。

4）注意事项

（1）监控精馏塔压力，防止超压，损坏设备。

（2）监控精馏塔主冷总烃含量，防止超标，发生安全事故。

（3）蒸汽管网恢复正常后，及时进行开车前的准备确认工作。

[1] 郭中山，姜永，李登桐．特大型集群化空分设备运行与维护 [M]．北京：中国石化出版社，2019.

[2] 汤学忠，顾福民．新编制氧工问答 [M]．北京：冶金工业出版社，2012.

[3] 李化治．制氧技术 [M] 1 版．北京：冶金工业出版社，2009.

[4] 夏清，陈常贵．化工原理 [M]．天津：天津大学出版社，2005.

[5] 毛邵荣，朱朔元，周智勇．现代空分设备技术与操作原理 [M] 杭州出版社，2005.

[6] 徐金英．循环水水质分析及对策 [J]．硅谷 2010，18.

[7] 杨祖保．吸附剂原理与应用 [M]．马丽萍，宁平，田森林，译．北京：高等教育出版社，2014.

[8] 王勇．孙文杰．电厂汽轮机设备及运行 [M]．北京：中国电力出版社，2010.

[9] 金滔．利用液化天然气冷能的新型空分流程及其性能 [J]．浙江大学学报（工学版），2007（5）.

[10] 陈和林，费玲．空气分离装置提取粗氖氦稀有气体研究 [J]．冶金动力，2015 年第 11 期.

[11] 李美玲，郑三七．空分设备提取贫氪氙的几种方法及特点 [J]．低温与特气，2016，34（3）.

[12] 陈亮．空气压缩机级间换热器出口温度高的危害及处理措施 [J]．聚酯工业，2016.

[13] 谌韶虎，谭文华．透平膨胀机常见故障排除与维护 [J]．涟钢科技与管理，2018（3）.

[14] 黄福良．汽轮机润滑油带水的危害及处理对策 [J]．科技视界.

[15] 张振友．空分设备分子筛纯化系统出口空气中二氧化碳含量超标分析与处理 [J]．深冷技术，2011，（4）.

[16] 刘屹，邱瑞章，曹勤．抽凝式和凝汽式汽轮机改为背压机的优势 [J]．能源研究与利用，2015，（1）.

[17] 韩应斌．高压蒸汽吹扫工况的参数选取 [J]．化工设备与管道．2016，（5）.

[18]《中华人民共和国职业病防治法》中华人民共和国第 52 号令，2019 年 12 月 31 日修订.

[19] 中华人民共和国化工行业标准 HG/T 2387—2007《工业设备化学清洗质量标准》.

[20] 中华人民共和国国家标准《冷却水系统化学清洗、预膜处理技术规则》（HG/T 3778—2005）.